本专著系 2019 年国家社科基金"水上安全分层教育对学生游泳运动伤害的干预研究"（项目批准号：19XTY005）结项成果

水上安全分层教育对学生游泳运动伤害的干预研究

张 辉 ◎ 著

人民体育出版社

图书在版编目（CIP）数据

水上安全分层教育对学生游泳运动伤害的干预研究 / 张辉著. -- 北京：人民体育出版社，2025. -- ISBN 978-7-5009-6570-1

Ⅰ．X956

中国国家版本馆CIP数据核字第2025PR8181号

水上安全分层教育对学生游泳运动伤害的干预研究

张　辉　著

出版发行：人民体育出版社
印　　装：北京中献拓方科技发展有限公司

开　本：710×1000　16开本　印　张：15　字　数：278千字
版　次：2025年7月第1版　印　次：2025年7月第1次印刷
书　号：ISBN 978-7-5009-6570-1
定　价：74.00元

版权所有·侵权必究
购买本社图书，如遇有缺损页可与发行与市场营销部联系
联系电话：（010）67151482
社　　址：北京市东城区体育馆路8号（100061）
网　　址：https://books.sports.cn/

前　言
PREFACE

　　持续居高的学生游泳运动伤害数据已成为政府、社会、家庭的隐痛。学生溺水带给当事者的后果可能是生命的消逝；带给家庭的冲击可能是家庭的破碎、家庭成员心灵的重创；带给社会的影响则是人力资源和财富的损失、法律的纠纷。水上安全教育是世界安全大会公认的预防溺水的最有效策略。学生水上安全教育发展至今可分为单一的游泳技能教学、游泳技能向水上安全技能拓展、水上安全知识逐步融入三大过程。水上安全分层教育模式是根据水上安全教育的总体目标，将基础参差不齐的教学对象按照相关因素进行若干分层，针对不同教学层次设置相应的教学目标和内容，运用合理的教学策略和训练手段，力求掌握相应层次的水上安全知识、技能，为了达到限制、控制、消除涉水危险的目的而提出的教育理论模式。纵观国内外学生游泳运动伤害干预实践和水上安全分层教育理论基础发现：现行三级九等学生水上安全分层教育模式的科学性和保持性在大学生群体得到验证，但未必适用于中小学生群体；家庭监护能力、父母安全教育等是学校教育之外的关键因素，尚缺乏父母家庭水上安全监护知识的培训课程；缺乏针对政府、社会协调各方力量参与学生游泳运动伤害的预防和救援方面的研究；迫切需要落实国务院教育督导委员会提出的构建防溺安全网。基于此，本研究试图通过4个具体的研究（4个研究分别从学校层面、家庭层面、社会层面和"学校-家庭-政府-社会"层面递进展开）探讨水上安全分层教育对学生游泳运动伤害的干预。

　　学校层面：学校水上安全分层教育模式的完善与检验。首先，课题组通过对9792名学生从水上安全知识、水上安全技能、水上安全态度和游泳高危行为4个方面展开水上安全教育成效现状调查，发现学校水上安全教育效果不容乐观。其次，针对性地设计和完善了学生水上安全分层教育模式，通过梳理12个类别的学生水上安全教育内容，以《大学生安心游泳技能等级标准》为测试工具，从整体思路设计、基础理论借鉴、教学目标设计、教学内容设计、分层进度安排、教学组织设计、考核体系设计等方面构建学生水上安全分层教育模式，设计出以"安全涉水、求生自救"为教学目标的初级教育模式，以"冷静应对、巧救智援"为教学目标的中级教育模式，以"合理处置、胜任救援"为教学目标的高级教育模式。最后，采取重复测量一个因素的混合实验设计，开展实验检验，发现初级教育模式有效丰富了学生的水上安全知识、改善了学生的水上安全态度和减少了学生的游泳高危行为，提升了学生的游泳技能、浮具制作、抽筋自解和自救漂浮等水上安全技能水平；中级教育模式有效丰富了学生的水上安全知识、改善了学生的水上安全态度和减少了学生的游泳高危行为，提升了学生的游泳技能、踩水呼救和岸上救助等水上安全技能水平。两种模式均有一定的保持性。

家庭层面：家庭教育有效监护的实践与反思。首先，课题组对学生游泳运动中家庭监护能力进行调查。发现监护人救援能力普遍不足，水上安全知识、水上安全技能（救溺技能尤其是间接救溺技能和心肺复苏技能）等普遍欠缺；绝大多数的监护人无法正确选择水上救援顺序，一旦遇险在实操中极易犯险；溺水者状态识别、直接救援能力、间接救援能力等均显示监护人反应不当之处，实施干预很有必要。其次，通过2轮专家咨询科学构建包括2项一级指标、11项二级指标和37项三级指标的学生游泳运动伤害中家庭监护教育内容指标体系。最后，采用重复测量一个因素的实验设计，展开实验检验发现，基于学生游泳运动伤害监护能力提升的家庭监护教育课程有效提升了监护人救援能力自评分、状态识别、救援反应和急救能力，能够有效提升监护人的水上安全救生反应能力，且实践效果有一定的保持性。

社会层面："政府-社会"联防联动保障机制策略研究。首先，课题组以实际参与学生溺水救援的消防人员和水上公益救援组织成员为主体，通过扎根理论初步构建包括4个大范畴和12个小范畴的学生溺水事故中消防应急救援能力影响因素模型，从各个方面反映出学生游泳运动伤害中"政府-社会"应急救援能力影响因素繁杂，制约因素多。其次，参照我国水上救生"政府-社会"救援资源动员的历史经验，在以政府为救援主体的前提下，借鉴社会救援资源动员理论，按照四级分级响应原则，分别构建了学生游泳溺水救援中"政府-社会"救援资源动员总体系、"政府-社会"救援资源动员分级响应流程、"政府-社会"救援资源动员专家决策流程、"政府-社会"救援资源动员处置流程、"政府-社会"救援资源动员善后处置流程等，广泛动员社会力量参与各类学生溺水突发事故的应急救援。

"学校-家庭-政府-社会"层面：分层构筑学生水上安全网。课题组以水上安全分层教育理论为指导，借鉴国内外水上安全教育研究的现实依据和干预实践，探索性地提出学生水上安全网是整合学校水上安全分层教育、家庭教育、"政府-社会"联防联动保障机制为一体的育人全链条，这是干预学生游泳运动伤害的重要手段。构筑学生水上安全网的核心是学校水上安全分层教育，基础是家庭教育，支柱是"政府-社会"联防联动保障机制。据此分别制定《学生游泳运动学校安全教育手册》《学生游泳运动家庭安全教育手册》《学生游泳运动政府社会应急救援手册》，在深入探讨学校、家庭和"政府-社会"在学生游泳运动伤害发生前后如何协同的具体策略下，形成"学校-家庭-政府-社会"水上安全网策略图。

本研究采用了文献资料法、问卷调查法、专家访谈法、数理统计法（SPSS 26.0 和 NVivo 12 系统）、实验法、质性研究（扎根理论）等多种研究方法，以科学的论证过程，构建设计出值得推广的学生水上安全分层教育模式，探索性地将中华人民共和国教育部（以下简称教育部）安全网理念引入学生游泳运动伤害研究领域。以"问题-对策"为导向的实验研究和政策研制，有助于政府、社会、学校、家庭形成对学生防溺的共性认识，促进各方联动协同，扩大共识、全面预防。

目 录
CONTENTS

第一章 导论 …… 1

第一节 学生溺水是世界性问题 …… 1
第二节 我国学生溺水更需重视 …… 2
一、庞大的溺水数据 …… 2
二、经济飞速发展伴随运动休闲生活方式的来临 …… 2
第三节 学生溺水伤害影响巨大 …… 3

第二章 研究设计 …… 4

第一节 研究目的和意义 …… 4
一、研究目的 …… 4
二、研究意义 …… 5
第二节 研究对象和内容 …… 5
一、研究对象 …… 5
二、研究内容 …… 6
第三节 研究技术路线 …… 8

第三章 文献综述 …… 9

第一节 概念界定 …… 9
一、游泳运动伤害 …… 9
二、水上安全分层教育 …… 10
三、水上安全知识 …… 10
四、水上安全技能 …… 10
第二节 学生游泳运动伤害致因研究 …… 11
一、学生溺水致因调查为水上安全研究提供现实依据 …… 11

  二、学生溺水机理深入为水上安全研究奠定理论基础 ……………… 12
  三、学生溺水聚类分层为水上安全干预研究提供分析视角 ……… 13

第三节 学生水上安全分层教育研究 …………………………………… 14
  一、水上安全教育的发展历程 …………………………………… 15
  二、学生水上安全分层教育的理论借鉴 ………………………… 17
  三、学生水上安全分层教育的干预实践 ………………………… 21

第四节 全面预防学生游泳运动伤害研究 ……………………………… 32
  一、强化学生水上安全教育 ……………………………………… 32
  二、父母监护知识与安全态度 …………………………………… 33
  三、政府社会救援保障能力 ……………………………………… 34

第五节 研究述评 …………………………………………………………… 36
  一、学生游泳运动伤害干预理论的充分借鉴 …………………… 36
  二、学生水上安全分层教育实践扩充与完善 …………………… 37
  三、水上安全教育、家庭监护教育的同步普及 ………………… 37
  四、学生游泳运动伤害中应急救援能力探究 …………………… 37
  五、"学校-家庭-政府-社会"安全网防护体系 …………………… 38

第四章 学校层面：学校水上安全分层教育模式的完善与检验 …… 39

第一节 学生水上安全教育成效调查研究 ……………………………… 39
  一、问题的提出 …………………………………………………… 39
  二、对象与方法 …………………………………………………… 40
  三、结果与分析 …………………………………………………… 42
  四、讨论 …………………………………………………………… 48
  五、研究小结 ……………………………………………………… 51

第二节 水上安全分层教育的关键载体——学校教育完善计划 ……… 52
  一、整体思路设计 ………………………………………………… 52
  二、基础理论借鉴 ………………………………………………… 53
  三、教学目标设计 ………………………………………………… 53
  四、教学内容设计 ………………………………………………… 54
  五、分层进度安排 ………………………………………………… 69
  六、教学组织设计 ………………………………………………… 72
  七、考核体系设计 ………………………………………………… 73

八、学生水上安全意识强化···75

第三节　学生水上安全分层教育模式实验研究·······························75
　　一、方法···76
　　二、结果···82
　　三、讨论···91
　　四、结论···94

第五章　家庭层面：家庭教育有效监护的实践与反思···················95

第一节　学生游泳运动中家庭监护能力现状调查·······························95
　　一、问题的提出···95
　　二、研究对象与方法···96
　　三、结果与分析···97
　　四、讨论··100
　　五、结论··102

第二节　水上安全分层教育的有效监护——家庭教育提升计划··········103
　　一、研究过程与方法··104
　　二、结果··106
　　三、讨论··110
　　四、结论··112

第三节　家庭教育提升计划干预效果实验研究·······························112
　　一、研究对象与方法··113
　　二、结果··116
　　三、讨论··118
　　四、结论··119

第六章　社会层面："政府-社会"联防联动保障机制策略研究·······120

第一节　学生游泳伤害中"政府-社会"应急救援能力影响因素探究······120
　　一、问题的提出··121
　　二、研究方法与过程··121
　　三、消防应急救援能力影响因素指标体系构建···························125
　　四、消防应急救援能力影响因素指标分析·································127
　　五、学生溺水事故中消防应急救援能力提升策略·······················132

　　　　六、结论⋯⋯⋯⋯⋯⋯⋯⋯⋯⋯⋯⋯⋯⋯⋯⋯⋯⋯⋯⋯⋯⋯⋯⋯⋯ 133
　　第二节　基于社会救援资源动员视角的"政府-社会"联防联动策略探究⋯⋯ 134
　　　　一、社会救援资源动员理论回顾⋯⋯⋯⋯⋯⋯⋯⋯⋯⋯⋯⋯⋯⋯⋯ 134
　　　　二、水上救生"政府-社会"救援资源动员的历史沿革⋯⋯⋯⋯⋯⋯ 134
　　　　三、"政府-社会"救援资源动员的范围⋯⋯⋯⋯⋯⋯⋯⋯⋯⋯⋯⋯ 136
　　　　四、"政府-社会"救援资源动员体系构建⋯⋯⋯⋯⋯⋯⋯⋯⋯⋯⋯ 136
　　　　五、结论⋯⋯⋯⋯⋯⋯⋯⋯⋯⋯⋯⋯⋯⋯⋯⋯⋯⋯⋯⋯⋯⋯⋯⋯⋯ 139

第七章　"学校-家庭-政府-社会"层面：分层构筑学生水上安全网⋯⋯⋯⋯ 140

　　第一节　学生水上安全网理论阐释⋯⋯⋯⋯⋯⋯⋯⋯⋯⋯⋯⋯⋯⋯⋯⋯ 140
　　　　一、构筑学生水上安全网的核心：学校水上安全分层教育⋯⋯⋯⋯ 140
　　　　二、构筑学生水上安全网的基础：家庭教育⋯⋯⋯⋯⋯⋯⋯⋯⋯⋯ 141
　　　　三、构筑学生水上安全网的支柱："政府-社会"联防联动保障机制⋯ 142
　　第二节　学生水上安全网安全手册制定⋯⋯⋯⋯⋯⋯⋯⋯⋯⋯⋯⋯⋯⋯ 143
　　第三节　构筑学生水上安全网策略⋯⋯⋯⋯⋯⋯⋯⋯⋯⋯⋯⋯⋯⋯⋯⋯ 147

第八章　结论与建议⋯⋯⋯⋯⋯⋯⋯⋯⋯⋯⋯⋯⋯⋯⋯⋯⋯⋯⋯⋯⋯⋯⋯ 149

　　第一节　结论⋯⋯⋯⋯⋯⋯⋯⋯⋯⋯⋯⋯⋯⋯⋯⋯⋯⋯⋯⋯⋯⋯⋯⋯⋯ 149
　　　　一、学校层面⋯⋯⋯⋯⋯⋯⋯⋯⋯⋯⋯⋯⋯⋯⋯⋯⋯⋯⋯⋯⋯⋯⋯ 149
　　　　二、家庭层面⋯⋯⋯⋯⋯⋯⋯⋯⋯⋯⋯⋯⋯⋯⋯⋯⋯⋯⋯⋯⋯⋯⋯ 150
　　　　三、政府社会层面⋯⋯⋯⋯⋯⋯⋯⋯⋯⋯⋯⋯⋯⋯⋯⋯⋯⋯⋯⋯⋯ 152
　　　　四、"学校-家庭-政府-社会"构筑学生水上安全网⋯⋯⋯⋯⋯⋯⋯ 153
　　第二节　建议⋯⋯⋯⋯⋯⋯⋯⋯⋯⋯⋯⋯⋯⋯⋯⋯⋯⋯⋯⋯⋯⋯⋯⋯⋯ 153
　　　　一、应用前景⋯⋯⋯⋯⋯⋯⋯⋯⋯⋯⋯⋯⋯⋯⋯⋯⋯⋯⋯⋯⋯⋯⋯ 153
　　　　二、研究不足与展望⋯⋯⋯⋯⋯⋯⋯⋯⋯⋯⋯⋯⋯⋯⋯⋯⋯⋯⋯⋯ 156

参考文献⋯⋯⋯⋯⋯⋯⋯⋯⋯⋯⋯⋯⋯⋯⋯⋯⋯⋯⋯⋯⋯⋯⋯⋯⋯⋯⋯⋯⋯ 158

附录⋯⋯⋯⋯⋯⋯⋯⋯⋯⋯⋯⋯⋯⋯⋯⋯⋯⋯⋯⋯⋯⋯⋯⋯⋯⋯⋯⋯⋯⋯⋯ 171

第一章 导 论

学生游泳运动伤害是一个复杂的过程性事件,通常表现为溺水、运动损伤、心理障碍等,本研究侧重研究学生游泳运动中因缺乏安全知识、安全意识进行游泳高危行为而引发的溺水(溺亡)现象。

第一节 学生溺水是世界性问题

世界卫生组织(World Health Organization,WHO)在 2014 年和 2017 年分别发布了 *Global Report On Drowning:Preventing A Leading Killer*(《全球溺水报告:预防一个主要杀手》)和 *Preventing Drowning:An Implementation Guide*(《防止溺水:实施指南》),指出几组关键数据:①全世界每年有 372000 人溺亡,且一半在 25 岁以下,每小时约有 42 人溺亡;②在全世界 7 个统计区中,5~24 岁青少年是主要受害群体;③中国所被划分的西太平洋地区,溺水是 5~14 岁青少年的第一大死因,是 15~24 岁青少年的第二大死因(图 1-1)。

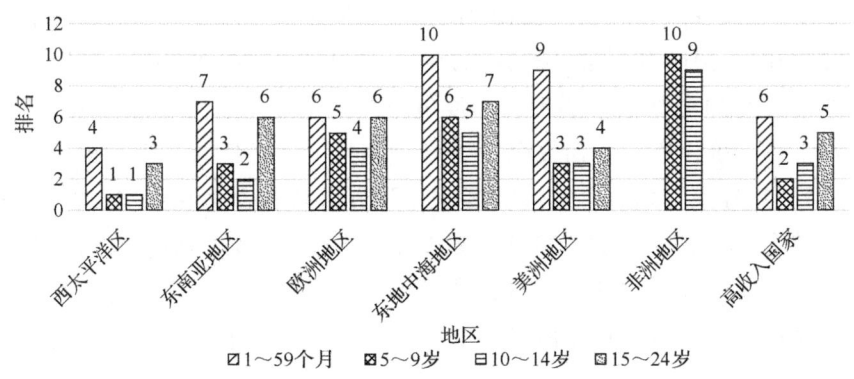

图 1-1 溺水在 10 个主要死亡原因中的排名数据分区统计

WHO 在报告中同时指出,许多国家 2014 年以前对溺水数据调查并不精确,导致数据整体偏差,而从近年来各个国家更为严谨的数据统计中对比发现:中低收入国家溺水率比 WHO 数据高 4~5 倍,高收入国家溺水率比 WHO 数据高 2 倍,其中 90%的溺亡事件发生在中低收入国家。无论是 WHO 公布的数据,还是各个国家的实际溺水数据,均反映出溺水是全球性伤害,尤其是学生(5~24 岁)溺水,且这一伤害被严重忽视。

第二节　我国学生溺水更需重视

一、庞大的溺水数据

人民网舆情数据中心 2023 年发布的大数据报告指出,我国年均有约 56000 名学生因溺水而丧生,而且致伤残人数远远大于死亡人数,数据之庞大令人咋舌。尽管国务院此前发布了《国家突发公共事件总体应急预案》《教育系统突发公共事件应急预案》,国务院办公厅印发了《应急管理科普宣教工作总体实施方案》,但教育部(2014)分析报告指出:游泳运动伤害是学生最主要的意外伤害事故,占 31.25%。对此,教育部越发重视,2012 年下发《教育部办公厅关于切实做好暑假期间安全工作的通知》;2013 年发出《完善安全工作机制　严防学生溺水事故发生》的紧急通报;2014 年发出《家校携手预防中小学生溺水》的通知;2015 年下发《教育部办公厅关于预防学生溺水事故切实做好学生安全工作的通知》;2016 年下发《教育部办公厅关于防范假期学生溺水事故的预警通知》;2017 年下发《致全国中小学生家长的一封信》;2018 年发布《教育部办公厅关于防范学生溺水事故的预警通知》;2019 年发布《教育部办公厅关于做好 2019 年中小学生暑假有关工作的通知》。2020 年国务院教育督导委员会办公室连发 3 次预警:1 号预警为《强化防溺水工作　确保学生生命安全》,2 号预警为《盯紧盯细　努力减少学生溺水事故发生》,3 号预警为《落细落实落地　严防溺水事故发生》,不断强化学生防溺水安全教育。教育部办公厅 2021 年发布《关于做好预防中小学生溺水事故工作的通知》。由此可见,庞大的学生溺水数据早已引起国务院、教育部、各级教育主管部门的重视,预防溺水是当前极为重要的安全教育工作。

二、经济飞速发展伴随运动休闲生活方式的来临

Preventing Drowning: An Implementation Guide 指出:在低收入和中等收入国

家，随着青少年年龄增长溺水率呈下降趋势，但在高收入国家反而呈上升趋势，原因是高收入国家青少年更青睐在湖泊河流等自然水域游泳、休闲、娱乐，而该群体水上安全技能不足是主要致因。随着我国经济快速发展，人均收入飞速增长，社会结构和生活方式也正面临巨变，水上游泳、休闲、娱乐活动正日益丰富：其特征就是从单一的室内（如泳池）水上活动向室外（如海洋、湖泊、河流等）水上活动拓展，涵盖了水面项目（如划船、钓鱼、冲浪等）、水中项目（如游泳、跳水、水球等）和水下项目（如潜水、浮潜等），游泳休闲正在成为国人运动休闲生活的重要内容之一。

第三节 学生溺水伤害影响巨大

中国虽在2020年宣布全面进入小康社会，但同时也步入了老龄化社会，社会劳动力已逐渐呈现紧缺趋势。然而持续居高的学生溺水伤害数据已成为政府、社会、家庭的隐痛。教育部原部长袁贵仁（2016）专就安全问题做了"安全是学校头等要紧的大事"的主题报告；2017年9月，由中共中央文献研究室编辑的《习近平关于青少年和共青团工作论述摘编》一书中指出"青少年是国家的未来和民族的希望"；《"健康中国2030"规划纲要》明确指出：需开发重点伤害干预技术指南和标准，减少儿童溺水等。学生溺水伤害事故产生的严重影响，使学生游泳运动伤害问题成为政府、社会、学校、家庭共同关注的焦点，也是本研究"分析问题—解决问题"的核心出发点。

第二章 研究设计

第一节 研究目的和意义

各年龄段学生自身在生理和心理等各方面的阶段特点,决定了该群体需要得到全面的安全教育与足够的生命保护(姜茂胜和江汶,2015)。溺水伤害数据量之大、伤害之深早已引起政府、社会、学校、家庭的广泛关注,WHO强烈呼吁各国政府立法、各界联动、学界关注,编织学生游泳运动伤害的保护网。

一、研究目的

本研究的研究目的如下。

(1)健康教育、安全教育的理念更新是干预游泳运动伤害的前提条件。"学会游泳≠不会溺水",学生传统游泳课教学应更新为包含水上安全知识、安全技能的安全教育课程体系,实现对学生安全态度和高危行为的干预。本研究从个案研究和焦点团体的视角,为安全教育理念推广和完善教育体系提供了政策宣导和社会支持。

(2)我国幅员辽阔,鉴于气候、水域环境、经济条件、教育资源等产生的差异化影响,笼统地授予学生游泳技能和完全照搬国外分层教学模式均不是最佳干预手段,在调研学生游泳运动伤害时空特征和学生水上安全教育状况的基础上,基于阶段性成果(大学生水上安全分层教育模式研究)的理论框架,针对不同层级学生游泳运动伤害致因不同,进一步展开实证研究,验证模式的有效性和保持性,力求精准干预。

(3)在进一步完善学校水上安全分层教育模式的基础上,基于"学校-家庭-政府-社会"多方协同耦合视角,完善学生水上安全分层教育体系预警防护救援的协同机制,并从不同角度出发,形成各个层面的操作手册,完善防护预警和事故处理流程,指导干预实践。

二、研究意义

（一）学术意义

基于党的十九大提出的关注民生教育和教育部强调"安全教育是一切教育前提"的主旨思想，以学生游泳运动伤害为突破口，以分层干预视角探讨政府、社会、学校、家庭共同关注的"不会游泳的学生如何防范溺水、会游泳的学生为什么溺水、教育缺陷在哪里"等关键认同性问题，有助于提升研究成果的理论深度。

分层教育理论的引入，有助于针对不同层次学生水上安全技能基础完善教育模式，对传统的游泳教学体系完善亦有裨益。

以"问题-对策"为导向的实验研究和政策研制，有助于政府、社会、学校、家庭形成对学生防溺的共性认识，促进各方联动协同，扩大共识、全面预防。

（二）应用意义

本研究属于一项应用体育手段干预学生重大伤害事件的实践。具体如下。

（1）对学生游泳运动伤害事件进行干预研究，能为政府、社会、学校、家庭等各方提供教育策略和预防措施。

（2）应用分层理论，能将游泳运动伤害这一复杂事件分层解析，并提供细致清晰的干预脉络。

（3）通过分层筛选学生被试的实验研究来构建科学的教育体系，可为干预学生类似伤害事件的教学改革和教学实验提供思路、方法和经验。

第二节　研究对象和内容

一、研究对象

研究对象包括与学生游泳运动伤害直接相关的大中小学生；学校实施游泳安全教育的教师；家庭监护教育的家长和主要监护人；参与安全保障和应急救援的政府、社会人员。

二、研究内容

（一）学校层面：学校水上安全分层教育模式的完善与检验

1. 现状调查：学生水上安全教育成效调查研究

首先，采用随机抽样的方式对学生进行游泳活动调查，提取学生游泳运动伤害频发的时间、地点、活动内容等关键数据，针对学生游泳运动伤害的时空特征进行归纳描述。其次，结合学生水上安全教育状况，就当前学校游泳安全教育的内容（主要包括游泳技能、自救技能、救生技能、安全知识等）、形式（开展的时间、地点、课时量等）、效果（安全知识、安全技能、安全态度和高危行为的评估）展开调查。

2. 干预研究：水上安全分层教育的关键载体——学校教育完善计划

基于"学生水上安全技能评价指标"，遵循分层教育理念，结合国内外分层教育实践，对学生水上安全分层教育体系从整体思路设计、教学目标设计、教学内容设计、分层进度安排、教学组织设计、考核体系设计等方面进行理论建构。

3. 实验研究：学生水上安全分层教育模式实践检验

针对中小学生群体开展实验研究，确证教学有效性和效果保持性。

（二）家庭层面：家庭教育有效监护的实践与反思

1. 现状调查：学生游泳运动中家庭监护能力状况调查

就学生游泳运动中实际监护人水上安全知识、水上安全技能（救溺技能尤其是间接救溺技能和心肺复苏技能）等救援能力，接受水上安全教育的途径、方式、方法，水上安全救生反应等展开调查。

2. 干预研究：水上安全分层教育的有效监护——家庭教育提升计划

以家庭监护能力状况为出发点，以学校游泳安全分层教育为干预基础，通过强化父母和主要监护人防溺水知识普及，配合学校教育和政府宣传，对应提升防护教育策略。

3. 实验研究：家庭教育提升计划干预效果实践检验

针对中小学生监护人群体，开展父母家庭教育实验，验证教育计划的有效性。

（三）社会层面："政府-社会"联防联动保障机制策略研究

1. 学生溺水事故中政府应急救援能力影响因素的探究

学生溺水具有事发突然、快速死亡等特点，给救援工作带来极大的考验。政府应急救援的宗旨是最大限度地保护人民财产与生命安全，降低灾害带来的损失。因此，立足于预防宣传，着眼于应急救援，以消防应急救援部门中实际参与学生溺水救援的人员为主体，还原救援过程和细节，采用质性研究的方法深描学生溺水事故救援逻辑，以期构建学生溺水事故中政府应急救援能力影响因素理论模型，有效补充学生水上安全分层教育模式。

2. 干预研究：水上安全分层教育的救生保障——政府社会联动计划

强化救援资源响应和动员，分层次逐步构建分级响应流程、专家决策流程、动员处置流程、善后处置流程等，广泛动员社会力量参与各类学生溺水突发事故的应急救援。

（四）"学校-家庭-政府-社会"层面：分层构筑学生水上安全网

1. 学生水上安全网理论的阐释

课题组从学校水上安全分层教育、家庭教育、"政府-社会"联防联动保障机制方面分别阐释构建学生水上安全网的理论生成过程，深描教育部等五部门安全网理论框架。

2. 学生水上安全网安全手册的制定

课题组制定了《学生游泳运动学校安全教育手册》《学生游泳运动家庭安全教育手册》《学生游泳运动政府社会应急救援手册》。

3. 学生水上安全网策略的构建

课题组以学校水上安全分层教育为核心，在家庭教育的基础上，强化"政府-社会"联防联动保障支柱作用，形成"学校-家庭-政府-社会"各方力量参与的学生水上安全网。

第三节 研究技术路线

结合研究内容，研究技术路线如图 2-1 所示。

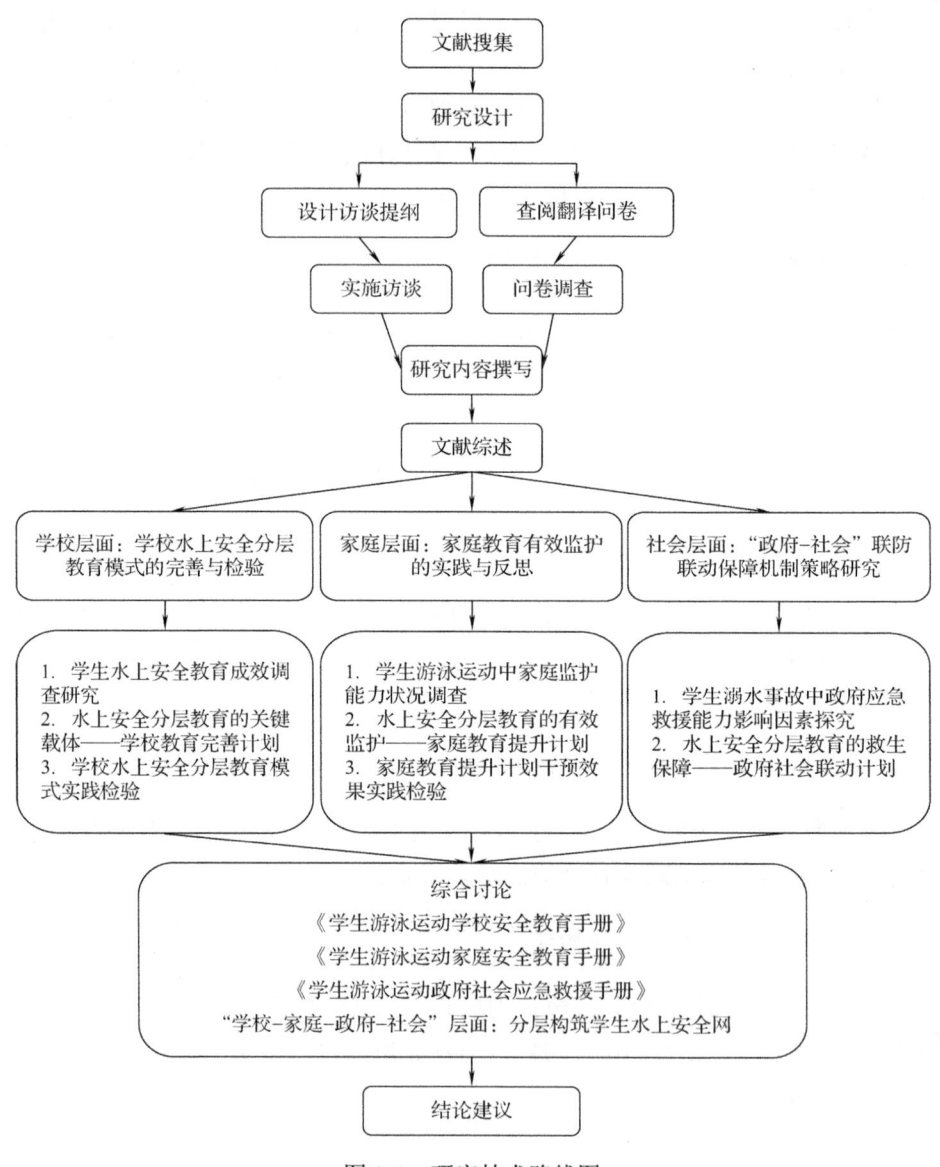

图 2-1 研究技术路线图

第三章 文献综述

第一节 概念界定

结合研究需要,将游泳运动伤害、水上安全分层教育、水上安全知识、水上安全技能等作为研究的核心概念。

一、游泳运动伤害

游泳(梅雪雄,2007)是在水中靠浮力借自身肢体的动作在水中前进的运动和技能。游泳是全身运动,能有效增强肺活量及肌耐力。游泳自兴起以来,不但被视为强身健体的有效之法,更是征服自然、防止溺水的最佳手段。本研究提出的游泳运动伤害是指学生在游泳运动过程中因一种或多种因素而导致的溺水、擦碰伤及其他意外伤亡事故。学生游泳运动伤害高发于游泳池、湖泊、江河、海边等常见水域(孙兴华,2010;顾德祥,2012;仲崇霞和韩奇,2013)。本研究讨论的学生游泳运动伤害包含意外淹溺和沉没、自然灾害、水上运输事故等非故意性溺水。

溺水是指人淹没于水中,因水进入肺部而导致缺氧,继而窒息。溺水分为水吸入肺内(湿淹溺90%)或喉挛(干淹溺10%)所致窒息,常见于游泳、潜水、意外落水(如船只沉没、海啸)及自溺等情况。溺水会致使学生呼吸道受损,溺水2分钟后,便会失去意识,4~6分钟后神经系统便遭受不可逆的损伤。学生溺水结果分为死亡、病态和非病态,即使非致死性溺水也会对学生心理造成严重伤害,一些幸存者甚至留下了永久的记忆神经系统损伤(Schilling and Bortolin,2012;Soar et al.,2010)。因此,学生溺水伤害具有发生时间短、伤害程度高和救援难度大等特点。

二、水上安全分层教育

水上安全分层教育模式是根据水上安全教育的总体目标，将基础参差不齐的教学对象按照相关因素进行若干分层，针对不同教学层次设置相应的教学目标和内容，运用合理的教学策略和训练手段，力求使学生掌握相应层次的水上安全知识、技能，为了达到限制、控制、消除涉水危险的目的而提出的教育理论模式（张辉等，2017a）。

水上安全教育（Water Safety Education）是学界公认的干预学生溺水（游泳运动伤害）的最佳方法。水上安全分层教育从水上安全教育发展而来，但国内出于语境需要，将 Water Safety Education 翻译成水上安全教育、水安全教育等。因此，结合教育部、中国教育学会、中国救生协会、中国红十字会等对水上安全技能、水上救生、水上救生员等专业名词的使用，以及高等教育出版社的《游泳与救生》（方千华等，2022）中对水上安全教育的称谓，统一在本研究中使用水上安全分层教育（Layer of Water Safety Education）。

三、水上安全知识

水上安全知识（Water Safety Knowledge）并没有明确的概念性定义。前人从操作层面认为水上安全知识是包含了水上安全常识（水上安全须知、水域安全标志、水上装备认知）、自救常识（突发状况应对、简易浮具制作、自救泳姿）、救生常识（基本救生、救生泳姿、徒手救生、冰上救生、岸上急救）和水域判断知识（身体状况判断、天气判断、水域环境判断）的陈述性知识（夏文，2012；罗时，2017），是影响学生态度和行为的重要因素（张辉等，2017b）。

四、水上安全技能

水上安全技能（Water Safety Skills）包含了游泳技能、自救技能、救生技能和急救技能等程序性知识（夏文等，2014）。WHO（2017）对高收入国家游泳和训练课程进行长期调查发现，学习游泳可以减少溺水发生的确凿证据很少，相反，学会游泳会增加接触水的机会，不当的水上行为会导致更高的溺水风险。因此，国内外学界逐渐形成预防溺水共识，即"不能单一教会游泳技能，还应包括教授水上自救、救生等技能"的观点，因此，水上安全的技能教学内容指向的是包含游泳技能、自救技能和救溺技能的水上安全技能（张辉，2020）。

第二节 学生游泳运动伤害致因研究

目前在全球范围内，学生游泳运动伤害的最主要形式就是溺水，溺水也是导致死亡的主要原因之一。游泳运动伤害致因是水上安全研究的焦点，WHO 数据显示：学生溺水事件高发于发展中国家，但因普遍缺乏溺水监测体系且无法定期收集数据，学生溺亡数在一定程度上被低估（WHO，2014；2017）。因此，深入调查学生游泳运动伤害致因的工作亟须展开。纵观游泳运动伤害致因研究，经历了溺水致因调查、溺水机理深入、溺水聚类分层等阶段。

一、学生溺水致因调查为水上安全研究提供现实依据

溺水很少是单个原因造成的（Nixon et al.，1979），早期的溺水致因调查主要关注季节、时段、溺水地点（池塘、粪池、废沼气池、石灰池、踏破薄冰）等（莫建中，1992）。根据游泳伤亡事故的发生原因和特点，可以将其分为溺水，颅脑损伤与颈椎骨折脱位，隐性疾病、慢性疾病突发，猝死和其他意外事故 5 种类型（樊维和廖品松，1999）。学生溺水事故的发生原因主要有以下几种：一是因为初学者未能掌握正确的游泳技术，尤其是未能熟练地掌握水中的呼吸、漂浮和踩水技术，导致在游泳过程中出现呛水、喝水、疲劳及其他突发状况，引发溺水事故（木子，1998）；二是在游泳过程中因时间过长、水温过低、运动过于剧烈或体力消耗过大，引起眩晕、晕厥或隐性疾病的突然发作，导致溺水事故；三是游泳时心情过于紧张，心理负担重，因大脑皮层出现保护性抑制而导致动作僵硬、协调性降低，破坏了正确的动作技术，造成溺水事故（孙云龙，1996）。除此之外，在游泳过程中突发的肌肉痉挛、大脑缺氧昏迷、酒后不适等，都可能导致溺水的发生（体育院系教材编审委员会《游泳》编写组，1978）。

溺水曾是我国儿童青少年意外伤害致死的第一死因（杨功焕等，1997），随着社会经济的发展，以及我国道路建设和现代交通的逐渐发达，交通事故一跃成为学生意外伤害的最主要原因，但溺水伤害仍是学生意外伤害的主要原因（邓树嵩等，2001），尤其是低年龄段儿童（应爱珍，2003）。调查研究显示：①学生男性溺水率明显高于女性（林国维等，2000），王润胜等（2002）在对 1317 例伤害死

亡事件的原因分析中,首次明确统计出男性溺水率是女性的 4.92 倍;②学生溺水死亡年龄主要集中在 5~19 岁,陈美娟等(2001)发现该年龄段学生溺水死亡人数占学生溺水死亡总数的 85.90%;③越来越多的研究开始关注到除了性别、年龄,地域(农村、偏远地区)、教育水平也是影响学生溺水的主要因素(李景廉等,2002;周亚清等,2002)。农全兴和杨莉(2006)对广西农村 1~14 岁的 133 名溺亡学生进行调查分析发现:有 118 名儿童不会游泳,占 88.72%;在 11.27%会游泳的儿童中,能够游泳超过 25 米的只有 2 人,只占 1.50%,也就是说农村学生大多在不会游泳且疏于监管的情况下溺亡。于是研究者呼吁采取加强水上安全教育、进行游泳培训等策略干预学生溺水现象。

前人研究逐渐总结出学生溺水与性别、年龄、地域、民族、教育水平等诸多因素相关(张辉,2020),WHO 开展全球调查(2014,2017),发现溺水致因还包括经济水平、接触水的机会等。基于此,学生溺水致因调查研究给水上安全研究提供了案例依据和数据支撑。

二、学生溺水机理深入为水上安全研究奠定理论基础

随着学生溺水致因的深入研究发现,除了性别、年龄、农村地域等危险因素,具有良好游泳技能和戏水时有成人监管是学生溺水的保护因素(农全兴和杨莉,2006)。国外学者通过实验研究,发现溺水与溺水者自身性格特点和周围具体环境也是相关的(Van Oostrum and Goosen,2008),由于低年龄段学生对危险认知不完善,对危险水域缺乏提防心理,所以常常去危险区域游泳、跳水、潜水、水中嬉戏打闹等,而面对危险环境无法应对(Gulliver and Begg,2005),更有研究明确提出学生溺水还和自身游泳能力、安全知识、风险感知等紧密相关(Morgan et al.,2009)。郭巧芝等(2010)对非致死性溺水的 805 名农村中小学生进行调查发现,游泳、跳水、潜水、水上嬉戏打闹、不小心跌落入水中、游泳技术太差等都是学生溺水的主要原因,在此基础上,对父母受教育水平、家庭收入水平及学生自身游泳技能的交互作用展开分析,为学生溺水保护带来新的干预视角(陈小旋等,2012)。

Moran 和 Stanley(2006)设计研制《新西兰青少年水上安全知信行问卷》,夏文(2012)在此基础上将问卷本土化,并进行了信效度检验。研究者发现学生溺水风险还与父母风险认知显著相关(Morrongiello et al.,2014)。在此模型基

础上，张辉等（2017b）通过扎根理论对学生游泳高危行为影响因素进行建模（图3-1）发现，学生溺水的游泳高危行为影响因素包含安全知识、安全技能、风险感知、溺水经历、过度自信、感觉寻求、父母行为控制、不良同伴、学校安全教育、涉水水域环境10个小范畴。

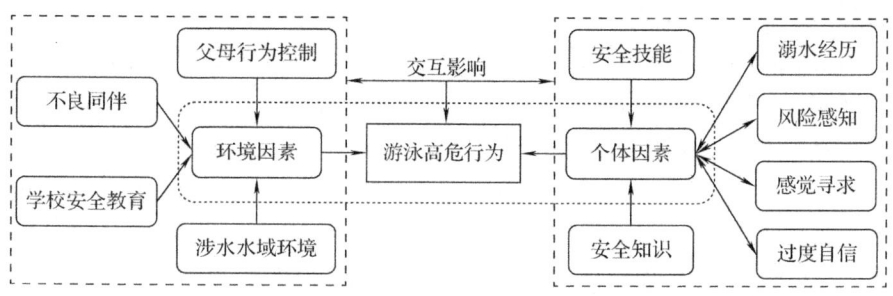

图3-1 学生游泳高危行为影响因素模型图（张辉等，2017b）

罗时（2017）进一步在2840名学生中探寻各因子间关系：游泳过度自信对水上安全技能与游泳高危行为具有部分中介效应，水上安全技能既对游泳高危行为产生直接影响，也通过游泳过度自信对游泳高危行为产生间接影响；水上风险感知对游泳过度自信的中介作用具有调节效应，水上风险感知调节了中介过程的后半路径，具体而言，游泳过度自信对游泳高危行为的影响，随着水上风险感知的增加而降低。因此，水上安全技能对游泳高危行为的影响是有调节效应的中介作用。游泳过度自信在游泳技能水平对游泳高危行为的影响中具有部分中介作用，即游泳技能既可以直接影响游泳高危行为，也可以通过游泳过度自信的中介作用对游泳高危行为产生间接影响；安全知识是游泳技能水平对游泳高危行为中介作用模型中的调节变量，安全知识调节了中介作用的后半路径。具体而言，当安全知识得分较低时，游泳过度自信对游泳高危行为的正向预测作用较大；当安全知识得分较高时，游泳过度自信对游泳高危行为的正向预测作用较小（谭兴强，2018）。

三、学生溺水聚类分层为水上安全干预研究提供分析视角

不会游泳的学生和会游泳的学生溺水致因差别较大（方千华，2003），樊维和廖品松（1999）提出的5种类型的游泳事故都有其不同的发生原理，由于人们在游泳事故分类及其发生原因的认识上存在偏颇和局限，所以无法有的放矢地进行干预和预防。除了水上安全技能和安全知识，研究分别从游泳场馆（水域）安全

管理，救生员、教练员素质与职业操守，家庭监管、社会监管机制，公共媒体引导宣传等方面展开研究（陈爽等，2020），不会游泳的学生、掌握游泳技能缺乏自救技能的学生、掌握游泳技能缺乏救生技能的学生游泳运动伤害致因均不相同，需分层对待（夏文等，2012；2014；张辉等，2016）。学界形成了学生游泳运动伤害的聚类分层研究，为进一步的干预提供结构性分析视角。

人力资源和社会保障部、国家体育总局制定了《国家职业技能标准——游泳救生员（2020年版）》，王斌等（2018）研制了《学生水上安全技能等级标准》，该标准包括游泳技能和自救技能两个方面，并使用3个层级（初级、中级、高级）和9个等级（初级——1~3级；中级——4~6级；高级——7~9级）来评价学生水上安全技能的等级，用于评估学生水上安全能力。然而大、中、小学生群体差异较大，需细致评估自救和救生能力，想要应用于学生整群仍需细化（表3-1）。

表3-1 学生游泳安全技能初选评价指标一览表（王斌等，2018）

评价指标	一级指标	二级指标
初级评价指标	游泳技能	有节奏呼吸、交替打腿、俯卧漂浮、仰卧漂浮、俯卧游进
	救生技能	蘑菇头漂浮、水母漂、十字漂浮、仰漂、抽筋自解、浮具制作
中级评价指标	游泳技能	蛙泳、自由泳、侧泳、潜泳、踩水呼救
	救生技能	扔掷辅助物救助、伸够辅助物救助、个人手援救助、团体手援救助
高级评价指标	游泳技能	仰泳、速度游、组合游
	救生技能	入水、接近、拖带、解脱、上岸、心肺复苏、损伤急救
三级主观评价指标		动作实效性、动作协调性、耐力素质、动作力量变化、动作质量、位移速度

梳理文献发现，前人研究既从现实案例中提炼了致因模型，也从理论层面厘清了因子间关系。当前对学生游泳运动伤害致因的研究已聚焦在精准干预的视角上，以《学生水上安全技能等级标准》为指导，可筛选具有不同水上安全能力的学生，为制定适宜的干预策略提供现实依据。未来研究需进一步厘清学生游泳运动伤害致因，精准介入教育干预对策。

第三节 学生水上安全分层教育研究

水上安全教育是世界安全大会公认的预防溺水的最有效策略，是帮助个体在涉水活动中预知、预测、分析危险，限制、控制、消除危险开展的有目的、有意识的教育活动（夏文等，2011）。

一、水上安全教育的发展历程

学生水上安全教育发展至今可分为单一的游泳技能教学、游泳技能向水上安全技能拓展、水上安全知识逐步融入三大过程。

（一）单一的游泳技能教学

20世纪60年代，国内常常出现擅长游泳者溺水的现象，20世纪70年代，为增强学生自救能力，游泳教学中开始增加踩水和反蛙泳等技能教学（杨玉强等，1992），这个时期提高游泳能力一直被认为是一种对所有年龄和几乎所有情况都有益的预防策略，教育者关注游泳教学会显著提高学生游泳技能（Liller et al.，1993；Asher et al.，1995），因此，游泳技能教学成为早期水上安全教育的主要模式。然而游泳能力的提高和溺水风险之间的保护关系却一直没有得到数据上的支撑（Petrass and Blitvich，2018）。

WHO（2008）研究全球居高不下的学生溺水数据后开始质疑，学生学习传统游泳课程是否能习得足够的生存技能和自救救溺技能，虽然游泳课程可以提高游泳技能，但并不意味着游泳者面对自身或他人溺水时能够正确施救和提供正确的保护措施。随着游泳技能的教学方法、内容、保护机制逐渐被探明，研究发现：游泳技能的提升可能会增加个体溺水的风险（Brenner et al.，2009），甚至游泳技能越佳者，越追求水的刺激和乐趣，越容易触发高危行为（周嘉慧，2009）。事实上，儿童和青少年经常被水吸引，一旦学习了游泳技能，他们的父母等监护人就会降低对水域的警惕和监督，这也让儿童和青少年常常高估自己的能力，变得过于自信（UNICEF et al.，2012）。

（二）游泳技能向水上安全技能拓展

WHO（2008）发出提醒，预防学生溺水不能单一依靠游泳技能的教学。联合国儿童基金会一再申明：要重新审视游泳课对预防学生溺水的作用，特别要反思游泳课到底应该教授哪些技能和知识。再加上一直以来都没有充分的文献证明游泳教学能够预防学生溺水。因此，学界开始展开游泳技能与安全技能关系的研究：学生学习游泳技能的同时，应融入自救与救生技能（张昕，2007；张明飞，2007），还需要酌情融入救生员的培训体系（方千华和梅雪雄，2005；2008），使学生掌握水上基本的安全救助常识,加强自我保护意识,防患于未然(刘希国和刘璐,2009)。大部分学生溺水是因为自身的高危行为或不当救援(张昕,2007),然而,当前学校实施的游泳教学重在游泳技能,欠缺对自救能力和救生技能的培养(庄启林,2008;安军等,2007;陈立新和张明飞,2010)。游泳救生技能首先需要保护自己,同时在需要的时候还能帮助别人、救助溺水者。培养学生的游泳救生技能非常必要,具有很强的现实意义和较高的实用价值(李华,2010)。因此,教育部办公厅(2012)、中央人民政府(2013)屡屡宣导要教会学生自救自护、智慧救援。水上安全技能应包含游泳技能、自救技能和救生技能。

（三）水上安全知识逐步融入

20世纪60年代,美国学者开始意识到学生游泳运动伤害应该"由施救为主转变成预防为主"。水上安全知识一直以来被游泳教学忽视,学界不断的深入研究和长期以来居高不下的溺水数据证明,水上安全教育不能局限于技能,溺水者受知识和技能的多重影响(Liller et al.,1993),融入知识有助于降低溺水风险(Gresham et al.,2001),在众多游泳教学改革中,游泳基础知识、安全救生常识及技术学习逐渐被纳入教学计划中(马吉光和郑闽生,2000;宋义增,2000),同时开展各种实验研究,结果显示教学融入水上安全知识可以有效提升学生的安全意识,且有利于学生自救和救溺技能的学习和运用(张爱平,2005;龙明,2011),这在很大程度上推动了游泳教学改革,研究证明:安全知识的强化比技能的训练更为有效。朱银潮等(2015)对宁波市8所民工子弟学校7760名中小学生进行了《宁波市学生溺水状况调查表》问卷调查,发现流动儿童的溺水相关知识知晓率为46.0%,正确信念持有率为77.9%,溺水高危行为发生率为10.0%,27.5%的学生自我报告至少有1种溺水高危行为,说明流动儿童的溺水相关认知水平低,溺水高危行为发生率高。同样在农村地区的调查也发现,农村学生水上安全知识普及率低,游泳高危行为发生率高,溺水事故高发(谢冬怡等,2017),因此,在对农村和特定群体学生的教学中融入水上安全知识应成为学生溺水干预的重要方面(Kemp and Sibert,1992)。受此启发,国内外学者纷纷呼吁完善水上安全教育(Brenner et al.,2009),基于此,国内学者结合知信行模型实验构建了小学生水上安全教育模式,涵盖水上安全知识和水上安全技能,教学效果良好(夏文,2012)。

由此可见,水上安全教育不应是单纯的游泳技能教学,而应是包括水上安全知识、水上安全技能的融合教学。在实际教学中,如何将知识和技能内化为学生的技能成为关键。国内学者夏文（2012）利用知信行模型对水上安全知识、技能、态度和游泳高危行为四者间的关系展开调查研究（图3-2），发现水上安全态度是水上安全知识和游泳高危行为之间的中介变量；在改善学生水上安全态度的过程中，水上安全知识传授的效力优于水上安全技能学习；学生的水上安全技能水平越高，出现游泳高危行为的概率也越高（夏文等，2014）。

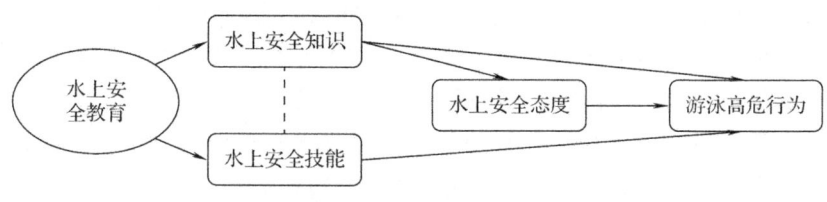

图 3-2 水上安全教育过程（夏文，2012）

二、学生水上安全分层教育的理论借鉴

水上安全分层教育模式是根据水上安全教育的总体目标，将基础参差不齐的教学对象按照相关因素进行若干分层，针对不同教学层次设置相应的教学目标和内容，运用合理的教学策略和训练手段，力求掌握相应层次的水上安全知识、技能，达到限制、控制、消除涉水危险而提出的教育理论模式（张辉等，2017a）。

（一）研究健康行为的基础理论

认知行为理论（Cognitive Behavioral Theory）是教育、卫生、运动行为研究和干预中最常用的理论（Williamson et al.，2004），在干预实验研究中常常用于基础设计。但随着健康行为研究的逐渐拓展，更多的理论模型被提出来，包括健康信念模型（Health Belief Model，HBM）、理性行为理论（Theory of Reasoned Action，TRA）及其进一步发展的计划行为理论（Theory of Planned Behavior，TPB）（Ajzen，1991）、社会学习理论（Social Learning Theory，SLT）、社会认知理论（Social Cognitive Theory，SCT）、保护动机理论（Protection Motivation Theory，PMT）（Maddux and Rogers，1983）、"健康行动过程观"（Health Action Process Approach，HAPA）（Burish and Wallston，1984）、知信行理论（Knowledge Attitude Behavior Practice，KABP）等，广泛用于烟酒行为、危险驾驶等领域的研究。这些健康行为理论的共同点就是研究假设与研究整体架构类似，但解释方法有所区分，在不同的健康行为研究方面各有所长（Bandura and Bussey，2004）。

水上安全分层教育是以塑造学生健康行为为最终目的的教育过程。20世纪

70—80年代博克（Becker）等不断修订由美国科学家罗森斯托克（Rosenstock）提出的健康信念理论，形成的健康信念模型和知信行理论认为个体的知觉与态度会影响合理的决策，知识的积累会影响态度进而导致行为的改变，如果个体有意愿改变当前的不健康行为，就会避免危险的发生。这一思路正好清楚描述了知识、态度和行为之间互动机制的心理认知过程。Moran和Stanley（2006）开始结合知信行理论研究溺水，提出学生溺水的核心变量是游泳高危行为，而水上安全知识、安全技能、安全态度均是前因变量，随即，设计包含25个题目的《新西兰青少年水上安全知信行问卷》，问卷结构包括水上安全知识、安全技能、安全态度和高危行为。国内学者夏文（2012）在知信行理论前提下，对问卷进行本土化检验，并成功预测：水上安全知识、安全技能都会影响游泳高危行为，而水上安全态度是中介变量，即水上安全态度越积极，游泳高危行为发生的概率越低；水上安全知识的增加有利于改善水上安全态度，但水上安全技能的提升和水上安全态度并不显著相关，相反可能会导致游泳高危行为增加，并在此基础上开展了小学生水上安全教育模式的初步探索，效果显著。

（二）分层教育理论

分层教育（Layer Teaching）作为一种教学理念由来已久，孔子和孟子均注意到学生的个性化差异。孔子在《学记》中提出"人之学也，或失则多，或失则寡，或失则易，或失则止。此四者，心之莫同也。知其心，然后能救其失也。教也者，长善而救其失者也"，孟子教导说："君子之所以教者五：有如时雨化之者，有成德者，有达财者，有答问者，有私淑艾者。"美国心理学家、教育学家本杰明·布鲁姆（Benjamin Bloom）发现学生能力层次不一，无法共同进步；心理学家霍华德·加德纳（Howard Gardner）认为学生存在学习智力差异，不同的学生应采用匹配的方法教学。由此看来，尊重学生的个体差异和基础知识层次，采用有的放矢、因材施教的教学方式对学生实施分层教学，使不同层次学生都有所提高，进而提高教育教学质量，是分层教育理论的最终目标（吕云和陈爱霞，2021）。

水上安全教育领域应用分层教育的理论尝试由来已久，其中包括年龄分层、对象分层、教学目标分层等，以及教学中按类别对高校女生进行分层次游泳教学的研究（李红兵等，2004）；也包括针对高校游泳基础不一、技术参差不齐的实际状况，采用分层教学、分类指导的双重方法调动全体学生自主探究、合作发展学习的模式探究（卢澎涛，2010）；还包括基于水上安全教学的复杂性和游泳技能学习的困难性，岳新坡和李文静（2012）设计了分层累加教学法，即利用技术内部存在的固有联系，按技术顺序或技术的结构特点，通过逐渐积累的方法去掌握复杂技术动作和动作细节的一种技术教学方法。可见，分层教育方法在水上安全教育中广泛应用，并不断得到探索和延展。

（三）运动伤害领域其他干预理论对水上安全教育的启示

事故致因理论是研究安全管理和危险行为的基础理论。1919年，英国的格林伍德（Greenwood）和伍兹（Woods）提出事故频发倾向论，认为个别人具有稳定的、个人的内在倾向导致事故发生，这一理论单一强调人的特性在事故中的影响，把安全事故归因于少数事故倾向者；1931年，海因里希（Heinrich）发现安全事故的发生不是一个孤立的事件，而是一系列原因事件相继发生的结果，随即提出事故因果连锁理论，又被形象地称为"多米诺骨牌理论"；该理论在学界迅速得到支持，并相继由美国前国际损失控制研究所所长弗兰克·博德（Frank Bird）、英国伦敦大学约翰·亚当斯（John Adams）教授进一步完善和丰富，得到较为科学的因果链模型；在此基础上，1969年美国的瑟利（Surry）提出瑟利模型；1972年本尼尔（Benner）提出扰动起源事故理论，威格里斯沃思（Wigglesworth）提出威格里斯沃思模型；1974年的劳伦斯模型；1975年约翰逊（Johnson）提出变化—失误理论；1995年钱新明等提出事故致因突变模型。这些研究均从大量的安全事故中验证和完善了事故致因理论。时至今日，事故致因理论还在进一步发展和完善，呈现百家争鸣之势。

游泳运动伤害的预防与干预理论源于事故致因理论，溺水没有单个的预防解决方案（Franklin et al.，2010）。国外重视研究溺水规律、预防及干预，认为预防与干预的关键是了解溺水事件发生的地点、过程、原因及可能导致事件发生的相关因素（Sansiritaweesook et al.，2015）。

1. 溺水链

随着研究的深入，溺水伤害研究领域提出了溺水链（Drowning Chain）的概念，包括可导致人溺水的一系列条件，整个溺水链中的每个环节都可以引导下一个环节的发生，甚至直接造成溺水。英国皇家救生协会（Royal Life Saving Society）以此来制定和培训海滩救生员提前采取的各种预防措施。伦敦大学联盟救生俱乐部（University of London Union Lifesaving Club）将缺乏教育的人（Lack of

Education)、缺乏安全警示（Lack of Safety Advice）、缺乏保护（Lack of Protection）、缺乏安全监督（Lack of Safety Supervision）、无法应对（Inability to Cope）5个环节作为导致溺水发生的溺水链过程（图3-3），要想阻止溺水链的形成，就要有针对性地干预链接中的某一个或某几个环节，原理同"多米诺骨牌理论"。

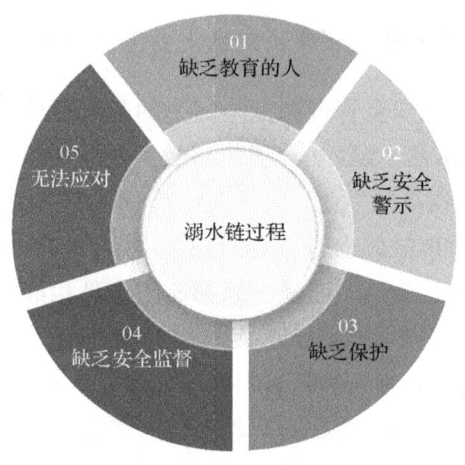

图3-3 溺水链过程图

我国学者发现，导致溺水的因素复杂，既有环境因素，也有自身因素、家庭因素，还有社会经济因素。卫生部（现国家卫生健康委员会）2011年9月出台的《儿童溺水干预技术指南》中用Haddon矩阵从儿童自身因素、作用物、物理环境和社会经济环境4个方面总结了儿童溺水前、溺水时和溺水后的危险因素。将溺水链中的"无法应对"细化为高危行为的应对缺失，提示溺水前后主要因素：溺水前包括发育水平、性别、缺乏水的危险性知识、好奇、冒险、水中嬉戏、捉鱼、酗酒等高危行为；溺水时包括缺乏游泳技术、未穿救生衣等漂浮器具、救生者不会游泳、高估自己的游泳能力、单独游泳、体力不支、遇险时慌乱、缺乏紧急呼救或知识；溺水后包括获救延迟、看护人不知所措、没有用电话或手机呼叫救护车。这和溺水链理论高度相关，且进一步细化了溺水前后具体的高危行为类型，更加具体直观。

2. 安全网

2015年5月29日，习近平总书记在北京主持中共中央政治局关于健全公共安全体系的第二十三次集体学习时强调："公共安全需编织全方位、立体化的公共安全网。"中国应急管理学会会长洪毅（2016）提出需从11个方面充分考虑关键性风险因素防控，科学确定公共安全网的覆盖范围。国务院教育督导委员会办公室发布2020年第5号预警《扎紧扎实安全"防护网" 守护学生生命安全》，专门提出：注重家校协同，以上下学途中突发安全事件应对为重点，灵活运用多种形式和载体，有针对性地开展宣传教育，着力让安全意识融入家长和学生的日常生活。徐剑锋（2019）认为防溺水立体安全网包括竖立警示牌，加大对池塘、沟渠等危险水域的巡查监管力度，对未成年人给予特殊保护，补齐短板，严防死守，多方发力、多管齐下编织好安全网。学校、家庭、社会是影响孩子成长的3个重要环境场所，应打造家庭、学校、社会衔接的育人全链条，全力构建学生防溺水安全防护网（韩高波和李政，2021）。安全网的提出给学生水上安全分层教育的拓展与完善提供了更加全面的参考。

学生水上安全分层教育的理论基础是通过对不同教学层次学生的水上安全教育来达到改善学生态度和行为的目的。然而在整个游泳运动伤害过程中可以发现，分层的对象不能只限制在学生群体，溺水链理论提出切断5个环节（缺乏教育的人、缺乏安全警示、缺乏保护、缺乏安全监督、无法应对）中的任何一个，都有可能成为阻止事件继续发展的关键。有研究指出，危险是伴随体育运动过程实时存在的，任何一个环节的疏漏都可能导致危险的发生（Young，1989）。如果我们能构建一张学生防溺水安全网，将水上分层教育适当延展到各个相关群体，就更有利于推动学生溺水预防与干预。

三、学生水上安全分层教育的干预实践

纵观世界各国和地区，美国、英国、澳大利亚、加拿大及中国台湾地区都有着较为完整和发达的学生水上安全分层教育体系，且政府和社会保障健全，有效降低了学生溺水率。

（一）美国学生水上安全分层教育的镜鉴与启示

1. 教学目标

让学生掌握生存技能是美国学生水上安全教育的最直接目标，在全社会普及水上安全教育促使美国成为学生游泳运动伤害发生率最低的国家之一（张翰臻，2020）。

2. 教学内容和课程结构

美国水上安全教育课程内容从易到难依次包括直立漂浮、仰浮、摇橹式划水、

初步学习仰泳、仰泳、俯浮、蹬池底（或池边）俯浮、打水和划水动作、套上潜水用的呼吸管练习呼吸、水中呼吸练习、练习游泳等。美国针对不同年龄层次的人制定了水上安全教育分级教学内容，其中最典型的是1964年美国开始推行的青少年救生训练计划，该计划将青少年按年龄分为A、B、C 3个等级，其中14~17岁为A级、12~13岁为B级、9~11岁为C级，接受完整的水上安全教育训练（张腾等，2017）。中小学生的游泳技能以仰泳、自由泳为主，融入自救能力进行过关考核；在掌握仰泳、自由泳技能之后，开始学习蛙泳和蝶泳技能，并接触更多的救生防护知识练习。美国"安全通道"水上安全分层教育内容如表3-2所示。其中，两分钟内游进100米、潜泳25米、踩水5分钟等成为中小学生毕业的基本功，而需要达到救生能力的学生需严格完成1000米海浪游泳，以及救生板、划船等基本器材操作（至少1000米），大幅度提升了学生自救和救生技能水平。

表3-2 美国"安全通道"水上安全分层教育内容（王国川和翁千惠，2003）

年龄层次	教学内容
幼儿园；一、二年级	（1）游泳部分：包括游泳安全守则及其应用。 （2）河流与水库部分：包括水库、河流及河道安全守则。 （3）乘船与钓鱼部分：包括船难与溺水事故分析，乘船安全守则。 （4）水域抢救部分：包括水域抢救安全守则，水域抢救游戏
三、四年级	（1）游泳部分：包括游泳安全要点。 （2）河流与水库部分：学习水库、河流及河道的危险性。 （3）乘船与钓鱼部分：列举救生衣类型与使用时机，以及船只行驶时危险因素等。 （4）水域抢救部分：模拟抢救活动和表演、练习水域抢救
五、六年级	（1）游泳部分：深入学习浮力的意义并反复演练。 （2）河流与水库部分：深入学习水库、河流及河道的危险性，以及相关的河流信息。 （3）乘船与钓鱼部分：列举救生衣类型与使用时机，船只行驶时危险因素等，以及开船前应注意的规则等。 （4）水域抢救部分：复习水上抢救安全守则，模拟抢救活动和表演、练习水域抢救

3. 教师资质与安全保障

鉴于游泳教学的危险性和高度责任感，美国的游泳教学多以小班化的教学形式开展，1名游泳教师通常指导1~4名学生。在学生学会4种泳姿之后，学校会划分俱乐部或者标准兴趣组实施考核，确保学生学会游泳并具备一定的自救能力。

培训游泳教师和救生员（全职、兼职及在职培训人员）的课程，由美国水上救生联盟统一制定，培训包括基本救援、专业救生防护、救生环境、通信、记录与报告、预防性救生防护、救援技巧与过程演练、水上环境中的急救及搜救知识等。美国确保学生水上安全师资格标准需通过美国救生协会审定，考核合格者核发合格证书（张腾等，2017）（表 3-3）。

表 3-3 美国确保学生水上安全师资格标准及发证要求

分级类别	资格标准及发证要求
游泳教师	（1）具有政府认可的急救人员合格证书。 （2）接受训练的总时间必须超过 30 个工作日。 （3）具备 1000 小时以上的实践经历。 （4）年龄为 16 岁以上。 （5）必须在 10 分钟内完成 500 米。 （6）身体健康状况良好
救生教练员	（1）必须在美国救生协会认可的救生场所担任 3 次兼职或全职救生员，且具备 1000 小时以上的实践经历。 （2）具备高中及以上学历。 （3）急救、心肺复苏证书
合格证书授予人员	（1）必须是美国救生协会会员。 （2）必须具备 4000 小时以上的职业救生员实践经历。 （3）拥有督导和训练救生员经验者优先。 （4）必须由当地规范救生单位提名

美国救生协会致力于游泳能力测试，宣传水上安全教育（包括制作水上安全防溺宣传视频、水上安全教学视频、校园水上安全须知及自救知识等课程），提供优质游泳环境、游泳专业教练培训，开展各项水上活动（包括游泳竞赛、大型游泳趣味活动、民间团体免费培训等）等来确保全社会防止学生游泳运动伤害。

（二）英国学生水上安全分层教育的镜鉴与启示

1. 教学目标

英国业余游泳协会（Amateur Swimming Association，ASA）在全国范围内制订学生水上安全分层教育计划，该计划采用游戏主导的教学方法，提供清晰、渐进的教学目标。总体教学目标首先是教会学生在水中如何确保自身安全，其次是提升学生的救生能力和塑造学生的救生奉献精神（张晓翾，2018）。

2. 教学内容和课程结构

英国业余游泳协会制定的水上安全分层教学内容在第一层次主要涉及漂浮、滑行、抓玩具、做游戏等基本的静态、动态平衡能力教学，水中换气、打腿、原地转身等基本游泳能力，以及安全入水、安全出水、游泳注意事项等基本的水上安全知识；在第二层次针对学生生长发育的特点和动作技能学习规律，制定了游泳技能和水上安全两个板块的教学内容，其中游泳技能以自由泳、仰泳、蛙泳和蝶泳为主要教学内容，添加水中漂浮、水中转动、摇橹式划水、水中捡物等一系列水中游戏，用以发展学生的平衡、协调、速度等身体运动能力，水上安全板块主要培养学生良好的游泳运动习惯和强化水上安全知识，包括水域标志的识别和判断、不同水上安全注意事项、海滩旗帜的意义识别、遭遇溺水的自救与救援知识等；在第三、四层次需要学生具备一定的游泳技能，让学生学习速度游、距离游等，以及水中漂浮原理、水中阻力和动力解释等，使学生融入团队游戏和竞争性比赛中，全面掌握自救和救溺知识（孙克双，2011；沈思佳等，2019）（表3-4）。

表3-4 英国水上安全分层教育内容一览表

分层计划	教学内容
第一层次 "发现小鸭奖"计划	适合0～5岁的婴幼儿，通过水上趣味游戏建立游泳兴趣
第二层次 "学会游泳"计划	适合4～11岁的儿童，分为1～7级，这一阶段主要发展基本动作技能，教孩子使用四种泳姿（自由泳、仰泳、蛙泳和蝶泳），以及如何安全地在水中嬉戏和享受，7级结束时，练习者需完成游进25米
第三层次 "水上技能提升"计划	适合具备一定游泳能力的学生，分为8～10级，这一阶段教授学生发展体育专项技能（学习竞技游泳、跳水、花样游泳和水球），并教授水上救生和浮潜等技能，扩展学生的水上安全技能和能力
第四层次 "成人游泳"计划	这一阶段适合于16岁以上（高中生、大学生和成年人），主要发展学生的游泳专项技能，提高划水、游泳技术和比赛技巧，以及建立水上救援和水上安全保障的自信

在课时安排上，每个阶段一般设定4～5周的学习时间，层次越高，练习的时间越长。英国业余游泳协会设计了一系列的徽章和证书，为各级别的孩子提供激励和支持。

3. 教师资质与培训内容

英国游泳教师管理非常严格，分为SEQ 1级游泳助理（教学）资格和SEQ 2

级游泳教学资格两类，每类教师必须具备承担责任的能力，18岁以上的游泳教师只有通过相应考核才能独立授课，必须持有英国业余游泳协会SEQ 2级教学游泳资格证书（表3-5）。

表3-5 英国水上安全分层教育师资和培训内容

资格	培训内容
SEQ 1级游泳助理（教学）资格	（1）游泳辅助课程的法律知识、游泳助理的职责。 （2）游泳路径、基本动作、核心游泳技能和划水动作的组成部分。 （3）游泳科学原理、课程计划、设施设备和沟通技巧。 （4）识别学生焦虑和使用激励技巧。 （5）游泳教师的责任和角色、游泳的科学原理、如何引导学生的发展
SEQ 2级教学游泳资格	（1）发展核心技能和4种泳姿、识别和纠正常见的游泳错误。 （2）评估能力和使用多种教学技术和设备。 （3）为不同水平游泳能力的学生制订计划，包括有特殊教育需要和残疾学生的指导。 （4）核心的教学管理技能，包括班级管理和评估、安全与保障。 （5）为学生提供水上安全知识、技能和信心
SEQ 3级水上活动卫生资格	（1）推荐水上运动，为学生提供健康咨询和健身指导。 （2）普及水上安全运动的基本原则和制止禁忌行为。 （3）为学生提高游泳运动技能提供技术诊断

英国有趣的课程设计和清晰、结构化的阶段性教学内容为学生与教师提供了明确的目标，学生与教师可以很容易地看到和监控学习的进度（丛宁丽和蒋徐万，2000），这有助于学生建立水上安全教育的学习信心和提高技能。

（三）澳大利亚学生水上安全分层教育的镜鉴与启示

1. 教学目标

澳大利亚教育部特别重视学生水上安全教育，从婴幼儿到青少年直至成年人，每个阶段都设立了明确的培养目标，总体归纳为：尽早学会自救技能，逐步掌握自然水域救生技能和潜泳技能，积极培养拖带救生及其救生员技能（杜光玉等，2015）。

2. 教学内容和课程结构

澳大利亚下辖6个州和2个领地，分别为塔斯马尼亚州、维多利亚州、南澳大利亚州、西澳大利亚州、昆士兰州、新南威尔士州和首都领地、北领地，因气候条件（地处热带）、居住条件（大多人口沿海居住）、生存条件（四面环海，多涉水而生）等，要求小学将游泳列入必修课程，课程以"游泳和水上安全教育"为主要内容（蔡国军和严蓓，2010）。澳大利亚政府通过增强安全知识（包括海滩、内陆水域、游泳池等安全知识）、提升安全技能（包括避险方法和应急自救方法等），提升学生的水上安全能力（表3-6）。

表3-6 澳大利亚水上安全分层教育内容一览表（王国川，2001）

年级	教学内容
一、二年级	（1）水上安全：学习各种水上安全问题，了解水上安全是玩水的首要条件，了解如何进行安全的水域活动及行为，树立学习游泳的思想。 （2）海滩安全及救生：学习海滩安全首先在于遵守海滩上各类旗帜管理规则，在有救生员执勤的警戒范围内的水域游泳和玩水，增强对水流及海滩安全的10大守则的认识
三、四年级	（1）内陆水域：学习河流、湖泊及水库等水上安全知识，了解各类水域特点，介绍河流、湖泊等水上安全的基本守则，以及认识各种旗帜与警告标语。 （2）游泳池安全：学习游泳池安全原则
五、六年级	（1）水域游艇：学习救生衣的使用，坐船及游艇安全注意事项，选择安全救生衣（介绍3种常见的救生衣），遇到危险时的处理方法，个人水上小艇、滑水及钓鱼的安全守则等。 （2）水域救生及夏日假期安全守则：学习保持冷静是获救和自救的前提，学习如何避免脊髓损伤、如何避免体温下降，以及安全玩水守则

除了学生水上安全教育课程体系，澳大利亚政府积极推动针对不同教育对象的教育模式，如婴儿水上安全教育计划，目的在于引导婴儿喜爱水域活动，进而培养他们自信、熟悉、探索、独立的能力，课程内容采取游戏、歌唱等方式进行水域活动，并允许父母共同参与，不但使婴幼儿熟悉了水性，而且使他们的父母学会了儿童水上安全相关知识；保持警觉教育计划，目的在于教育父母，新生儿及儿童是溺水高发群体，要提高警觉性并看好自己的小孩，游泳池应另加围栏措施，尽可能使自己的小孩熟悉水性，以及学习急救与心肺复苏术等内容；游泳及求生教育计划，目的在于教授儿童及青少年有关游泳技能、水上安全及水域求生技能等广泛内容（张腾等，2019）；初级救生员、"玩水玩得聪明"、救生比赛等教育计划，目的分别在于提供给喜爱水域活动的儿童和青少年更多有趣的水域活动课程，通过互动式电脑网页界面提供给儿童和青少年学习水上安全知识的机会，鼓励儿童和青少年学习水域救生技能等。

3. 教师资质与安全保障

澳大利亚政府主管机关澳大利亚运动委员会（Australian Sports Commission，ASC）、澳大利亚水上安全委员会（Australian Water Safety Council，AWSC）和皇家救生协会（Royal Life Saving Society Australia，RLSS）共同颁布法令规定：中小学校的游泳教师须接受澳大利亚游泳教练和教师协会培训，并持有专门的游泳教学职业资格证书（非游泳项目的体育教师不得教授游泳）。澳大利亚救生团体组织、救生服务、相关设备、全民共识、科学研究、救生竞赛、教学推广等都在国际享有盛名，昆士兰州的皇家救生协会及海浪救生协会（Surf Life Saving Australia，SLSA）都是水上安全教育的非营利组织，协会培训课程包括推动水上安全教育、水上救生、心肺复苏术、急救和紧急护理、社区休闲与游泳池防护课程等义务性质之社区服务，尤其皇家救生协会特别注重学生的水上安全教育，常进入校园进行水上安全教育、救生训练之推广，因此常常针对学校学生编制教材，广受欢迎。

澳大利亚安全保障的口号是让社区中的每个人都变成救生员（赖志杰等，2019）。皇家救生协会及海浪救生协会致力于水上安全宣导、教育、训练、健康促进，水域风险管理，社区发展、研究，救生运动，领导和参与国际合作等。澳大利亚安全保障理念认为，救生员在社会中应无所不在，任何人都可以是救生员，他们并不总是穿制服，但他们可以拯救生命。

（四）加拿大学生水上安全分层教育的镜鉴与启示

1. 教学目标

加拿大政府全面普及学生水上安全教育，将教学目标归纳为普及水上安全技能和安全知识，提供终身水上运动的技能和安全享受水上休闲活动的机会（夏文等，2011）。

2. 教学内容和课程结构

加拿大教育部门联合加拿大红十字协会制定了游泳课程内容和考核标准。根据学生的年龄阶段将水上安全教育内容分成两个层次：第一层次针对 4 个月到 5 岁的学前儿童，分为 7 种水平，并将父母如何监管孩子在游泳池或任何水体附近等列入教学内容；第二层次针对6岁以上的儿童，用海星、海龟、海豚、海狮等制作徽章分别代表不同的游泳水平，规定了每个等级水平的学生的学习内容和考核指标，并可逐一升级参加考评获得相应的徽章。加拿大并不强制学生学习所有游泳技能，可根据自身能力选择提高一项技能（董鹏等，2020）。

另外，加拿大红十字协会为学生提供水上安全益智类游戏，并在陆地进行教育演练。水上安全智力游戏会充分锻炼到学生大脑，进而开展益智竞赛活动（活动围绕5个水上安全主题区展开：水上场地安全、个人漂浮设备和救生衣、冷水生存、划船安全、水中健康活动），形成完整的水上安全课程，使学生终生受益。

加拿大水上安全分层教育教学内容一览表如表3-7所示。

表3-7 加拿大水上安全分层教育教学内容一览表

模块	教学内容
游泳技能	（1）让学生在水中感到舒适。 （2）学习正确的呼吸技术，学习漂浮、滑行、游泳技能（自由泳、蝶泳、蛙泳、仰泳）。 （3）对具备一定基础的学生在提高游泳耐力的同时，继续提高游泳的能力。 （4）从普通学生到游泳健将必须学习水上安全知识、安全技能（包括自救技能和救溺技能）
安全技能	（1）模拟冰上救援，学习何时联系EMS（Emergency Medical Service，紧急医疗服务）。 （2）学习水中安全营救他人，练习着装游泳和穿着救生衣游泳
游泳训练	鼓励学生在课程中增加距离或提升速度，鼓励学生个人达到最好游泳水平

3. 教师资质与安全保障

加拿大政府规定游泳教师必须接受超过30个工作日的教育培训，通过加拿大教育部门联合加拿大红十字协会制定的考核标准，并持有合格证书，且定期参加实践培训。加拿大除了要求学校开展水上安全分层教育，还借助红十字协会推广社会培训和救援模式，定期开展全国溺水监测系统的更新和完善，对每年溺水（学生）地点、人数、原因、经济与社会损失进行评估，并相应开展水上安全教育课程和针对性干预培训，在参加培训的学生通过评估考核之后会颁发证书，并进一步建议其如何学习下一阶段水上安全分层教育课程。

（五）中国台湾地区学生水上安全分层教育的镜鉴与启示

中国台湾地区四面环海，岛上河流、湖泊等水域特色明显，因此学生溺水高发成为岛内民众期待解决的现实问题。中国台湾地区加大教育投入和经济投入，动用全社会力量干预学生游泳运动伤害（刘胜恩，2006）。

1. 教学目标

中国台湾地区在干预学生游泳运动伤害方面共制订了多个计划，但具有典型意义的主要包括两个方案。第一个方案是由中国台湾地区教育部门提出的"提升学生游泳能力中程计划"，该计划耗资 40732 万元台币，为期 4 年。目标分为 3 个层次：第一层次提升中小学生游泳能力；第二层次培养学生水中能力；第三层次培养学生游泳运动习惯。此计划和目标成为中国台湾地区干预学生游泳运动伤害的基础，且效果良好。第二个方案是"121 计划"，该计划投入 41120 万元台币，为期 4 年。该计划的阶段目标包括：①培养幼儿亲水兴趣；②培养中小学生参与水上运动的基础能力；③培养中学生从事水上运动的多项技能；④培养大学生从事水上休闲运动的能力（王国川和翁千惠，2003）。

2. 教学内容和课程结构

（1）"提升学生游泳能力中程计划"教学内容和课程结构。在"提升学生游泳能力中程计划"中，为实现第一层次目标（提升中小学生游泳能力），设计了具体的教学目标内容，包括：4 年内中小学生会游泳比例提升 15%；小学毕业生能游进 15 米，中学生毕业前能游进 25 米且学会换气。

由台湾师范大学牵头，参照 YMCA（Young Men's Christian Association，基督教青年会）、台湾省游泳救生协会及国际游泳教师协会的分级教学标准，为中国台湾地区教育部门设计了十级游泳等级标准，用以统一中国台湾地区游泳教学内容和结构（表 3-8）。

表 3-8　中国台湾地区游泳教育十级标准

级别	象征动物	教学内容和课程结构
一	海马	水中行走 10 米；水中闭气 5 秒；水中拾物

续表

级别	象征动物	教学内容和课程结构
二	章鱼	水中闭气10秒；韵律呼吸10次（头需没入水中）；水中拾物2次
三	蝌蚪	离地漂浮10秒；蹬墙漂浮后站立；韵律呼吸10次（头需没入水中）
四	海獭	蹬墙漂浮前进5米；借物漂浮15秒；借物打水前进10米（需换气3次）
五	企鹅	借物打水前进15米（需换气5次）；游泳前进5米
六	海豹	借物打水前进15米（需换气5次）
七	鲨鱼	游泳前进25米（需换气5次以上）；踩水30秒
八	海豚	蝶泳、仰泳、蛙泳、自由泳（任选2项）各25米；踩水60秒
九	鲸鱼	蝶泳、仰泳、蛙泳、自由泳（任选3项）各25米
十	剑鱼	蝶泳、仰泳、蛙泳、自由泳各25米（共游进100米）

目前，中国台湾地区小学生毕业规定需要通过第六级海豹级考核标准，而中学生毕业需要达到第七级鲨鱼级考核标准。

（2）"121计划"教学内容和课程结构。相比于"提升学生游泳能力中程计划"普及游泳教学和推广水上活动而言，"121计划"的特点是强化学生水上自救技能，增强学生水上安全能力，融入水上安全知识的教学。因此，"121计划"在中国台湾地区游泳教育十级标准的结构调整下，融入自救技能，形成了中国台湾地区游泳教育五级分级标准（表3-9）。

表3-9 中国台湾地区游泳教育五级分级标准

图腾/级数	游泳技能	自救技能	备注
海马/第一级	在水中拾物2次；蹬墙漂浮3米后站立	站立韵律呼吸20次；水母漂10秒	拾物的物品约10元硬币大小；韵律呼吸必须连续完成；韵律呼吸时单双脚均可；水母漂10秒不换气
水獭/第二级	打水前进10米；游泳前进15米（换气3次以上）	浮具漂浮60秒；水母漂20秒（可换气）；仰漂15秒	浮具包括浮板、浮球、浮条等；仰漂可助划
海龟/第三级	游泳前进25米（换气5次以上）	水母漂30秒，每10秒换气1次；仰漂30秒	仰漂可助划
海豚/第四级	仰泳、蛙泳、蝶泳、自由泳任选一种完成50米	踩水30秒；仰漂60秒	以不着地姿势持续完成50米；而达到50米的泳池需包含转身；仰漂可助划
旗鱼/第五级	持续游泳100米	踩水60秒；仰漂120秒	不限泳姿，持续完成100米；而达到50米的泳池需包含转身；仰漂可助划

此计划结合游泳教材的编写和游泳安全知识科普读物的出版，有效地确保了学校水上安全知识、技能的教学。

除了中国台湾地区教育部门的努力，行政管理机构下设的体育主管部门也推出了多项计划，如运动人口倍增计划、海洋运动发展计划、双桅帆船计划、风浪板计划等，同时举办各种水上嘉年华活动，其目的是创造更多亲水活动，同时利用运动教育的方式，促使学生和民众学会水中活动的安全技能，让人们有能力享受水中乐趣。

3. 教师资质与安全保障

中国台湾地区为保障水上安全教育计划的进行，每年至少培训 900 名游泳教师，培训目标主要包括强化游泳安全知识、提升游泳教学能力、更新教材教法。目前，师资培训中除了无游泳池教学观摩，还增加了自救能力教学、深水体验教学，其目的就是提升游泳教学能力。中国台湾地区也出现过场地不足和师资不足的情况，当地采用了两种方法：一是举办经验交流会，让开设游泳课程教学的学校多分享教学经验；二是借助社会力量，在场地不足或师资不足的状态下，借助社会游泳池场地或社会从业者开展游泳课教学，甚至对于条件苛刻地区进行集中授课或者密集授课（余文卉，2019）。

中国台湾地区水上救生协会成立后，积极参加该地区水上救生和国际水上救生领域的各类活动，积极开展训练和对外交流，成为中国台湾地区最主要的水上救生组织。目前，该协会遍布全岛，承接了学校游泳池、私立游泳池、海水浴场、游乐场、风景区、暑期各地救生服务站等 70%以上的训练和救生任务，同时，担负着推广水上安全教育理念、培养水上救生人员、提供水上救生服务等职责，使得中国台湾地区遭受游泳运动伤害的学生人数大幅度降低，其开展的水上安全教育起到重要作用（黄仲凌，2015）。

从教育发达国家和地区干预学生游泳运动伤害的经验来看，它们均具备了较为完善的学校水上安全分层教育体系，采用了分层分级教学模式；按年龄层次进行分级或者按能力进行分级，全面推动水上安全知识、水上安全技能（自救技能和救溺技能）的丰富和培养，提升学生的自救和救溺能力；加强"学校-家庭-社会"多位一体的安全保障。美国、英国、澳大利亚、加拿大等国家和中国台湾地区均充分调动了相关主管部门和民间非营利团体的协作，红十字协会、皇家救生协会、游泳协会等组织充分参与到政策和行业标准的制定中，并在社会层面购置专业的救生设备和器材，组织救生训练，提升全社会水上安全保障能力。基于此，国内团队运用分层教育理论实验构建了大学生初级水上安全教育模式，效果良好（张辉等，2017a）。然而，环顾水上安全教育发达国家和地区的教育经验指出，我国学生水上安全教育并不能仅放置于学校场域，更需以政府、社会、家庭等对学生协同形成的警示教育、防护教育、救援教育等为补充（张辉等，2016）。目前，中国安全教育网、各级政府教育窗口、各地方安全教育网均重点宣导关注学生水上安全。

第四节　全面预防学生游泳运动伤害研究

对学生游泳运动伤害的干预手段除了国内外研究中的人口学变量分析，还包括丰富水上安全知识和水上安全技能、增强风险感知分析；丰富和改善父母监护知识与安全态度；政府救援能力与社会环境的综合改善等。国外的研究具备很好的研究广度和深度，而国内现有的研究大多集中于医学救护、游泳安全与水上救生领域，研究视角和内容有差异（夏文等，2011）。

一、强化学生水上安全教育

美国儿童健康和人类发展研究所的 Brenner 等（2003）对游泳课、游泳能力、溺水风险等关系进行实验研究发现，游泳教学中游泳知识、技能的丰富和提高有助于改善游泳高危行为；Brenner 等（2003）在回顾相关研究时发现，增加游泳知识和增强游泳能力是主要的干预手段，但同时他们也提出，游泳能力提供的保护是有限的，其中的机理有待进一步研究。Brenner 等（2009）在一项案例对照研究中，采用正式或非正式游泳课对溺水风险的影响进行了审查。该研究结果表明，1~4 岁儿童可以通过正式游泳课学习预防技能，以降低溺水风险，但是对婴儿或年龄在 5~19 岁的青少年的保护效果并不明显。Asher 等（1995）的研究将儿童随机分配到持续时间为 8 周或 12 周的游泳课，但是不设控制组。该研究还提供了游泳课可以提高幼童（2~3 岁）游泳能力的证据。然而，本研究中没有控制组，因此其效果可以被解释为熟悉了水性而不是提高了技能水平。该案例对照研究未提供游泳课的内容和持续时间的详情，因此不可能确定这两项研究是否具有可比性。这些研究提供某些证据表明游泳课提高了 2~4 岁幼童的游泳能力，最重要的是，不会让儿童溺水风险增加。然而，对于技能是否具有持续性或是否能转移到不同水体环境中无证据支持，同时，对年龄在 2 岁以下的儿童也不是可行的干预，因为对该年龄群的游泳课的效果还未得到证实（American Academy of Pediatrics，2010）。年龄较大的会游泳的儿童仍会溺水，因此虽然游泳能力能得到提高，但这只是一种附属的预防性干预，不能单独作为解决方案。

McCool 等（2009）通过对 3371 名被试进行匿名的风险感知问卷调查发现，男女性在风险感知的得分上差异显著，干预后可有效减少游泳高危行为的发生。Bennett 等（1999）在社区范围内开展了为期 3 年的"穿救生衣""监护水边儿童""学习水上安全准则"等口号的救生衣社区宣传活动，通过电话跟踪调查（$n=332$ 人），宣传活动（$n=400$ 人/每次），评估活动期间及活动 12 个月后对活动口号的回忆，从而观测到社区青少年溺亡率得以下降的结果。Gresham 等（2001）分析学校实施的伤害预防课程教育（内容仅包括水上安全），干预前后课堂教学 6 周，选取 15 所学校（8 所为干预，7 所为对照），随机分配控制（$n=1126$）或干预（$n=851$），传授不同水体中对颅脑损伤和脊髓伤害危险的知识、安全规则知识、预防水相关伤害和溺水的知识、预防中的个人责任等水上安全内容，发现水上安全知识从干预前到干预后得到明显丰富（每个年级 $p<0.01$）。Posner 等（2004）为到急诊室的父母提供以家庭为基础的水域伤害预防安全信息，随机挑选了干预组 49 人、对照组 47 人进行对比研究，两个月后进行电话调查，发现在两个组中并没有观察到溺水预防有重大改善（$p>0.05$），但干预组对比对照组综合安全分数有很大提升（$p<0.01$），这归因于安全装置使用的增加（$p<0.001$）。这些研究提供了增强风险感知可有效预防学生游泳运动伤害的直接证据。

二、父母监护知识与安全态度

在国外的相关研究中，幼童和儿童群体更强调父母的监护与教育及家庭游泳环境的保护，而随着年龄的增加，学校教育和公开水域的游泳环境是学生游泳运动伤害的重要因素。Laosee 等（2014）对泰国的游泳高危行为进行实验研究发现：除了游泳技巧，泰国青少年的溺水风险与父母的风险教育、游泳环境等因素显著相关，在游泳池游泳高危行为的调查中，游泳池安全规则、救生员技术等级和操作规范等均是泳池环境保障游泳者安全的必要因素。

国内农村中小学生家长溺水认知和行为调查分析指出（郭巧芝等，2008），在农村出现学生游泳运动伤害的家庭中,76.4%的家庭周围有池塘、小河、水池等开放水域,其中81.4%的水域没有设置禁止游泳标识,而只有59.3%的家庭会告诫孩子远离危险水域,16.3%的父母会有意识地改变周围危险水域环境,29.5%的父母会通过提高孩子游泳能力来预防溺水发生。另一项针对中国内地的调查显示:缺乏父母教育和监督是造成农村地区学生游泳运动伤害高风险的重要原因(Shen et al.,2016)。近年来,越来越多的研究者提出家庭监护是学生防溺的一大关键因素。

在高收入国家中,建议采用水池围栏作为干预手段,通过限制进入家庭游泳池来防止学生溺水。两个典型案例对照研究(一个美国,一个澳大利亚)就水池围栏对溺水的影响进行了考察,两项研究因不同的结果测量标准出现相互冲突的结果。Pitt 和 Balanda(1991)对围栏在预防溺水中起到的作用进行了测量,而 Morgenstern 等(2000)对水池围栏的法令而不是围栏本身的效果进行了测量。在此之前已有研究表明水池围栏只对防止3岁以下儿童意外进入水池有效果(Nixon et al.,1979)。然而,这两项研究都纳入了年龄更大的青少年,这些青少年即使在设置了围栏的情况下仍然能够进入水池。两项研究均发现:1~4岁儿童是最容易涉及水池溺亡的。在美国,年龄为1~4岁的儿童水池溺亡率为3.6:100000,澳大利亚研究中儿童年龄为1~3岁,水池溺亡率为4.8:100000。Morgenstern 等(2000)进入医疗数据系统对溺亡数据进行度量,而 Pitt 和 Balanda(1991)则进入致命性和非致命性溺水事件数据系统对涉及布里斯班城南家庭泳池溺水事件中泳池入口的情况进行描述。水池围栏能限制儿童接近水体,然而随着越来越多的水池采用四面围栏和安全大门,一定会有青少年攀爬围栏或想办法进入水域的现象发生,让预防溺水工作更具挑战性。Nixon 等(1979)于20世纪70年代末开展的研究发现,80%的2岁儿童(溺水的众数年龄)无法爬过高60厘米的围栏,然而20%的3岁儿童能爬过1.2米高的障碍物,这是推荐的水池围栏最低高度。不考虑围栏高度,需要穿过障碍物的时间随儿童年龄增加而减少,4~9岁儿童穿过1.2米高障碍物的平均时间为9~16秒,这就强调了针对该年龄组的水池围栏只是一个延时机制,因此无法取代积极的监督。不言而喻,该研究策略只能对年龄较小的儿童产生效果,但对于年龄更大的大中小学生显得无能为力。

三、政府社会救援保障能力

自2012年以来,我国教育部办公厅连年下发《教育部办公厅关于预防学生溺水事故切实做好学生安全工作的通知》,要求加强防溺水安全教育、落实重点水域的防控措施、做好预防工作、密切家校联系,同时强调各级政府应当加强防控和救援能力,展开安全隐患排查,确保学生游泳安全。防溺水安全知识成为各级学校"开学第一课"的重要内容(刘晓庆,2014)。国外展开了大量相关研究,涵盖了溺水原因、规律及其规避办法(Avramidis et al.,2007),水域救援模式的实验研究(Tomas et al.,2007),游泳课程社会化培训等。研究提出,障碍游泳、假人拖带、救援实用技能、抛绳救援及综合性救援等6个方面的竞赛考核是提高消防应急救援能力的核心技能(李炳涛和尹柏翔,2021),更有研究指出期望民间公益组织与政府救援协同,集结社会多方力量,共同参与学生防溺水宣传和救援工作(王斌等,2016)。

社会环境角度的研究主要集中在医学救护类、政策法规类等,美国儿科学会(American Academy of Pediatrics,2010)联合产品安全委员会(U.S. Consumer Product Safety Commission,2010)、浮具制造协会(Personal Flotation Device Manufacturing Association,2007)、伤害预防研究中心(Harborview Injury Prevention and Research Center,HIPRC)等对游泳高危行为的伤害从水池与水温安全、浮具选制、溺水救护、安全知识等社会环境角度进行规范和定位;国内医学救护类干预代表研究包括《厦门市儿童溺水死亡流行病学调查分析》《2006—2010年广东省居民致死性溺水流行特征与危险因素分析》等;2011年发布了《儿童溺水干预技术指南》,强调了环境预防与医疗救护的重要性。另外,由于天气的突然变化、水质浑浊不清、救生器材设备缺乏等条件产生的溺水事故发生率极高,水域环境、器材设备、监督管理成为降低学生游泳运动伤害的社会环境因素,应组织动员红十字会、救生协会、医疗机构等社会卫生力量,组建医疗卫生应急专业技术队伍,根据需要及时赴现场开展医疗救治(心肺复苏术、人工呼吸)、卫生应急工作,为青少年溺水提供医疗卫生保障(Olivar,2019)。此外,组织机构应建立急救紧急医疗计划,当溺水事故发生时,严格按照应急程序开展救援工作,做到快速、妥善地处理溺水事故。与此同时,平时应加强对紧急事故及伤者急救的能力,并做好各项模拟演练,与学校、社区附近的医院建立急救医疗系统,避免发生事故时因手足无措而延误救治的黄金期(王斌等,2016)。

第五节 研 究 述 评

居高不下的学生溺水数据和政府社会的各级反应,凸显出游泳运动伤害已成为当今社会突出的伤害事件;进一步冷静思考学生游泳运动伤害发生的机理,如能有针对性地进行干预和预防,学生游泳运动伤害是可以避免和减少的。国内外已大量展开了对学生游泳运动伤害的干预研究,国外研究无论在深度和广度上都具优势,国内研究因视角差异主要停留在游泳教育、医学救护和救生培训上。但细致分析国内外研究成果仍然有一些关键性的问题未得到解决,具体可以归结为以下几个方面。

一、学生游泳运动伤害干预理论的充分借鉴

目前,国内外大量展开了游泳运动伤害致因和干预机制研究,如测试发现随着游泳能力的增强,自我效能明显提高;较高的感觉寻求刺激了游泳高危行为的发生;风险感知与游泳高危行为紧密相关;水上安全知识、水上安全技能、水上安全态度能显著预测游泳高危行为的发生。我国学者夏文利用知信行模型对水上安全知识、水上安全技能、水上安全态度、游泳高危行为进行关系研究发现:水上安全态度是水上安全知识、水上安全技能和游泳高危行为之间的中介变量;在改善学生水上安全态度的过程中,知识传授的效力优于技能学习;学生水上安全技能越高,出现游泳高危行为的概率也越高。通过对已有文献的研究梳理发现:无论是"多米诺骨牌理论"还是"溺水链理论",缺乏教育的人、缺乏安全警示、缺乏保护、缺乏安全监督、无法应对均是构成事故发生的关键。对于影响因素众多、过程极其复杂的学生溺水事件来说,抽取一个或几个关键骨牌是干预和预防伤害事故发生的关键。这些理念恰恰和安全网的构建是相通的,当下国家针对公共安全问题,越发提倡构建安全网,联动各部门协同应对。水上安全分层教育是干预学生游泳运动伤害最有效的策略之一,如何在水上安全分层教育中借鉴安全网理论,对与学生教育最紧密相关的"家校社"等进行全方位干预,是未来研究的突破点。

二、学生水上安全分层教育实践扩充与完善

大量研究有力证明了科学的水上安全分层教育可以丰富和改善学生水上安全知识、水上安全技能从而减少游泳高危行为，但如何开展科学的水上安全分层教育成为问题的关键。夏文等（2014）通过实验提出和验证了小学生水上安全教育模式，为本土化的水上安全分层教育提供科学的参考依据；张辉等（2017a）在小学生水上安全教育模式的基础上针对游泳能力参差不齐、性格差异显著、个性化需求强烈的大学生设计了三级九等的学生水上安全分层教育模式，为今后大学生水上安全教育提供更科学的依据和借鉴。然而，随着水上安全分层教育模式的探索，发现以《学生水上安全技能等级标准》为指导的分层教育模式更为科学，其有效性和保持性已在大学生中得到检验，中小学生群体则有待于进一步优化。另外，随着分层教育理论的深入，除了学生年龄层次和技能能力的分层，"安全网"的构建需要"家庭-社会"的参与，目前的研究对于父母家庭的监护知识和防溺常识还缺少专门的教育关注，此类研究是否在中国有显著效果呢？

三、水上安全教育、家庭监护教育的同步普及

在家庭中父母是学生最主要的监护人，我国对父母的水上安全专门性教育开展较少，导致父母或者主要家庭监护人往往在监管方面有所疏忽，甚至有些父母自身就有很多游泳高危行为，带给学生很多负面的示范效应。水上安全教育发达地区的实践经验提示我们，制作水上安全防溺宣导短片、社区宣传普及、进行水上安全知识技能培训等，都是促使家庭安全知识提升的可靠方法，有助于最终达到人人会救生、处处可救生、时时能救生的目标，确保学生的水上安全。

四、学生游泳运动伤害中应急救援能力探究

在学生游泳运动伤害预防、监测、报警、施救、医疗等各环节中，社会资源的协调配合和家庭支持是不可或缺的。我国在资源配置和调度上具有高效和统一的优势，政府的应急救援能力应该成为处理此类事件的国际优势，消防应急救援部门应根据学生游泳运动伤害救援的施救流程做形象细致的宣传，普及社会、家庭的共同认知，协调各方力量参与预防和救援。消防应急救援部门也在积极探索政府主导、社会协同、民间救援共同参与的网状模式，吸引民间救援成为政府应

急救援的最有效补充，此类问题会成为未来研究的热点。

五、"学校-家庭-政府-社会"安全网防护体系

水域救援组织和亚洲溺水高发地区更倾向于水上安全网的研究，其中中国台湾地区成为研究的领跑者，研究者们从学校（教育体系-学生）、社会（政府-社会）、家庭（父母-实际监护人）等各方面入手，分析讨论能够有效预防学生游泳运动伤害的水上安全网，此类研究卓有成效。但中国大陆地区除了卫生部（现国家健康委员会）和相关行政部门适时发布《儿童溺水干预技术指南》《教育部办公厅关于预防学生溺水事故切实做好学生安全工作的通知》等文件，研究团体较少立足于整体层面进行研究。近年来，教育部一再强调构建防溺安全网，未来研究可从此角度入手，探讨在本土政策和自然环境的影响下如何构建水上安全管理体系，学校教育如何完善、父母家庭教育水平如何提升、政府社会安全保障如何联动，此研究将为"学校-家庭-政府-社会"协同防护学生游泳运动伤害及其实施路径提供建议和对策。

综上所述，学生水上安全分层教育的实践和完善是干预学生溺水的最有效途径。水上安全分层教育通过水上安全知识和水上安全技能的教学，实现对学生水上安全态度和游泳高危行为的教育过程；分层级制定教育体系在水上安全教育发达国家已获得充分的实践证明。然而，我国幅员辽阔，鉴于气候、水域环境、经济条件、教育资源等差异化影响，笼统地授予学生游泳技能和完全照搬国外分层教学均不是最佳干预手段，尚存在或须解决如下问题。

（1）学生水上安全能力参差不齐，需按水上安全技能分层干预可能出现的游泳运动伤害。

（2）学生溺水事故中政府应急救援的障碍有哪些？哪些障碍最难克服？

（3）按照教育对象的不同，如何针对学校教育、家庭教育、政府社会分别制订教育计划，分层协同防护学生游泳运动伤害？

（4）协同家庭、学校、社会多方耦合的警示教育、防护教育、救援教育如何充实水上安全分层教育体系？水上安全网的内涵怎么丰富？

第四章　学校层面：学校水上安全分层教育模式的完善与检验

近年来，为了进一步推动全国学校安全教育工作的落实与标准化，国务院教育督导委员会、教育部连年下发文件，各级学校开展公共安全教育开学第一课、学生防溺水专题安全教育、心肺复苏实操演练等，央视、地方主流媒体成为报道和宣传的主力军，只为最大限度地提升学生水上安全教育的成效和处置险情的能力，降低学生溺水风险。

第一节　学生水上安全教育成效调查研究

水上安全教育是干预学生溺水的最有效方法（Baldwin et al.，2013）。首先，受过水上安全教育的学生在泳池边做出的行为会比没有受过水上安全教育的学生更安全（Tuinstra et al.，1998）；其次，学生游泳能力与参与游泳训练强度呈正相关，且学生学习游泳技能后的安全行为会有显著提升（Fergus et al.，2007）；最后，在模拟的高风险情境中，受过水上安全教育的学生比没有受过水上安全教育的学生表现得更出色（K.N A et al.，1995）。

一、问题的提出

有研究指出：学生只学会游泳可以降低其对水的恐惧，但同时激发了学生对游泳的渴望，增加了学生亲近水域的可能（方千华，2003），也会助长学生摆脱父母监护和学校教育束缚的想法（刘宜海，2021），同时学生学会游泳会使父母心中产生一种虚假的安全感，使父母降低防备，从而增加学生溺水的风险（Jafarpour and Rahimi-Movaghar，2014）。

学生水上安全教育的成效是学界调查的重点，也是学生溺水干预研究的基础。各年龄段、城乡的学生水上安全教育的教学内容、具体成效及学生水上安全意识、感觉寻求和游泳高危行为的内在关系都是调查研究的出发点。另外，伤害预防工作者精准和及时地掌握数据，梳理高危人群，也是制定干预对策和评价干预效果的关键。

二、对象与方法

（一）研究对象

研究对象包括大中小学生。对于中小学生的测试结合水域特色选取我国具有代表性的东（江苏省）、南（福建省）、西（广西壮族自治区）、北（黑龙江省）、中（湖北省）5个省份，每个省份随机选取3个城市，每个城市随机选取4所学校（城市中学1所、城市小学1所、农村中学1所、农村小学1所，年级分布为小学3年级到初中3年级），共计15个城市60所学校。发放8000份问卷，向中学生发放问卷4800份，剔除无效问卷获得有效问卷4516份，有效率为94.08%；向小学生发放问卷3200份，剔除无效问卷获得有效问卷2969份，有效率为92.78%。

由于大学招生通常为全国范围，特选取大学生招生数量多、湿地类型丰富的湖北省，其中参考环境与地理科学中对湿地（湿地分为河流、湖泊、沼泽、浅海，以及海岸、人工湿地，湖北省高校主要临近河流、湖泊、人工湿地）的分类，在每种较为典型的湿地类型中随机选取4所高校。河流（长江大学、三峡大学、湖北民族大学、湖北工程学院）；湖泊［湖北大学、中国地质大学（武汉）、武汉大学、中南民族大学］；人工湿地（湖北经济学院、荆楚理工学院、武汉交通职业技术学院、湖北医药学院），在每所高校中随机抽取200名大学生作为调查对象。向大学生发放问卷2400份，剔除无效问卷获得有效问卷2307份，有效率为96.13%，居住地周边以河流为主要游泳环境的群体达722人，湖泊为786人，人工湿地为799人。合计发放问卷10400份，剔除无效问卷获得有效问卷9792份，有效率94.15%，其中男女比例为48.0%和52.0%，城乡比例为50.2%和49.8%，结构合理（表4-1）。

表4-1 调查对象人口学特征统计表

属性	分类		人数/人	比例/%
地域	中小学生	黑龙江省	1519	15.5
		湖北省	1507	15.4
		江苏省	1503	15.3
		福建省	1499	15.3
		广西壮族自治区	1457	14.9
	大学生	湖泊	722	7.4
	湖北省	河流	786	8.0
		人工湿地	799	8.2

续表

属性	分类	人数/人	比例/%
性别	男	4700	48.0
	女	5092	52.0
阶段	小学	2969	30.3
	中学	4516	46.1
	大学	2307	23.6
城乡	城市	4917	50.2
	农村	4875	49.8

（二）研究工具

1. 水上安全知信行问卷

基于《学生水上安全知信行量表》（夏文，2012）设计水上安全知信行问卷，内容包括水上安全知识9题；游泳高危行为、水上安全技能和水上安全态度测试题各10题，回答项采用李克特5级评分法。其中，水上安全知识（包括安全常识、安全标识、自救方法等内容）和水上安全技能（游泳技能、自救技能、救生技能）属于正向陈述，得分越高，表示知识技能越高；水上安全态度采用反问句法，得分越高，表示水上安全态度越差；游泳高危行为得分越高，表示高危行为发生率越高。量表为成熟量表，具有较高的信、效度，其克隆巴赫系数（Cronbach's α）分别达到0.943、0.964、0.913、0.943。

2. 感觉寻求量表

问卷采用Steinberg等（2008）修订翻译的感觉寻求量表，该量表共包含6个条目，采用李克特6级评分法，正向计分，分数越高表示感觉寻求水平越高。感觉寻求量表α系数为0.860，信度较好。

（三）数据采集

经过统一培训的课题组调查人员采用随即抽测、匿名填答、现场答疑（随时解答学生不理解的问题）、即时回收的方式保证问卷填答的真实性和问卷的回收率。在未成年被试处理方面，尤其是在中小学生问卷测试前，调查人员会简要讲解溺水的定义和标准，使被试有短暂的溺水经历回忆；在填答问卷过程中，调查人员告知被试调查结果将完全保密，调查的内容不针对任何个人，仅用于总体分析与研究。数据采集总共分为两个阶段：第一个阶段为 2015 年 10 月至 2019 年 6 月，此阶段为大中小学生问卷调查阶段，通过问卷的发放与回收，统计分析数据，形成课题前期申报资料依据；第二阶段为 2019 年 7 月至 2021 年 7 月，此阶段为补充调查和质性访谈阶段，结合教学实验，为进一步深层次了解大中小学生游泳运动伤害致因，以及如何紧贴实际干预学生游泳高危行为提供现实依据。

（四）数据分析

运用 SPSS 26.0 软件对数据进行频数统计、描述分析、方差分析、相关与回归分析等。

三、结果与分析

（一）学生水上安全教育现状

对学生水上安全教育的初步统计显示：中小学建有游泳池并开设游泳课的学校比例非常低，其中小学为 5.73%，中学仅为 3.34%，而大学达到了 73.95%（图 4-1）。各级学校对于安全教育读本（涵盖水上安全）的发放也是参差不齐，其中 13.47% 的小学生、15.90% 的中学生表示没有收到该类书籍，31.12% 的小学生、28.90% 的中学生并不确定是否收到该类书籍；大部分中小学生明确学校发放了涉及水上安全教育的读本（图 4-2）。然而 90.84% 的小学、92.83% 的中学和 88.47% 的大学都做了水上安全教育的宣传（图 4-3），并且各级学校都严令禁止在非开放水域游泳，总计达到 92.01%（图 4-4）。

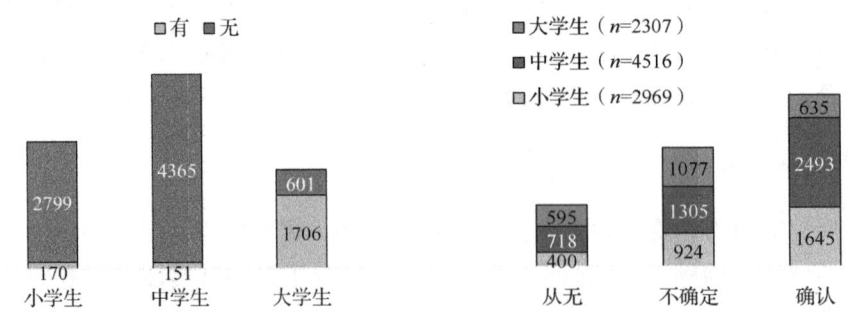

图 4-1　学校建有游泳池并开设游泳课　　图 4-2　学校发放安全教育读本（涵盖水上安全）

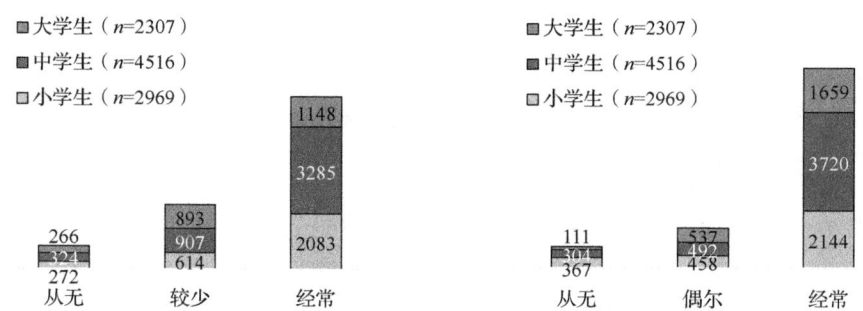

图 4-3 学校关于水上安全教育的宣传　　图 4-4 学校严令禁止在非开放水域游泳

在中小学生中，学校教育（小学 88.38%、中学 99.80%）和父母（小学 60.26%、中学 66.90%）是学生获得水上安全知识的最主要来源；而大学生除了学校教育（83.09%）和父母（55.74%）外，网络（56.31%）、广播电视（55.96%）、报刊书籍（53.71%）等也是主要信息来源（表 4-2）。对学生水上安全知识获取途径的年级段整体分析发现，随着年龄的增长，从网络、广播电视、报刊书籍等途径获取安全知识的比重逐渐增大，而过了青春期，父母授予水上安全知识的比重逐渐下降。

表 4-2　学生水上安全知识获取途径统计表

阶段	小学生（n=2969）	中学生（n=4516）	大学生（n=2307）
学校教育	2624（88.38%）	4507（99.80%）	1917（83.09%）
父母	1789（60.26%）	3021（66.90%）	1286（55.74%）
同学	742（24.99%）	1453（32.17%）	795（34.46%）
广播电视	1323（44.56%）	2631（58.26%）	1291（55.96%）
报刊书籍	1234（41.56%）	2520（55.80%）	1239（53.71%）
网络	1452（48.91%）	2675（59.23%）	1299（56.31%）
其他	414（13.94%）	594（13.15%）	400（17.34%）

由于中小学开设水上安全课程的游泳实践课过少，研究单独分析高校游泳技能、自救技能和救溺技能的教学内容发现（调查统计的对象不包含未上过游泳课的学生），大学生游泳技能教学的主要内容是蛙泳、自由泳（图 4-5）；自救技能教学的主要内容是韵律呼吸、水中漂浮和抽筋自解（图 4-6）；救溺技能教学的主要内容是岸上救援，鲜有水中施救和心肺复苏，在总计 2307 名大学生中只有 242 名大学生在校学习过救溺技能，占大学生总数的 10.49%，可见救溺技能教学比例极低，尤其是水中施救、心肺复苏和损伤急救，在实践教学中几乎没有涉及（表 4-3）。

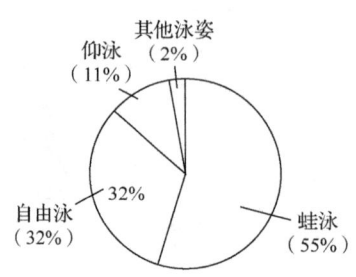
图4-5 大学生游泳技能教学内容

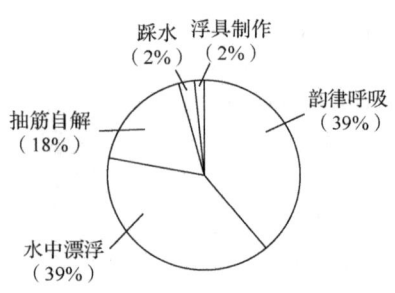
图4-6 大学生自救技能教学内容

表4-3 大学生救溺技能内容统计表

项目	属性	人数/人	百分比/%
救溺技能	岸上救援	137	5.9
	水中施救	65	2.8
	心肺复苏	18	0.8
	损伤急救	22	1

学生水上安全教育的开展直接影响着学生的水上安全知识、技能、态度和游泳高危行为,下面进一步展开统计。

(二)学生水上安全教育成效

1. 学生水上安全知识在性别、阶段、城乡上的差异分析

随着年龄的增长,学生水上安全知识单因素方差分析差异显著($F=101.469$,$p=0.000<0.001$),学生水上安全知识的平均得分呈逐渐升高趋势,大学生水上安全知识得分明显高于中小学生(表4-4)。值得注意的是,中小学生在性别差异上并不显著($t=0.447$,$p=0.504>0.05$),而城乡差异非常显著($t=23.361$,$p=0.000<0.001$);大学生无论是在性别($t=41.500$,$p=0.000<0.001$)还是城乡($t=4.206$,$p=0.040<0.05$)差异上都存在显著性(表4-5)。从趋势上分析,大中小学生在性别差异上逐渐增大、城乡差异上逐渐缩小。

表4-4 学生水上安全教育在阶段差异的单因素方差分析与两两比较

阶段	样本量	平均值±标准差	F	p值
小学	2969	2.34±0.92 a	101.469	0.000
中学	4516	2.35±0.81 a		
大学	2307	2.90±0.73 b		

第四章 学校层面：学校水上安全分层教育模式的完善与检验

表4-5 学生水上安全教育在性别、城乡差异t检验

因素	阶段	类别	均值 m	标准差 σ	t 值	p 值
水上安全知识	中小学	男	2.34	0.85	0.447	0.504
		女	2.36	0.88		
		城市	2.40	0.88	23.361	0.000
		农村	2.30	0.86		
	大学	男	2.99	0.74	41.500	0.000
		女	2.80	0.69		
		城市	2.91	0.75	4.206	0.040
		农村	2.85	0.70		

2. 学生水上安全技能在性别、阶段、城乡上的差异分析

在水上安全技能方面，大中小学生无论是在阶段、性别，还是在城乡上都存在显著性差异（表4-6和表4-7）。其中大学生水上安全技能比中小学生得分更低（$F=15.789$，$p=0.000<0.001$），且差异非常显著；中小学男生均值明显高于女生（$t=5.596$，$p=0.018<0.05$）、农村均值明显高于城市（$t=17.671$，$p=0.000<0.001$）；城市大学生均值明显高于农村大学生（$t=5.206$，$p=0.023<0.05$）、大学男生均值明显高于女生（$t=379.693$，$p=0.000<0.001$），差异非常显著。

表4-6 学生水上安全技能在阶段差异的单因素方差分析与两两比较

阶段	样本量	平均值±标准差	F	p 值
小学	2969	2.33±0.88a	15.789	0.000
中学	4516	2.35±0.81a		
大学	2307	2.30±1.04b		

表4-7 学生水上安全技能在性别、城乡差异t检验

因素	阶段	类别	均值 m	标准差 σ	t 值	p 值
水上安全技能	中小学	男	2.37	0.88	5.596	0.018
		女	2.32	0.82		
		城市	2.31	0.82	17.671	0.000
		农村	2.40	0.88		
	大学	男	2.74	1.05	379.693	0.000
		女	1.95	0.90		
		城市	2.35	1.04	5.206	0.023
		农村	2.26	1.05		

3. 学生游泳高危行为在性别、阶段、城乡上的差异分析

在游泳高危行为方面，大中小学生无论是在阶段还是在性别上差异都非常显著（表4-8和表4-9）。其中，中学生游泳高危行为得分最高，大学生得分最低（$F=27.312$，$p=0.000<0.001$）；中小学男生（$t=24.388$，$p=0.000<0.001$）和大学男生（$t=95.108$，$p=0.000<0.001$）游泳高危行为均值都显著高于女生；农村中小学生均值显著高于城市中小学生（$t=14.703$，$p=0.000<0.001$），而大学生城乡均值无显著性差异。游泳高危行为得分越高，表示高危行为发生率越高，溺水的可能性越高。

表 4-8　学生游泳高危行为在阶段差异的单因素方差分析与两两比较

阶段	样本量	平均值±标准差	F	p 值
小学	2969	2.31±0.83a	27.312	0.000
中学	4516	2.56±0.87a		
大学	2307	1.71±0.68b		

表 4-9　学生游泳高危行为在性别、城乡差异 t 检验

因素	阶段	类别	均值 m	标准差 σ	t 值	p 值
游泳高危行为	中小学	男	2.57	0.87	24.388	0.000
		女	2.36	0.83		
		城市	2.38	0.85	14.703	0.000
		农村	2.55	0.87		
		小学	2.31	0.83	32.961	0.000
		初中	2.56	0.87		
	大学	男	1.95	0.72	95.108	0.000
		女	1.51	0.57		
		城市	1.70	0.68	0.393	0.531
		农村	1.72	0.67		

4. 学生感觉寻求在性别、阶段、城乡上的差异分析

随着年龄的增长，学生的感觉寻求得分更高，呈递增趋势（表4-10），其中大学生与中小学生感觉寻求差异非常显著（$F=9.350$，$p=0.000<0.001$）。中小学生在性别、城乡、阶段上差异都非常显著，中小学男生均值显著高于女生（$t=118.441$，$p=0.000<0.001$），农村中小学学生均值显著高于城市学生（$t=19.743$，$p=0.000<0.001$），

第四章 学校层面：学校水上安全分层教育模式的完善与检验

中学生均值显著高于小学生（$t=36.367$，$p=0.000<0.001$）；大学男生均值显著高于女生（$t=4.822$，$p=0.000<0.001$），城乡差异并不显著（表4-11）。学生感觉寻求得分越高，游泳时做出高危行为和冲动选择的可能性越大。

表4-10 学生感觉寻求在阶段差异的单因素方差分析与两两比较

阶段	样本量	平均值±标准差	F	p值
小学	2969	2.72±1.12a		
中学	4516	2.91±1.21a	9.350	0.000
大学	2307	2.97±4.12b		

表4-11 学生感觉寻求在性别、城乡差异t检验

阶段	类别	均值m	标准差σ	t值	p值
中小学	男	3.00	1.33	118.441	0.000
	女	2.68	1.23		
	城市	2.72	1.28	19.743	0.000
	农村	2.91	1.25		
	小学	2.72	1.12	36.367	0.000
	初中	2.91	1.21		
大学	男	3.00	3.15	4.822	0.000
	女	2.94	4.77		
	城市	3.01	4.17	1.837	0.660
	农村	2.92	4.07		

5. 学生避免游泳运动伤害的认知统计

在当前水上安全教育和学生掌握水上安全知识、安全技能及游泳高危行为的前提下，70.87%的大学生认为掌握了安全知识，66.93%的大学生认为掌握了自救技能；73.03%的中学生认为掌握了安全知识，73.05%的中学生认为掌握了自救技能；61.27%的小学生认为掌握了安全知识，61.30%的小学生认为掌握了自救技能（表4-12）。小学生更倾向于大人陪同（58.13%）和学会游泳（53.15%）；中学生更倾向于提高安全意识（65.70%）和学会游泳（61.82%）；大学生更倾向于提高安全意识（64.20%）和学会游泳（56.91%）。还有部分学生选择不下水来避免游泳运动伤害，不过比例均是各项认知方法中最低的（表4-12）。

表 4-12 学生避免游泳运动伤害的最好方法认知统计表

年级	不下水	学会游泳	掌握 安全知识	掌握 自救技能	提高 安全意识	大人陪同	携带 救生器材
小学生 （n=2969）	905 （30.48%）	1578 （53.15%）	1819 （61.27%）	1820 （61.30%）	1507 （50.76%）	1726 （58.13%）	1250 （42.10%）
中学生 （n=4516）	1571 （34.79%）	2792 （61.82%）	3298 （73.03%）	3299 （73.05%）	2967 （65.70%）	2758 （61.07%）	2155 （47.72%）
大学生 （n=2307）	936 （40.57%）	1313 （56.91%）	1635 （70.87%）	1544 （66.93%）	1481 （64.20%）	890 （38.58%）	1058 （45.86%）

四、讨论

（一）学校水上安全知识教育与学生知识获取

通过此次调查发现：学校安全教育读本（涵盖水上安全）发放比例非常高，但仍有近四成的中小学生并不确定自己是否收到该类书籍，这说明安全教育读本（涵盖水上安全）的知识转换成学生知识存储的效率还需进一步强化。缪学超（2020）指出，只有建构由文化理解到文化认同，再到文化传承的学校育人路径，才能发挥潜移默化的教育作用，才能发挥长久的育人功能。

另外，学校教育、父母、网络、广播电视、报刊书籍等均是学生获取水上安全知识的主要途径，且随着年龄增长，父母传授水上安全知识所占比重逐渐减小，而通过网络、广播电视、报刊书籍等渠道获取知识所占比重逐渐增加。从学习成效来看，中小学生掌握水上安全知识的均值相当，且男女之间差异并不显著；然而大学生水上安全知识的掌握均值显著高于中小学生，且男性显著高于女性。分析原因不难看出，中小学生在家庭保护和父母限制下，获取知识的主要途径是学校教育和家庭教育；而随着年龄增长，男女活动空间和兴趣爱好都会发生较大变化，多渠道的知识获取也让不同性别的大学生掌握水上安全知识的程度显现出较大差异。但值得进一步关注的是，城乡学生之间始终在水上安全知识的掌握上存在显著性差异，学生溺水高发地区的正是在农村，程斐和周晓艳（2015）认为学生安全意识薄弱、农村地理环境复杂（特别是复杂的水域环境）、农村学生暑假生活单调、家庭对学生监管力度不够等都是关键原因。

（二）学校水上安全技能开展与学生技能掌握

水上安全技能教学一直以来不仅仅被视为运动技能教学，更是一种生存教育

(方千华，2003)。在快节奏的学习与工作生活中，游泳不仅是学生增强身体素质的手段，更是学生缓解生活压力、提高生活质量、在特殊情境下保障生命安全的重要技能（常晓铭，2020)。正是由于游泳项目本身具有一定的危险性，再加上中小学游泳教学师资、场馆、季节气候等一系列因素的限制，中小学游泳实践课开设比例非常低。而由于教育部、各省级教育厅层层下发学生防溺水通知，迫于学生安全考虑，很多学校严令禁止学生上学期间进行游泳。但是在访谈中，部分中小学生提到，一些地方教育局在暑期引入第三方游泳培训机构免费开展水上安全教育，这或许是科学有效地开展水上安全教育的新方式。

学生水上安全技能教学无论是在性别、城乡上，还是在阶段上都呈现显著性差异，这和前人研究结论一致（夏文，2012；梁凤娟等，2020；王锦，2020)。但特殊点在于，本次调查中发现中小学生游泳技能显著高于大学生，分析原因可能有两个方面：一方面，很多大学生即使在开设游泳课程的情况下，也没有有效地掌握游泳技能。同样有调查研究指出：近1/3的学生在规定的游泳课时内并没有掌握正确的游泳技能，甚至有的学生根本就没有学会，连最基本的蛙泳蹬腿都没有掌握，游的距离甚至超不过5米（洪庆林等，2008)。另一方面，游泳技能的学习需要长期的练习，而中小学生迫于学习压力，即使在中小学阶段学会了一项游泳技能，由于长时间缺乏练习，到了大学阶段，也无法完成25米的测试。有研究证实：73.6%的大学生完全不会游泳（张辉等，2016)。

细致分析水上安全技能教学内容发现：泳姿技能（蛙泳、自由泳）的教学还是占据了最主要的内容；韵律呼吸、水中漂浮、抽筋自解等自救技能和岸上救援、水中施救、心肺复苏等救溺技能涉及比例非常低。如果只重视游泳技能的教学，轻视自救技能和救溺技能的教学，就会造成众多学生在紧急情况下不知所措，甚至选择错误的救援方式，导致"人溺己溺"（张辉等，2016)。自救技能和救溺技能是游泳技能最重要的补充，甚至在某种程度上超过了游泳技能本身，丛宁丽（2000)早就开始倡导学校开展"安全游泳""自救游泳"的教学理念，首先教会学生自救自保的能力。

（三）学生游泳高危行为的差异特征

大学生游泳高危行为均值显著低于中小学生，且差异非常显著，游泳高危行为得分越高，溺水可能性也越大。杨功焕等（1997)研究统计发现，在0～14岁的儿童中，溺亡是其主要死因，溺亡人数占总死亡人数的56.58%；直到2016年，全年近5万名青少年溺水，其中2/3为男生（罗晓敏等，2019)；国家统计局发布数据显示：溺水仍然是导致 0~14 岁青少年死亡的首要原因（中国统计年鉴，2015）。因此，学生溺水问题突出，年龄段较低的中小学生水上安全技能欠缺，水上安全意识薄弱，自救自护意识欠佳，尤其是在同伴面前"爱面子"，甚至受同伴怂恿，即使在不会游泳的情况下也做出各种高危动作，脱离家庭、学校管教之后放纵，在不顾危险地戏水打闹等情形下，均极易发生溺水事件。

学生游泳高危行为在各个年龄阶段都表现出男生明显高于女生，且差异非常显著。男生因为游泳高危行为发生率高，更容易在水中冒险，导致更多的溺水事故发生。近年来，国内外学者从医学、社会学、体育学等各个角度调查都证实了这一观点。有研究认为，男生可能会高估自己的游泳能力，因此可能会把自己置于比女生更危险的水上环境中（Simon et al.，2010）；也有学者认为男生做出游泳高危行为的概率显著高于女生，这首先与男女生性格特点和生理结构的差异有关（McCool et al.，2008），男生更愿意承担风险，生性好动，偏爱冒险，更喜好参与刺激性游戏（马双双等，2018）。因为家庭教育与学校教育都对男生更加宽松，所以男生会有更多机会做出游泳高危行为。

（四）学生感觉寻求的差异特征

不同阶段、不同性别、城乡学生的感觉寻求差异非常显著，其中，中学生和大学生感觉寻求指数更高。究其原因，感觉寻求是一种寻求新奇、复杂、多变和高强度的感觉刺激和极端体验的人格特质（张雨青和陈仲庚，1990），青春期青少年处于叛逆期，更想挣脱学校教育和家庭监护；而大学生更多是自我管理，在家庭束缚递减的情况下，更愿意承受危险行为带来的安全风险。另外，男生比女生感觉寻求指数高，季成叶（2007）解释为我国传统教育思想对女生要求更为严格，家庭保护更严密。睾丸激素可能是导致男性高危行为发生率相对较高的另一个原因，青少年晚期和成年早期男性睾丸激素激增会导致更多冲动和危险行为的发生，而这个时期也是学生溺水高发期（Baldwin et al.，2013）。感觉寻求属于人格特质，在具体情境下对行为反应有预测作用（陈丽娜和张明，2006），因此，研究应该更深入关注高感觉寻求群体的游泳高危行为。

（五）学生避免游泳运动伤害的认知差异

掌握水上安全知识和安全技能是学生普遍赞同的最有效避免游泳运动伤害的方法。除此之外，小学生更倾向于大人陪同；中学生更倾向于大人陪同和提高安全意识；大学生更倾向于提高安全意识。更有趣的是，随着年龄的增长，越来越

第四章　学校层面：学校水上安全分层教育模式的完善与检验

多的学生认为不下水是避免游泳运动伤害发生的有效办法之一。游泳运动具有较多的不安全因素（纠延红等，2011），游泳场馆选择不合理、缺乏救生设备和器材、缺少安全警示标志等都可能造成学生游泳运动伤害。但人们对水的依赖和兴趣显然超越了游泳运动本身不安全因素的限制，年龄越小的学生越难意识到水的危害，只要有大人陪同，他们就会有安全感，更乐于享受戏水带来的欢乐；但随着年龄的增长，学生越来越认识到除了安全知识和技能，良好的安全意识是安全保障的前提；随着阅历增加，以及周边同学、朋友受到游泳运动伤害的案例越来越多，他们更能意识到游泳运动安全的不可控，更加提防下水游泳之后的种种突发情况。

五、研究小结

前人调查研究一致显示：男生和低年龄段学生是非故意溺水的高危人群（朱银潮等，2016）。本次调查不仅再次证明这一结果，更在此基础上细化了水上安全教育的具体成效和高危人群的具体表现。

学校教育、父母、网络、广播电视、报刊书籍等均是学生获取水上安全知识的主要途径，但学生对安全教育读本（涵盖水上安全）中知识的获取和存储还需加强。中小学生对水上安全知识的掌握程度较低、各阶段农村学生对水上安全知识的掌握程度更低，是重点关注群体。

学生水上安全技能教学无论是在性别、城乡上，还是在阶段上都呈现显著性差异。限于游泳项目的危险性和场馆需求，中小学水上安全技能教学开展率极低，大学水上安全技能教学泳姿技能以蛙泳、自由泳为主，但课内掌握程度并不乐观；韵律呼吸、水中漂浮、抽筋自解等自救技能和岸上救援、水中施救、心肺复苏等救溺技能涉及比例非常低，致使绝大部分大学生并不具备自救和救助他人的能力。

各个阶段男生做出游泳高危行为的概率都显著高于女生，中小学生做出游泳高危行为的概率显著高于大学生，游泳高危行为是溺水发生的重要诱因，是干预研究的重要切入点。

各阶段、不同性别，以及城乡学生的感觉寻求差异非常显著，其中，中学生和大学生感觉寻求指数更高，男生比女生感觉寻求指数高，高感觉寻求群体的游泳高危行为将是干预研究的关注点。

掌握水上安全知识和安全技能是学生普遍赞同的最有效避免游泳运动伤害的方法，低年龄段学生更依赖大人陪同，高年龄段学生更倾向于提高安全意识。

第二节　水上安全分层教育的关键载体——学校教育完善计划

从各阶段、不同性别，以及城乡学生的水上安全知识和水上安全技能状况调查来看，缺乏水上安全教育，或者说缺乏有针对性的水上安全分层教育是问题的关键，文献梳理时也有多名学者提出要完善学校水上安全分层教育模式。因此，本研究基于课题中期研究成果《大学生水上安全分层教育模式研究》，进一步展开中小学生教育模式的完善与检验。

一、整体思路设计

水上安全分层教育的学校教育模式研究依据探索能力分层次教学，即通过《大学生安心游泳技能等级标准》的检测将学生真实的水上安全能力划分为初级、中级和高级 3 个等级，然后匹配对应的水上安全教育内容（图 4-7）。初级教育模式旨在普及水上安全知识和基本的游泳技能和自救技能；中级教育模式除了普及水上安全知识、巩固游泳技能和自救技能，还需要学习岸上救援和辅助救援技能；高级教育模式除掌握较为全面的水上安全知识和提高游泳技能外，还需要掌握直接救援和现场赴救的能力，其考核标准对接国家体育总局初级救生员等级标准。根据每一个等级的考核标准，每名学生必须通过考核才能进入更高级别的学习。该模式拟让每名参加学习的学生清楚地认识到自己所具备的水上安全知识、技能，特别是自己具备何种自救技能和救溺技能，在遇险时果断判断并选择合理的救溺方法，避免发生悲剧；同时，注意充分发挥水上安全的教育功能，通过课程教学锻炼意志、陶冶情操、培养团结互助精神。总而言之，安全既是教学的内容，也是贯穿始终的主题。

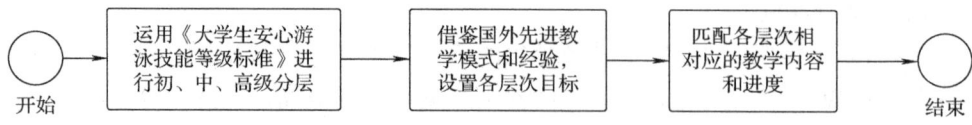

图 4-7　大学生水上安全分层教育模式设计思路图

二、基础理论借鉴

健康信念理论是干预个体早期预防疾病和危险行为的基础理论。McCool 等（2008）将健康信念理论用于解释游泳高危行为与风险感知和水上安全态度的关联，罗时（2017）进一步提出水上安全技能的完善、风险感知水平的提高和水上安全态度的改善会显著减少游泳高危行为，这对于中小学生游泳运动伤害的干预具有重要的指导意义，健康信念理论已广泛运用于水上安全教育的研究中。

进一步借鉴前人关于知信行理论在学生防溺水研究中的应用，即水上安全知识、安全技能都会影响游泳高危行为，而水上安全态度是中介变量，即水上安全态度越积极，游泳高危行为发生的概率越低；水上安全知识的增加有利于优化和改善水上安全态度，但水上安全技能的提升和水上安全态度并不显著相关，相反可能会导致游泳高危行为的增加，以此为基础，开展学校教育完善计划的模式构建。

三、教学目标设计

在理论结合实践的基础上，以身体练习为主要手段，学生重点掌握水上安全知识、游泳技能和救溺技能，不仅需要正确地识别复杂的水域环境，还要学会理智的施救方法，更重要的是具备自救能力和救溺能力，从而提高水上安全认知能力，避免游泳高危行为，预防和减少溺水事故发生。因此，如图4-8所示，针对不会游泳学生的特点，如水上安全知识严重缺乏、游泳技能几乎为零、游泳高危行为多、面对危险无法自救等，设计了以"安全涉水、求生自救"为教学目标的初级教育模式；针对掌握了个别游泳技能的学生的特点，如水上安全知识不足、自救技能欠缺、救溺技能严重匮乏等，设计了以"冷静应对、巧救智援"为教学目标的中级教育模式；对具备一定游泳技能和自救技能，但救溺技能不足（一旦遇险参与直接救援将存在重大安全隐患）的学生群体，设计了以"合理处置、胜任救援"为教学目标的高级教育模式。对于中小学生，采用以"安全涉水、求生自救"为教学目标的初级教育模式和以"冷静应对、巧救智援"为教学目标的中级教育模式；对于大学生，可采用3种层次的教育模式。

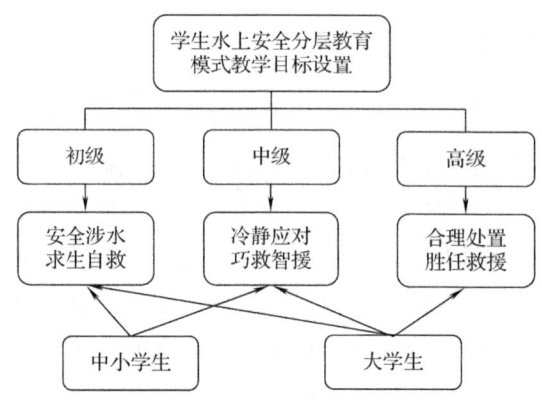

图 4-8　学生水上安全分层教育模式教学目标设计图

四、教学内容设计

学生水上安全分层教育模式的内容（表 4-13）包括安全知识、自救技能、泳姿技能、救溺常识、救溺能力、危险水域识别、安全环境判断、个人危机意识、溺水案例分析、警戒能力、守法意识、急救能力 12 个类别。

表 4-13　学生水上安全分层教育模式内容一览表

类别	内容
安全知识	识别警示标识、安全标识等，游泳前热身，"三佩戴"，游泳 18 忌，"四不游"，水上安全活动要点，海滩游泳的安全常识，河川、溪流、湖泊安全要点，游泳装备知识和简易的浮具制作等，避免游泳高危行为，识别天气状况等水上安全知识
自救技能	韵律呼吸、水母漂、仰漂、立泳、大字漂、抽筋自解、踩水等水中自救技能
泳姿技能	蝶泳、仰泳、蛙泳、自由泳 4 种泳姿技能
救溺常识	救溺五步，岸上救援：借物救援、手援、脚援、徒手救生、涉水救生
救溺能力	不轻易下水救人、紧急通报寻求协助、岸上救援优于涉水救援、借物救援优于徒手救援、紧急救援联络方式
危险水域识别	涌浪、激流、漩涡、离岸流、暗流、海流、岸际落差、海沟、水域落差
安全环境判断	合法水域（标志）、救生员、救生设备
个人危机意识	非合法开放水域绝不下水、勿逞强好勇、身心状况不佳不下水、切勿临时起意从事戏水活动、严禁不当行为如追逐推挤、未穿着救生衣绝不从事水域活动、未穿救生衣泳裤绝不下水、绝不穿着牛仔裤或紧身裤从事水域活动、泳技不佳不轻易戏水、避免游泳高危行为（如跳水）
溺水案例分析	意外落水、溪流湍急、海浪席卷、海流、水深落差、潮汐变化、泳技不佳、逞强好勇等

第四章　学校层面：学校水上安全分层教育模式的完善与检验

续表

类别	内容
警戒能力	发现危险戏水或者游泳立即劝告、寻求协助
守法意识	遵守警告标志、遵守告示、听从劝导、遵从师长的规定
急救能力	人工呼吸、心肺复苏术、自动体外心脏除颤器、异物梗塞-海姆立克法

资料来源：根据黄仲凌《建构校园水域安全教育课程概念内涵之研究》中的水上安全教育内涵与概念之类目定义表整理而成。

学生水上安全分层教育模式的内容包括水上安全知识和水上安全技能，水上安全技能又包括游泳技能、自救技能和救溺技能。其中，水上安全知识包括学习自我体能、天气状况、水域环境的判断方法及标准，了解和掌握游泳忌讳、水域活动安全要点、水上安全标识的相关知识。游泳技能包括学会水中运动的呼吸方法，掌握漂浮和打腿的基本技能，了解和掌握蛙泳、自由泳、仰泳等技术特点；自救技能包括仰漂、水母漂、抽筋自解、踩水、韵律呼吸、借物漂浮、水中脱衣、浮具制作等；救溺技能包括岸上救援、直接救援和紧急救生。岸上救援又包括手援、抛掷浮具、其他物体施救；直接救援包括水中靠近、拖带、水中解脱、救生技能等；紧急救生包含心肺复苏术、损伤急救等。另外，学生水上安全分层教育模式学习和锻炼，可以提高学生有氧代谢能力，改善学生心肺功能，提高学生的身体健康水平，促进学生身心全面发展，进一步增强学生体质。

（一）内容构面简介

为进一步展现学生水上安全分层教育模式的内容构面，现将每部分内容的设计思路和基本构面做简要介绍。

1. 水上安全知识基本指标构面

目前我国游泳教学对于理论课的学时安排比重较小，其中对于理论的学习多数集中在游泳运动的基本知识、游泳运动竞赛规则及体育基础理论，真正涉及的水上安全知识是非常少的，仅有水域救生的基本知识。水上安全知识按照溺水的先后顺序（初、中、高等级划分）分为防溺救生知识、水中意外事故求生知识和溺水后救护知识3个部分。防溺救生知识的内容主要包括水域环境警告信息、游泳18忌、游泳注意事项、"四不游""三佩戴"、水域环境的安全要点及游泳装备须知和简易浮具的制作；水中意外事故求生知识主要包括分析以往溺水案例、水中意外救生常识、正确施救溺水者步骤、水中意外受伤和抽筋解决方法、冷水求生法、水草缠身自救法、身陷漩涡自救法、疲劳过度自救法；溺水后救护知识主要包括进一步分析更多溺水案例并快速做出正确的应对方案、涉水救生（直接救生）、心肺复苏术知识。具体内容分述如下。

（1）水域环境警告信息。日常生活中，各种开放水域随处可见水上安全警告信息。了解安全信息常识十分必要，缺乏水上安全信息常识的学生往往因认知不够而产生游泳高危行为。因此，学习水域环境警告信息能够促使学生正确地遵守水域活动规则，从而避免意外事故的发生。水域环境所树立的警告信息一般可分为标志、标语和旗帜 3 种，需准确了解标志、标语和旗帜其所代表的意义。

水上安全标志依照颜色和形状分成 3 类。蓝色代表允许；黄色代表警告；红色代表禁止。部分标志举例如表 4-14 所示。

表 4-14　水上安全标志举例（列举部分）（王国川和翁千惠，2003）

水上安全标志	举例						
允许标志	游泳	水肺潜水	冲浪	滑水	钓鱼	划船	跳水
警告标志	水深危险	小心强劲暗流激流	小心突降陡坡	小心水母	小心鲨鱼	小心薄冰	危险浅水区
禁止标志	禁止游泳	禁止水肺潜水	禁止浮潜	禁止潜水	禁止跳水	禁止冲浪	禁止滑水

从溺水事故发生的区域看，多数发生在农村；从溺水事故发生的地点看，大多发生在无人看管的江河、水库、塘堰、浮沙暗坑等野外水域，特别是农村的河塘围堰被占用和开发后，其深度加深，浅滩变成了深坑，又无危险标识牌，这些地方成为事故发生的黑洞。为此，当地村民、学校教师和领导及相关水域救生部门人员积极对易发生溺水事故的水域设置了一些警告标语，以警示学生注意生命安全。这里列出一些常见的标语作为参考，如表 4-15 所示。

第四章 学校层面：学校水上安全分层教育模式的完善与检验

表 4-15 水上安全标语举例

标语内容	宣传单位（者）
危险水域　严禁游泳	长沙园林管理中心（宣）
这里溺水年年有　劝您莫走不归路	洛阳村民（宣）
危险水域　禁止下水	消防人员（宣）
珍惜生命　远离危险	阜阳市颖东区水利局（宣）
水深危险　请勿靠近	可口可乐（宣）
水深危险　严禁下水	某街道办事处（宣）
冰未冻实　不要靠近	某大学校园内人工湖（宣）
为了您的生命安全　请不要下水游泳	黄山市黟县碧阳镇人民政府（宣）
库区水深　禁止学生下水游泳　流水无情生命珍贵	龙泉市安仁中学（宣）
水深危险　禁止嬉戏	中国人寿保险（宣）
危险水域　请勿下水、嬉戏、游泳	福州民警（宣）
危险水域　禁止学生下水游泳	大湖中心小学（宣）
河道水深地形复杂　切勿下水注意安全	丽水市南明湖及生态河川管理处（宣）
水深危险　严禁游泳	莆田市东庄镇党委、政府（宣）
没有家长陪同　请勿私自下水游泳	金华市浦江县金融希望小学（宣）
宝塔湾水流紊乱，危险至极	专家（宣）

在海滩、岛屿、湖泊等水域活动往往伴随着高风险，人们必须在救生员的看护范围内游泳或进行水上活动。水上安全旗帜用于在这些区域标识必要的水域环境警告信息。水上安全旗帜有多种，其色彩、形状、代表含义及悬挂原则举例如表 4-16 所示。

表 4-16 水上安全旗帜举例

旗帜类别名称	色彩	形状	代表含义	悬挂原则
	上红下黄	四角形	游泳务必在水域开放时间内，在救生员看护范围内，在两面红黄旗帜中间	水域在开放时，悬挂于泳区范围两侧边界
	红色	四角形	水域处于关闭状态，存在危险，请勿下水	因各种气象因素、突发状况或其他管理上的因素必须关闭泳区
	红色	十字形	急救站，提供救助，如发生抽筋、身体部位受伤、体温过低、体力透支等症状需就医	为游客提供水上活动的开放水域均要悬挂此标志

（2）游泳 18 忌。进行水域活动之前，特别是游泳之前，掌握游泳禁忌十分重要，因此，课题组编制了一些简短的游泳禁忌知识内容（表 4-17），供学生了解。

表 4-17　游泳 18 忌

名称	内容
游泳 18 忌	（1）忌饭前饭后游泳。 （2）忌剧烈运动后游泳。 （3）忌月经期游泳。 （4）忌在不熟悉的水域游泳。 （5）忌长时间曝晒游泳。 （6）忌不做准备活动即游泳。 （7）忌游泳后马上进食。 （8）忌游时过久。 （9）忌有癫痫史者游泳。 （10）忌高血压患者游泳。 （11）忌心脏病患者游泳。 （12）忌中耳炎患者游泳。 （13）忌急性眼结膜炎患者游泳。 （14）忌某些皮肤病患者游泳。 （15）忌酒后游泳。 （16）忌忽视泳后卫生。 （17）忌水下情况不明时跳水。 （18）忌到受过污染和有血吸虫等水域游泳

除掌握水域环境警告信息、熟记游泳 18 忌之外，水上安全分层教育模式的水上安全知识还包括游泳注意事项、坚持遵守"三佩戴""四不游"等，水上安全知识分层简介如表 4-18 所示。

表 4-18　水上安全知识分层简介

水上安全知识内容	拟分层级
（1）水域环境警告信息、游泳 18 忌、游泳注意事项、"四不游""三佩戴"。 （2）海滩游泳的安全常识，河川、溪流、湖泊安全要点。 （3）游泳装备知识和简易的浮具制作	初级
（1）找学生溺水新闻进行分析，讨论并说出溺水原因。 （2）水中意外救生常识、正确施救溺水者步骤。 （3）水中意外受伤和抽筋解决方法、冷水求生法。 （4）水草缠身自救法、身陷漩涡自救法、疲劳过度自救法	中级
（1）找学生溺水新闻进行分析，讨论并说出溺水原因。 （2）直接救生（涉水救生）、心肺复苏术知识	高级

（3）小学生水上安全知识漫画。针对小学低年级（小学 1～4 年级）学生学龄特点，课题组绘制了漫画宣传手册，如游泳运动的 12 项好处（图 4-9）。

第四章 学校层面：学校水上安全分层教育模式的完善与检验

图 4-9 游泳运动的 12 项好处

根据学生水上安全"三佩戴""四不游"等文字表述绘制漫画，如图 4-10 和图 4-11 所示。

图 4-10 学生水上安全"三佩戴"

合理着装，不可穿牛仔裤入水

图 4-10（续）

不要到了水边马上下水，应先做准备活动，适应水温

不要在水中用鼻子呼吸，容易呛水，应在水上用口呼吸，在水下用口鼻吐气

不要单独去游泳，要和大人结伴同行

不要到不熟悉的水域游泳，要先了解水下环境

图 4-11 学生水上安全"四不游"

根据学生水上安全"六不准"、游泳禁忌要点等文字表述绘制漫画,如图 4-12 和图 4-13 所示。

不准私自下水游泳

不准擅自与他人结伴游泳

不准在无家长或教师带队的情况下游泳

不准到无安全措施、无救护人员的水域游泳

不准到不熟悉的水域游泳

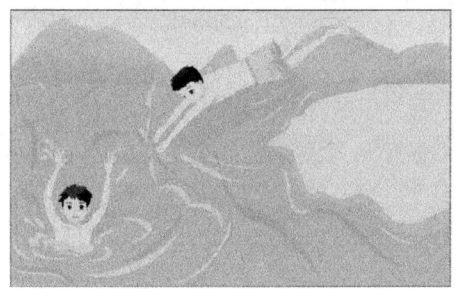
不准不会游泳救生的学生擅自下水施救

图 4-12　学生水上安全"六不准"

图 4-13 学生水上安全禁忌要点

根据学生碰到他人遇险时正确的救援方式"叫叫伸抛划"的文字表述绘制漫画，如图 4-14 所示。

第四章　学校层面：学校水上安全分层教育模式的完善与检验

叫：大声呼救　　　　　　　　　叫：拨打救援电话

伸：利用延伸物　　　　　　　　抛：抛送漂浮物

划：利用大型浮具划去

图 4-14　学生水上安全救援口令"叫叫伸抛划"

2. 游泳技能基本指标构面

实践证明，溺水者是否掌握游泳技能直接关乎生死。水上安全领域的专家和研究人员一致认为，要想减少和控制溺水事故的发生，首先要让学生掌握游泳技能。可见，游泳技能对个人水上安全发挥着至关重要的作用。游泳技能分层简介如表 4-19 所示。

表 4-19　游泳技能分层简介

游泳技能内容	拟分层级
（1）间歇性连续呼吸，男生 20 次，女生 10～15 次，分为手抓池壁的方式和浮板漂浮方式。 （2）俯卧漂浮 5 秒，然后站立，男生连续做 5 次，女生连续做 3 次。 （3）仰卧漂浮 5 秒，然后站立，男生连续做 5 次，女生连续做 3 次。 （4）俯卧滑行 5 秒，然后站立。 （5）仰卧和俯卧翻转滑行 5 秒（辅助）。 （6）俯卧滑行后交替打腿，男生 25 米，女生 15 米。 （7）仰卧滑行后交替打腿，男生 25 米，女生 15 米（辅助）。 （8）侧卧滑行后交替打腿，男生 25 米，女生 15 米（辅助）。 （9）俯卧和仰卧翻转滑行后交替打腿，男生 25 米，女生 15 米。 （10）俯卧和侧卧组合滑行，男生 25 米，女生 15 米（辅助）。 （11）俯卧游进，男生 25 米，女生 15 米。刚开始可以使用任意姿势俯卧游进，循序渐进掌握规范动作	初级
（1）侧向打腿，男生 25 米，女生 15 米。 （2）仰卧鞭状打腿前行，男生 50 米，女生 25 米。 （3）俯卧鞭状打腿前行加有节奏的呼吸，男生 50 米，女生 25 米。 （4）蛙泳，男生 100 米，女生 50 米。 （5）仰泳，男生 100 米，女生 50 米。 （6）侧泳，男生 100 米，女生 50 米	中级
（1）侧向打腿，男生 50 米，女生 25 米。 （2）仰卧鞭状打腿前行，男生 100 米，女生 50 米。 （3）俯卧鞭状打腿前行加有节奏的呼吸，男生 100 米，女生 50 米。 （4）蛙泳，男生 300 米，女生 200 米。 （5）仰泳，男生 300 米，女生 200 米。 （6）侧泳，男生 200 米，女生 100 米。 （7）蛙泳、仰泳和侧泳任选一种或组合，完成 500 米	高级

3. 救溺技能基本指标构面

救溺技能是学生水上安全分层教育模式实践创新的部分，在传统游泳教学中，

第四章 学校层面：学校水上安全分层教育模式的完善与检验

极少涉及该项内容。纵观各类溺亡事故，往往是因为学生不具备救溺技能贸然施救或是施救不当，导致错失施救机会，甚至人溺己溺。因此，学生水上安全分层教育模式将逐级融入救溺技能教学，增强学生水上安全能力。

救溺技能分为自救和他救。从个人水上安全角度出发，学生首先应该学习自救，然后学习他救和互救。落水往往因意外造成，对于一个溺水者而言，在这种危急时刻首先应该学会漂浮，使自己的口鼻至少能离开水面呼吸，以维持生命，等待救援。具备基本漂浮能力后，可以学习踩水，使身体可以漂浮在水面寻找漂浮物或救援机会。救溺技能分层简介如表4-20所示。

表4-20 救溺技能分层简介

救溺技能	具体内容	拟分层级
自救技能	（1）穿戴个人漂浮设备。 （2）水母漂30秒以上。 （3）十字漂浮30秒以上。 （4）踩水30秒以上。 （5）仰漂30秒以上。 （6）掌握水中受伤、抽筋时的自救方法与技能	初级
他救技能 （间接救生）	（1）水中自救步骤。 （2）岸上救生（借物待援）。 （3）冰上救援	中级
他救技能 （直接救生）	（1）识别溺水者的状况。 （2）直接救生，如拖带等。 （3）心肺复苏术	高级

4. 体能训练基本指标构面

学生水上安全分层教育模式将体能训练作为水上安全能力提升的重要手段。若想具备良好的水上安全能力，则应掌握水上安全知识、水上安全技能，而充沛的体能是保障技术运用的前提。因此，学生水上安全分层教育模式的体能训练在技能练习的数量、技能的强度上均做了具体计划和要求，体能训练内容及拟分层级如表4-21所示。

表 4-21　体能训练内容及拟分层级

体能训练内容	拟分层级
（1）仰卧渐进式打水，男生 20 米，女生 15 米。 （2）俯卧渐进式打水，男生 20 米，女生 15 米。 （3）侧卧渐进式划水，男生 20 米，女生 15 米。 （4）混合接力 25 米往返打水（俯卧、仰卧和侧卧可任选一种泳姿）	初级
（1）自由泳，男生 300 米，女生 200 米。 （2）蛙泳，男生 300 米，女生 200 米。 （3）仰泳，男生 300 米，女生 200 米	中级
（1）负重搅蛋式踩水。 （2）采用混合式游泳游 500 米×1 组	高级

（二）各级指标

在学生水上安全分层教育模式内容构面的基础上，进一步细化水上安全知识、游泳技能、救溺技能、体能训练 4 个部分的内容，并融入初、中、高三级教育模式中，构成学生水上安全分层教育模式基本指标（表 4-22）。

表 4-22　学生水上安全分层教育模式基本指标表

部分	初级	中级	高级
安全知识	防溺救生知识： （1）水域环境警告讯息。 （2）游泳 18 忌。 （3）游泳注意事项。 （4）"四不游"。 （5）"三佩戴"。 （6）水域活动安全要点。 （7）游泳装备知识和简易的浮具制作	水中意外求生知识： （1）对学生溺水新闻进行分析、讨论并说出溺水原因。 （2）水中意外救生常识。 （3）正确施救溺水者步骤。 （4）水中意外受伤和抽筋解决方法。 （5）冷水求生法。 （6）水草缠身自救法。 （7）身陷漩涡自救法。 （8）疲劳过度自救法	溺水救护知识： （1）对学生溺水新闻进行分析、讨论并说出溺水原因。 （2）直接救生知识，如等待救助；溺水者抓住救生者一手腕的解脱方法；救生者被溺水者从后方抱住颈部的解脱方法；救生者被溺水者从前或后抱住腰部的解脱方法；救生者被溺水者抓住头发的解脱方法；紧急情况时，如何正确拖带溺水者的方法。 （3）心肺复苏术知识

续表

部分	初级	中级	高级
游泳技能	(1) 间歇性连续呼吸，男生20次，女生10~15次，手抓池壁的方式和浮板漂浮方式。 (2) 俯卧漂浮5秒，然后站立。 (3) 仰卧漂浮5秒，然后站立。 (4) 俯卧滑行5秒，然后站立。 (5) 仰卧和俯卧翻转滑行5秒（辅助）。 (6) 俯卧滑行后交替打腿，男生25米，女生15米。 (7) 仰卧滑行后交替打腿，男生25米，女生15米（辅助）。 (8) 侧卧滑行后交替打腿，男生25米，女生15米（辅助）。 (9) 俯卧和仰卧翻转滑行后交替打腿，男生25米，女生15米。 (10) 俯卧和侧卧组合滑行，男生25米，女生15米（辅助）。 (11) 俯卧游进，男生25米，女生15米。刚开始可以使用任意手臂、腿部动作或结合动作游泳，然后循序渐进。 (12) 蛙泳，男生25米，女生15米。	(1) 侧向打腿，男生25米，女生15米。 (2) 仰卧鞭状打腿前行，男生50米，女生25米。 (3) 俯卧鞭状打腿前行加有节奏的呼吸，男生50米，女生25米。 (4) 蛙泳，男生100米，女生50米。 (5) 仰泳，男生100米，女生50米。 (6) 侧泳，男生100米，女生50米。	(1) 侧向打腿，男生50米，女生25米。 (2) 仰卧鞭状打腿前行，男生100米，女生50米。 (3) 俯卧鞭状打腿前行加有节奏的呼吸，男生100米，女生50米。 (4) 蛙泳，男生300米，女生200米。 (5) 仰泳，男生300米，女生200米。 (6) 侧泳，男生200米，女生100米。 (7) 蛙泳、仰泳和侧泳任选一种或组合，完成500米
救溺技能	自救技能： (1) 穿戴个人漂浮设备。 (2) 水母漂30秒以上。 (3) 十字漂浮30秒以上。 (4) 踩水30秒以上。 (5) 仰漂30秒以上。 (6) 掌握水中受伤、抽筋时的应对技能。 (7) 水中自救步骤	他救技能（间接救生）： (1) 岸上救生（借物待援）。 (2) 冰上救援	他救技能（直接救生）： (1) 识别溺水者的危险状态。 (2) 涉水救生，如拖带等。 (3) 心肺复苏术
体能训练	(1) 仰卧渐进式打水，男生20米，女生15米。 (2) 俯卧渐进式打水，男生20米，女生15米。 (3) 侧卧渐进式划水，男生20米，女生15米。 (4) 混合式25米往返打水（俯卧、仰卧和侧卧可任选一种泳姿）	(1) 自由泳，男生300米，女生200米。 (2) 蛙泳，男生300米，女生200米。 (3) 仰泳，男生300米，女生200米	(1) 负重搅蛋式踩水3分钟以上。 (2) 采用混合式游泳游500米×1组

续表

部分		初级	中级	高级
教学评量	评量类别	(1) 观察评量：在游泳教学过程中，纠正错误动作是教学的一个重要环节。要纠正错误动作，其前提就是要能科学地观察并找出其错误的症结，因此，有必要在游泳教学中正确地运用观察法来改进学生的各种问题。 (2) 态度评量：课堂上切记不要批评、指责学生甚至恶语伤人，要多用鼓励的方法，如口头表扬"你学得很快""你做得不错""你游的次数最多""你游的速度最快""你游的距离最长"，或是翘起拇指。 (3) 记录评量：记录每名学生的最远距离和最短时间。 (4) 口语评量：通过问问题和口试两种方式。问问题常用于形成性评量，为教学里师生常见的互动模式；口试常用于总结性评量，进一步了解学生个人所出现的问题及解决能力	(1) 观察评量：在游泳教学过程中，纠正错误动作是教学的一个重要环节。要纠正错误动作，其前提就是要能科学地观察并找出其错误的症结，因此，有必要在游泳教学中正确地运用观察法来改进学生的各种问题。 (2) 态度评量：课堂上切记不要批评、指责学生甚至恶语伤人，要多用鼓励的方法，如口头表扬"你学得很快""你做得不错""你游的次数最多""你游的速度最快""你游的距离最长"，或是翘起拇指。 (3) 记录评量：记录每名学生的最远距离和最短时间。 (4) 口语评量：通过问问题和口试两种方式。问问题常用于形成性评量，为教学里师生常见的互动模式；口试常用于总结性评量，进一步了解学生个人所出现的问题及解决能力	(1) 观察评量：在游泳教学过程中，纠正错误动作是教学的一个重要环节。要纠正错误动作，其前提就是要能科学地观察并找出其错误的症结，因此，有必要在游泳教学中正确地运用观察法来改进学生的各种问题。 (2) 态度评量：课堂上切记不要批评、指责学生甚至是恶语伤人，要多用鼓励的方法，如口头表扬"你学得很快""你做得不错""你游的次数最多""你游的速度最快""你游的距离最长"，或是翘起拇指。 (3) 记录评量：记录每名学生的最远距离和最短时间。 (4) 口语评量：通过问问题和口试两种方式。问问题常用于形成性评量，为教学里师生常见的互动模式；口试常用于总结性评量，进一步了解学生个人所出现的问题及解决能力
	情感体验	■ 非常满意 ■ 满意 ■ 一般 ■ 较满意 ■ 不满意	■ 非常满意 ■ 满意 ■ 一般 ■ 较满意 ■ 不满意	■ 非常满意 ■ 满意 ■ 一般 ■ 较满意 ■ 不满意
备注		(1) 呼吸要连续。 (2) 刚开始练习漂浮或打水要借助漂浮物。 (3) 水母漂、十字漂浮至少10秒换气。 (4) 踩水尽可能延长时间。 (5) 练习技能要遵循循序渐进的原则	(1) 蛙泳、自由泳及仰泳必须遵循金字塔式的教学程序，同时要循序渐进，一定要将动作练习熟练才可进行下一阶段学习。 (2) 在进行岸上他救时，尽可能接近演习的真实性，同时也要保障学生的安全	(1) 在实施直接救生时，一定要留意溺水者的状态。 (2) 提前准备好所有的教学道具。 (3) 在进行 500 米混合式游泳时，须全程跟进，并给予针对性的指导和鼓励

第四章　学校层面：学校水上安全分层教育模式的完善与检验

五、分层进度安排

为进一步细化学生水上安全分层教育模式各级教学内容和教学安排，采用理论与实践相结合的教学方式，设计12次课授课模式。特绘制学生水上安全分层教育初级进度表（表4-23）、学生水上安全分层教育中级进度表（表4-24）和学生水上安全分层教育高级进度表（表4-25）。

表4-23　学生水上安全分层教育初级进度表

课次	教学内容	教学形式	课时	课堂作业
1	1. 水上安全分层教育课程的意义 2. 水上安全分层教育课程的内容 3. 自我体能、天气状况、水域环境、判断知识	理论	2	
	1. 克服怕水心理（水中拾物、行走） 2. 水中有节奏地呼吸 3. 水中漂浮（俯卧漂浮）	实践		
2	自我体能、天气状况、水域环境、判断知识	理论	2	
	1. 克服怕水心理（水中拾物、行走） 2. 水中有节奏地呼吸 3. 水中漂浮（俯卧漂浮、仰卧漂浮）	实践		
3	游泳忌讳	理论	2	
	1. 水中有节奏地呼吸 2. 水中漂浮（俯卧漂浮、仰卧漂浮、水母漂、仰漂）	实践		
4	游泳忌讳	理论	2	
	1. 水中有节奏地呼吸 2. 水中漂浮（俯卧漂浮、仰卧漂浮、水母漂、仰漂、十字漂浮） 3. 交替打腿	实践		
5	水域活动安全要点	理论	2	
	1. 水中漂浮 2. 交替打腿 3. 踩水呼救	实践		
6	水域活动安全要点	理论	2	
	1. 水中漂浮 2. 交替打腿 3. 踩水呼救	实践		

69

续表

课次	教学内容	教学形式	课时	课堂作业
7	识别水上安全标识	理论	2	
	1. 水中漂浮 2. 俯卧游进 3. 踩水呼救 4. 水中抽筋自解	实践		
8	识别水上安全标识	理论	2	
	1. 踩水呼救 2. 俯卧游进 3. 水中抽筋自解	实践		
9	1. 俯卧游进 2. 简易浮具制作	实践	2	
10	踩水呼救、十字漂、水中抽筋时的自救方法与技能	实践	2	
11	1. 复习泳前防溺知识 2. 练习游泳	理论、实践	2	
12	1. 理论考核 2. 实践考核	理论、实践	2	

表 4-24 学生水上安全分层教育中级进度表

课次	教学内容	教学形式	课时	课堂作业
1	分析以往溺水案例并总结，优先选择岸上救援方法	理论	2	
	1. 蛙泳腿部技术动作 2. 岸上借助软性辅助物救助	实践		
2	岸上救生器材的选择	理论	2	
	1. 蛙泳腿部技术动作 2. 蛙泳手臂技术动作 3. 岸上借助软性辅助物救助	实践		
3	岸上救援步骤	理论	2	
	1. 蛙泳腿部技术动作 2. 蛙泳手臂技术动作 3. 岸上借助硬性辅助物救助	实践		
4	1. 大声呼救 2. 寻找浮具知识	理论	2	
	1. 蛙泳完整配合技术动作 2. 岸上借助硬性辅助物救助	实践		
5	复习间接救援知识	理论	2	
	1. 蛙泳完整配合技术动作 2. 岸上借助硬性辅助物救助	实践		

第四章　学校层面：学校水上安全分层教育模式的完善与检验

续表

课次	教学内容	教学形式	课时	课堂作业
6	水中意外自救的注意事项	理论	2	
	1. 蛙泳完整配合技术动作 2. 踩水腿部技术动作 3. 抛投救助物技能	实践		
7	水中受伤自救法	理论	2	
	1. 踩水手臂技术动作 2. 抛投救助物技能	实践		
8	冷水求生	理论	2	
	1. 踩水完整配合动作 2. 抛投救助物技能	实践		
9	1. 身陷漩涡自救法 2. 踩水 3. 蛙泳	理论、实践	2	
10	1. 复习意外自救知识 2. 复习间接救援知识 3. 踩水 4. 蛙泳完整配合技术动作	理论、实践	2	
11	1. 岸上借助软性辅助物救助 2. 岸上借助硬性辅助物救助 3. 抛投救助物技能 4. 复习游泳技术	理论、实践	2	
12	1. 理论考核 2. 实践考核	理论、实践	2	

表4-25　学生水上安全分层教育高级进度表

课次	教学内容	教学形式	课时	课堂作业
1	溺水者状态识别	理论	2	
	仰泳腿部技术动作	实践		
2	意外事故救援处理流程	理论	2	
	1. 仰泳腿部技术动作 2. 现场赴救技能	实践		
3	涉水救援	理论	2	
	1. 仰泳手臂技术动作 2. 现场赴救技能	实践		
4	溺水施救步骤	理论	2	
	1. 仰泳手臂技术动作 2. 水中解脱救生技能	实践		

续表

课次	教学内容	教学形式	课时	课堂作业
5	溺水施救步骤 1. 仰泳完整配合技术动作 2. 水中解脱救生技能	理论 实践	2	
6	心肺复苏救援常识 1. 仰泳完整配合技术动作 2. 心肺复苏的操作演练	实践 实践	2	
7	心肺复苏救援常识 1. 仰泳完整配合技术动作 2. 心肺复苏的操作演练 3. 混合游	理论 实践	2	
8	损伤急救知识 1. 混合游 2. 仰泳 3. 损伤急救的操作演练	理论 实践	2	
9	1. 4种游泳任意组合游进 2. 仰泳完整配合技术动作 3. 复习直接救援知识 4. 复习溺水救护知识	理论、实践	2	
10	1. 4种游泳任意组合游进 2. 仰泳完整配合技术动作 3. 复习直接救援知识 4. 复习溺水救护知识	理论、实践	2	
11	1. 现场赴救技能 2. 解脱技能 3. 心肺复苏技能	理论、实践	2	
12	1. 理论考核 2. 实践考核	理论、实践	2	

六、教学组织设计

学生水上安全分层教育模式的设计以分层教育理论为指导,以情景模拟、体验学习、强化学习等教学教法理论为辅助手段。

情景模拟:又称角色扮演,是指教师根据具体的教学内容,设计特定的模拟主题,通过安排学生扮演不同的角色,模拟情景发展的过程,从而让学生身临其境,以此获取知识、提高能力的一种教学方法(戴国良和周永平,2010)。学生水上安全分层教育模式旨在提高学生自救与救溺能力,对于突发情况的模拟必不可少,此方法不仅能突出操作性而且给教学增添了更多趣味性。

体验学习:并非以知识为本位的课堂学习,而是在某种特定的场景中,通过学生的亲身经历和反思内省,不断提升自我概念,形成积极的情感、态度和价值观,促进人格升华的户外团队活动(王灿明,2005)。学生水上安全分层教育模式强调技能的形成,讲求合理判断、理性选择、果断实践,在实践中学习、体验和领悟。

强化学习:是一类根据环境反馈来学习的技术。学生水上安全分层教育模式更强调对学生行为的反馈,或者采用奖励(口头表扬等)措施,为学生行为强化提供动力。榜样教育、示范教学等都能增强学生学习的自我效能。

具体教学过程包括引导、课程目标和内容宣布、情景营造、探究学习、集体分享、教师点评示范、情景模拟(学生模仿练习)、情景感悟(学生反思联想)、教师引导总结、情景超越(实践与应用)、总结反馈等环节,各环节制定相应的时间长度,以保证活动有序、完整地进行。

七、考核体系设计

学生水上安全分层教育模式考核体系如图 4-15 所示。

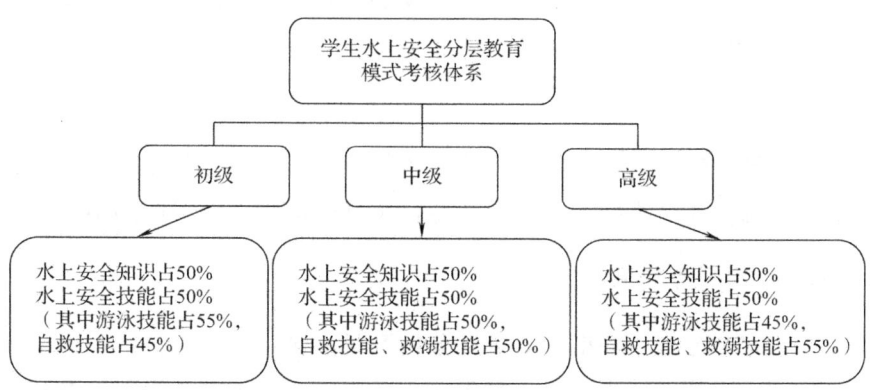

图 4-15　学生水上安全分层教育模式考核体系

(一)考核内容与形式

1. 理论(知识)

考核采用闭卷笔试形式,笔试成绩占总成绩的 25%。考核的主要内容为:水上安全分层教育课程的意义，水域环境警告信息，游泳注意事项，游泳18忌，"三佩戴""四不游"，水域活动安全要点，游泳装备知识和简易的浮具制作，水中意外救生常识，施救溺水者步骤，水中意外受伤和抽筋的解决方法，疲劳过度自救法，水中直接救生所需要掌握的注意事项，心肺复苏救援常识及案例分析和防范措施。试卷题型包含：单项选择题、多项选择题、判断题及论述题。

2. 实践（技能）

实践（技能）内容考核上也有着明显的丰富，"水上安全分层教学"课程教学重点是培养学生水上安全的认知能力，提高学生救生能力。因此，在考查学生综合水上安全能力方面设置了较大的比重。具体可将考核内容分为游泳技能和救溺技能两部分，其中游泳技能包括水中有节奏地呼吸，漂浮滑行，俯卧、仰卧翻转滑行加交替打腿，侧卧打腿，俯卧游进，俯卧、侧卧组合滑行加交替打腿，蛙泳完整配合技术动作，俯卧鞭状打腿前行加有节奏地呼吸，自由泳完整游泳，仰泳完整配合技术动作，侧泳的完整配合技术动作及蛙泳和仰泳的组合游进，本部分成绩共占30%；救溺技能包括穿戴个人漂浮设备，水母漂，十字漂浮，踩水，仰漂，水中受伤，抽筋时的自救方法与技能，水中自救步骤，识别溺水者的状况和正确救援的实践演练，水中拖带救生技能及心肺复苏术的操作演练，本部分成绩共占总成绩的35%。

3. 平时成绩

与目前各学校的游泳评定标准相比基本相同，大致也是从作业、考勤、带操及学生上课的态度4个方面给予综合评定，本部分成绩占总成绩的10%。

（二）考核细则与分值评价

学生水上安全分层考核细则及其评分标准见附录二第五部分。在学生水上安全分层教育的学习和考核中，首先利用《大学生安心游泳技能等级标准》对学生水上安全能力进行筛选分层，使其相应地进入各个层级的学习。之后，只有完成和通过了初级考核才能进入中级模式的学习，只有完成和通过了中级考核才能进入高级模式的学习，而高级模式对接国家体育总局初级救生员等级标准，完成者可具备通过国家体育总局初级救生员考核的能力。

八、学生水上安全意识强化

为防止学生完成初、中、高级水上安全教育模式的学习之后对自己的水上安全技能过度自信,课题组绘制了防溺水"≠"定律宣传漫画(图4-16)。

图4-16　防溺水"≠"定律宣传漫画

第三节　学生水上安全分层教育模式实验研究

本研究是在水上安全分层教育模式构建的基础上,结合初、中、高三级教学模式在学生群体中的检验效果,优化教学方案和设计。开展中小学生初、中级水上安全分层教育模式的教学实验,旨在分别考察以"安全涉水、求生自救"为教学目标的水上安全初级教育模式和以"冷静应对、巧救智援"为教学目标的水上安全中级教育模式的教育效果,检验其对于中小学生水上安全知识、技能、态度和游泳高危行为的影响,以期为学生水上安全分层教学提供可行的思路和方法。

本研究假设如下：①水上安全初级、中级教育模式能够有效增加学生水上安全知识，增强水上安全技能，改善水上安全态度，减少游泳高危行为；②水上安全初级、中级教育模式的效果有一定的保持性。

一、方法

（一）实验被试

课题组深入中小学调研，发现中小学因恒温泳池条件、课程开设周期、天气气温和中学学业繁重等诸多因素的影响，游泳课程实验在学期内缺乏统一开展的条件，因此设计在暑假的室内恒温游泳馆（课题组一成员正经营一个室内恒温游泳馆，属国家级青少年游泳训练基地），开设历时 1 个月的水上安全分层教育模式的教学训练。实验招募被试采用自愿原则，依据《学生水上安全技能等级标准》对中小学 1~9 年级学生施测，选取初级综合评分在 10.0~59.9 的 60 名学生作为初级实验被试，随机确定实验 A 班、对照 A 班（均有男女生各 15 名）；选取中级综合评分在 10.0~59.9 的 60 名学生作为中级实验被试，随机确定实验 B 班、对照 B 班（均有男女生各 15 名），实验班采取水上安全分层教育模式教学，对照班采取传统教育模式教学。120 名入选的被试全部免去 12 次游泳课学费（约 960 元/人，合计约 115200 元学费），为最大限度避免实验中学生无故缺勤和退出，学生、家长必须每次课签到，特别强调学习纪律和考勤。

（二）理论借鉴

学生水上安全分层教育的理论借鉴是基于尊重学生的个体差异和基础知识层次，采用有的放矢、因材施教的教学方式对学生实施分层教学，使不同层次的学生都有所提高，进而提高教育教学质量。提高教育教学质量是分层教育理论的最终目标。

社会学习理论（Social Learning Theory）强调个体在环境中与他人互动，学习知识经验和行为规范及技能的过程。学生游泳高危行为决策是可观察学习、可模仿产生的，学生正处于身心发展的关键时期，对危险性的认知较为缺乏，自身保护能力较弱，个体的行为方式很容易通过直接学习和观察学习随之改变。社会学习理论强调了个体与环境、他人的交互作用，更强调了父母、教师、同伴引导的重要性，是预防和干预研究的重要理论参考。

（三）实验设计

课题组采取重复测量一个因素的混合实验设计，具体如表 4-26 所示。

表 4-26　重复测量一个因素的混合实验设计

班级	性别	前测	实验处理	后测	延时测定
实验 A 班	男	O_1	水上安全初级教育模式	O_5	O_9
	女				
对照 A 班	男	O_2	传统教育模式	O_6	O_{10}
	女				
实验 B 班	男	O_3	水上安全中级教育模式	O_7	O_{11}
	女				
对照 B 班	男	O_4	传统教育模式	O_8	O_{12}
	女				

注：O 代表施测数据。

实验班与对照班均包含男女生，性别成为水上安全教育中需要注意的因素。国内外研究一致表明，男性做出游泳高危行为的概率显著高于女性（Moran and Stanley，2006）。为获得较好的内部效度，本实验对性别这一干涉变量进行了控制，避免可能由于性别与实验处理产生交互作用而混淆了实验结果。采取 2×2×2 重复测量一个因素的 3 因素混合实验设计，以最大限度控制由被试的个体差异所带来的误差。其中，实验处理 [2 个水平，传统游泳教育模式（游泳技能教育模式）、分层（初、中）水上安全教育模式] 和性别（2 个水平，男、女）为被试间变量；测量时间（2 个水平，前测、后测），属于重复测量因素。实验设计的因变量为水上安全知识、水上安全技能、水上安全态度、游泳高危行为。水上安全知识、水上安全态度、游泳高危行为通过问卷进行测量，水上安全技能通过客观评价进行测量。

首先，运用重复测量的方差分析，为考察实验处理的有效性，对两组实验班和对照班水上安全知识、水上安全技能、水上安全态度和游泳高危行为前后测的差异进行比较（O_1-O_5、O_2-O_6、O_3-O_7、O_4-O_8、O_1-O_2、O_3-O_4、O_5-O_6、O_7-O_8）；其次，在实验处理有效的基础上，进一步比较实验班和对照班的水上安全知识、水上安全技能、水上安全态度和游泳高危行为延时测定结果（O_9-O_{10}、O_{11}-O_{12}），检验学生水上安全分层（初、中）教育模式训练效果的保持性。

（四）实验材料

1. 水上安全知识、水上安全态度和游泳高危行为的测量

新西兰的 Moran 和 Stanley（2006）运用知信行理论针对新西兰青少年设计了一套 25 题的水上安全知信行问卷，问卷结构包括水上安全知识、水上安全态度和游泳高危行为；夏文在此基础上，将 Moran 等（2016）的水上安全知信行问卷本土化，研制出《学生水上安全 KSAP 量表》，量表包括水上安全知识 9 题、水上安全态度 10 题、游泳高危行为 10 题，采用李克特 5 级评分法，其中水上安全知识属于正向陈述，条目得分越高，表示水上安全知识得分越高；水上安全态度采用反问句法，得分越高，说明水上安全态度越差；游泳高危行为得分越高，表示游泳高危行为发生率越高。以上量表均为成熟量表，具有较高的信、效度，其 Cronbach's α 系数分别达到 0.943、0.964、0.913、0.943。

2. 水上安全技能的测量

水上安全技能测量或因过于依靠主观施测信效度不高，或因考核指标过于简单，技能达标已不能衡量被试是否具备了水上安全技能。因此，课题组前期（2018）已开发了《大学生安心游泳技能等级标准》（该标准所属论文已于 2018 年发表在《武汉体育学院学报》）上，用于该研究被试的水上安全技能施测。

（五）实验程序

1. 前测

实验 A 班和对照 A 班均参加前测，测试内容为水上安全知识、水上安全技能（游泳技能、浮具制作、抽筋自解、自救漂浮）、水上安全态度、游泳高危行为。实验 B 班和对照 B 班均参加前测，测试内容为水上安全知识、水上安全技能（游泳技能、踩水呼救、岸上救助、手援救助）、水上安全态度、游泳高危行为。

2. 实验处理

（1）水上安全初级教育模式实验处理：实验 A 班和对照 A 班学生的教学课程均由同一位游泳教师执教，学生不知道正在进行实验，以防止霍桑效应。教学地点、教学时数及考核方式等均相同；不同的是，对照 A 班按照传统游泳教学模式内容安排进度进行，实验 A 班按照水上安全初级教育模式内容安排进度（包含水

上安全知识和水上安全技能教学大纲）进行。

水上安全教育从 2021 年 7 月 8 日开始到 7 月 29 日结束，共 3 周，每周 4 次课，每次 90 分钟，将水上安全知识和水上安全技能融入游泳教学中。实验 A 班的教学课程由一名研究者和一名游泳教师配合完成。实验前，研究者对游泳教师开展实验培训，帮助其明确实验目的、操作程序及其注意事项；实验中，研究者和游泳教师保持及时的交流与沟通，根据游泳课的教学进度联合制定教案，并根据学生训练效果的即时反馈合理调整教学的组织方式，以控制体育教师在实验过程中的实验偏向。学生水上安全初级教育模式以"安全涉水、求生自救"为教学目标，包括水上安全知识和水上安全技能两个具体教学内容（图 4-17）。

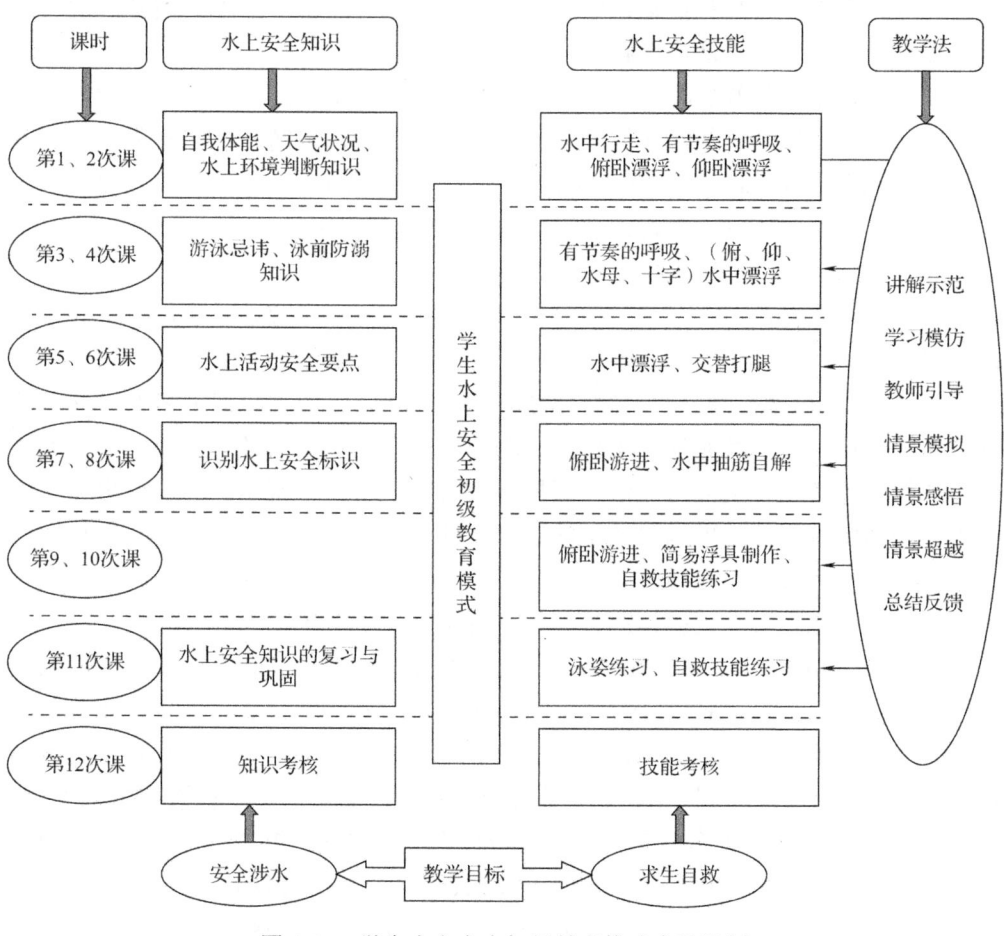

图 4-17　学生水上安全初级教育模式实验计划

水上安全知识（10课时）：根据初级水上安全知识构成，穿插在每次课的理论讲解部分，帮助学生增强正确的水上安全态度。其中包括自我体能、天气状况、水上环境判断知识（第1、2次课）；游泳忌讳、泳前防溺知识（第3、4次课）；水上活动安全要点（第5、6次课）；识别水上安全标识（第7、8次课）；水上安全知识的复习与巩固（第11次课）；知识考核（第12次课）。

水上安全技能（14课时）：包括游泳技能（有节奏的呼吸、交替打腿、俯卧漂浮、仰卧漂浮、俯卧游进）和自救技能（蘑菇头漂浮、水母漂、十字漂浮、仰漂、水中抽筋自解、简易浮具制作）两大板块，每个板块的内容根据难易顺序和游泳学习的规律，组合成适当的教学内容，形成14课时。该部分基本顺序是有节奏的呼吸、水母漂、交替打腿、俯卧漂浮、仰卧漂浮、十字漂浮、俯卧游进、蘑菇头漂浮、浮具制作、抽筋自解。

（2）水上安全中级教育模式实验处理：实验B班和对照B班学生的教学课程均由同一位游泳教师执教，学生不知道正在进行实验，以防止产生霍桑效应。两组的教学地点、教学时数及考核方式等均相同；不同的是，对照B班按照传统游泳教学模式内容安排进行学习，实验B班按照水上安全中级教育模式内容安排（包含水上安全知识和水上安全技能教学大纲）进行学习。

水上安全教育从2021年7月8日开始到7月29日结束，共3周，每周4次课，每次90分钟，将水上安全知识和水上安全技能融入游泳教学中。实验B班的教学课程由一名研究者和一名游泳教师配合完成。实验前，研究者对游泳教师开展实验培训，帮助其明确实验目的、操作程序及其注意事项；实验中，研究者和游泳教师保持及时交流与沟通，根据课程教学进度联合制定教案，并根据学生训练效果的即时反馈合理调整教学的组织方式，以控制游泳教师在实验过程中的实验偏向。水上安全教育模式以"冷静应对、巧救智援"为教学目标，落实到水上安全知识和水上安全技能具体的教学内容上（图4-18）。

水上安全知识（12课时）：根据中级水上安全知识构成，穿插在每次课的理论讲解部分，帮助学生掌握自救与间接救溺知识。其中第1、2次课讲授水上基本常识和溺水者状态识别：包括自我体能、天气状况、水上环境判断知识、游泳忌讳；第3、4次课讲授水上活动安全要点、识别水上安全标识、泳前防溺知识；第5、6次课分析以往溺水案例并总结岸上救援方法、步骤；第7、8次课讲授呼救、岸上浮具寻找与救生器材选择；第9、10次课讲授间接救援知识、抛投救助物知识。第12次课进行知识考核。水上安全知识模块在巩固初级教育模式知识的基础上，累加岸上救助、手援救助等间接救援知识，力求实现培养学生"冷静应对"

第四章 学校层面：学校水上安全分层教育模式的完善与检验

的知识目标。

水上安全技能（14课时）：包括游泳技能（蛙泳、自由泳、侧泳）、自救技能（踩水呼救、自救漂浮、抽筋自解、浮具制作）和救生技能（扔掷辅助物救助、伸够辅助物救助、个人手援救助）三大板块，每个板块的内容根据难易顺序和游泳学习的规律，组合成适当的教学内容，形成14课时。技能模块除了巩固游泳技能和自救技能，重点练习踩水呼救、岸上救助、手援救助等实用的自救与救援技能，力求实现培养学生"巧救智援"的技能目标。

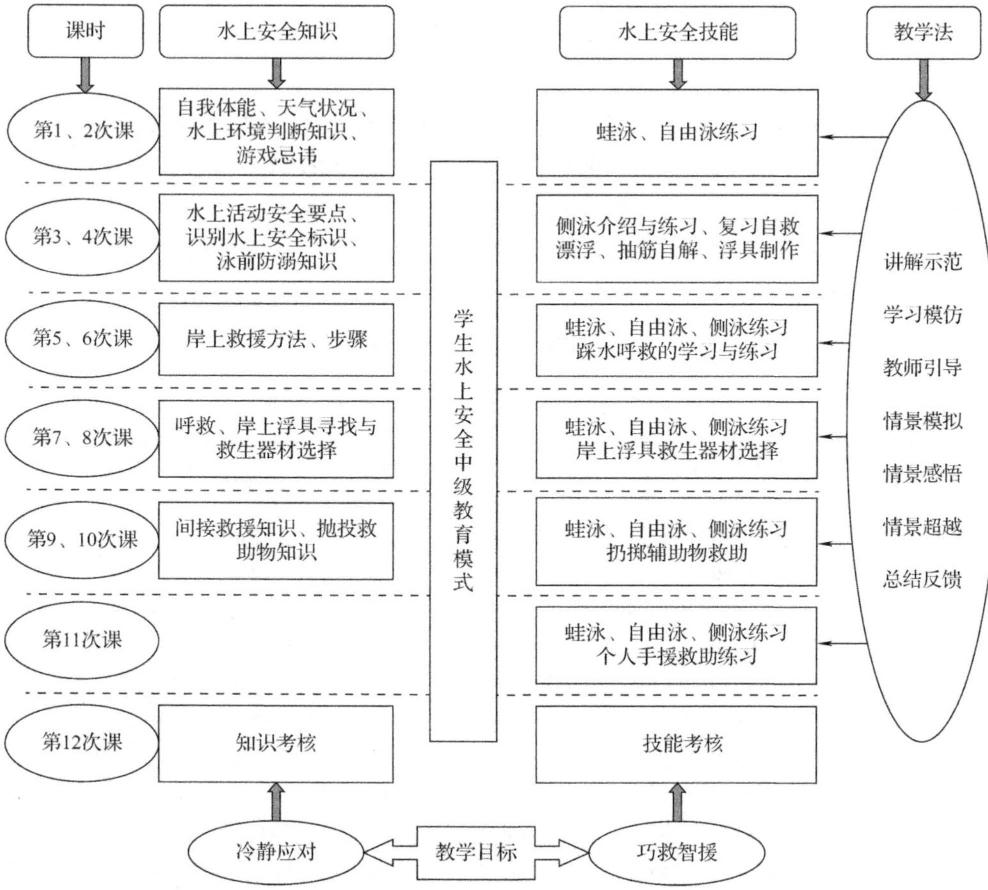

图4-18 学生水上安全中级教育模式实验计划

3. 后测

各实验班与对照班均参与后测，测试内容与前测相同。

4. 延时测定

延时测定考查水上安全知识、水上安全技能训练效果的保持性。因疫情反复，为方便实际操作，在完成干预2个月后（2021年10月4日）进行测定，为消除被试的定向与期望效应，测试由未参加教学实验的教师进行测定。实验班和对照班均参与延时测定，测试内容与前测、后测相同。

二、结果

（一）学生水上安全初级教育模式教学效果分析

为检验学生水上安全初级教育模式教学是否能够对实验A班学生产生有效作用，对实验A班和对照A班教学前后测得分进行描述性统计及重复测量的方差分析，结果如表4-27所示。时间与组别的交互效应在各维度得分上均达到了非常显著性水平（$p<0.01$）；性别主效应在游泳高危行为维度得分上达到了非常显著性水平（$F=14.164$，$p=0.000$，$\eta_p^2=0.112$）；时间和性别的交互效应在游泳高危行为维度得分上达到了显著性水平（$F=4.206$，$p=0.043$，$\eta_p^2=0.036$）。

表4-27 学生水上安全初级教育模式前后测的描述性统计和重复测量差异检验

时间	组别	性别	水上安全知识	水上安全技能					水上安全态度	游泳高危行为
				游泳技能	浮具制作	抽筋自解	自救漂浮			
实验前	实验A班 (M±SD)	男生	2.43±0.52	15.47±10.15	2.60±3.33	0.00±0.00	0.93±2.49		3.08±0.46	3.69±0.29
		女生	2.54±0.51	12.33±10.57	3.73±3.50	1.67±2.53	0.80±2.15		3.13±0.41	3.35±0.26
		总体	2.48±0.51	13.90±10.30	3.17±3.41	0.83±1.95	0.87±2.29		3.10±0.43	3.52±0.32
	对照A班 (M±SD)	男生	2.60±0.49	13.67±8.98	2.87±3.09	2.73±2.15	1.47±2.97		3.11±0.44	3.59±0.26
		女生	2.36±0.43	11.07±10.88	3.40±4.36	1.20±3.36	0.00±0.00		3.10±0.44	3.14±0.55
		总体	2.48±0.49	12.37±9.89	3.13±3.72	1.97±2.88	0.73±2.20		3.11±0.43	3.37±0.48
实验后	实验A班 (M±SD)	男生	3.86±0.51	59.73±16.07	16.87±6.26	17.33±7.31	11.0±2.70		1.75±0.33	1.79±0.33
		女生	3.93±0.72	51.13±18.32	15.27±3.56	17.93±5.30	11.07±2.66		1.98±0.44	1.76±0.34
		总体	3.89±0.61	55.43±17.49	16.07±5.07	17.63±6.28	11.03±2.63		1.87±0.40	1.78±0.33
	对照A班 (M±SD)	男生	2.63±0.67	39.73±14.43	4.60±3.34	3.67±2.80	5.40±2.72		3.07±0.42	3.40±0.45
		女生	2.44±0.65	38.53±11.48	4.27±5.27	4.33±4.98	3.33±3.46		3.18±0.45	3.19±0.37
		总体	2.53±0.66	39.13±12.83	4.43±4.34	4.00±3.98	4.37±3.23		3.13±0.43	3.30±0.42
时间主效应（p值）			0.00***	0.00***	0.00***	0.00***	0.00***		0.00***	0.00***
组别主效应（p值）			0.00***	0.00***	0.00***	0.00***	0.00***		0.00***	0.00***
性别主效应（p值）			0.510	0.104	0.643	0.931	0.059		0.219	0.000***

第四章 学校层面：学校水上安全分层教育模式的完善与检验

续表

时间	组别	性别	水上安全知识	水上安全技能				水上安全态度	游泳高危行为
				游泳技能	浮具制作	抽筋自解	自救漂浮		
时间×组别的交互效应（p值）			0.00***	0.002**	0.00***	0.00***	0.00***	0.00***	0.00***
时间×性别的交互效应（p值）			0.983	0.669	0.708	0.245	0.832	0.330	0.043**
组别×性别的交互效应（p值）			0.147	0.404	0.301	0.829	0.069	0.576	0.268
时间×组别×性别的交互效应（p值）			0.840	0.470	0.281	0.546	0.672	0.849	0.777

**$p<0.01$。
***$p<0.001$。

时间与组别的交互效应具有统计学意义，因此，分析时间与组别各自的主效应有无统计学意义已无根本意义或实用价值。时间和性别的交互效应在游泳高危行为维度得分上达到显著性水平，需进一步分析交互效应的简单效应，以揭示时间和性别在游泳高危行为维度的得分意义，结果如表4-28所示。

表4-28中的数据表明，在游泳高危行为维度得分上，前测时，性别差异在对照A班（$F=2.313$，$p=0.008<0.01$）和实验A班（$F=0.315$，$p=0.002<0.01$）的简单效应均达到非常显著性水平，男生得分明显高于女生，说明在游泳高危行为得分上性别差异显著。此外，两个组男生的简单效应均未达到显著性水平（$p=0.364>0.05$），两个组女生的简单效应也未达到显著性水平（$p=0.203>0.05$），说明实验分组基本同质。

表4-28 游泳高危行为和时间、性别交互作用的简单效应检验

项目	测量	统计指数	性别与组别			
			对照A班男女生间	实验A班男女生间	实验A班对照A班男生	实验A班对照A班女生
游泳高危行为	前测	均值差	0.449	0.337	0.094	0.206
		p值	0.008***	0.002***	0.364	0.203
	后测	均值差	0.210	0.021	1.616	1.427
		p值	0.177	0.861	0.000***	0.000***

注：表中数值均为p值，M和SD值见表4-27。
***$p<0.001$。

后测时，性别差异在实验A班的简单效应未达到显著性水平（$p=0.861>0.05$），说明经过干预后，男生游泳高危行为大幅度降低，且效果和女生无显著差异。此外，男生实验A班与对照A班的游泳高危行为的简单效应均达到了非常显著性水

平（$F=0.011$，$p=0.000<0.01$），女生实验 A 班与对照 A 班游泳高危行为的简单效应也均达到了非常显著性水平（$F=0.145$，$p=0.000<0.01$），说明教学实验干预明显改善了实验 A 班男女生游泳高危行为，且效果优于对照 A 班。

为明确实验处理的效应，进一步对学生水上安全初级教育模式各维度得分时间与组别的交互作用进行简单效应分析，显著性检验结果如表 4-29 所示。

表 4-29 学生水上安全初级教育模式时间与组别交互作用的简单效应检验

项目	水上安全知识	水上安全技能				水上安全态度	游泳高危行为
		游泳技能	浮具制作	抽筋自解	自救漂浮		
实验 A 班前测对照 A 班前测之间（p 值）	0.986	0.559	0.971	0.080	0.819	0.938	0.163
实验 A 班后测对照 A 班后测之间（p 值）	0.000***	0.000***	0.000***	0.000***	0.000***	0.000***	0.000***
实验 A 班前测和后测之间（p 值）	0.000***	0.000***	0.000***	0.000***	0.000***	0.000***	0.000***
对照 A 班前测和后测之间（p 值）	0.724	0.000	0.027	0.218	0.000	0.898	0.549

***$p<0.001$。

表 4-29 中的数据表明，学生水上安全初级教育模式各维度得分被试间变量（组别）在被试内变量第一个水平（前测）上的简单效应均未达到显著性水平（$p>0.05$），但在被试内变量第二个水平（后测）上的简单效应均达到了非常显著性水平（$p<0.01$）。这说明教学前，实验 A 班与对照 A 班基本同质，教学后，组别之间出现显著性差异，实验 A 班明显优于对照 A 班。被试内变量（时间）在被试间变量第一个水平（实验 A 班）上的简单效应均达到了非常显著性水平（$p<0.01$），即教学前后，实验 A 班在水上安全教育各维度得分上出现显著差异，实验后得分明显高于实验前得分；但是在被试间变量第二个水平（对照 A 班）上的简单效应，在游泳技能（$p=0.00<0.01$）、自救漂浮（$p=0.00<0.01$）、浮具制作（$p=0.027<0.05$）维度达到了显著性水平，说明当前传统的游泳教学对于中小学生游泳技能、自救漂浮和浮具制作能力是有显著提升的，其他方面没有显著提升。可见，学生水上安全初级教育模式教学效果显著，验证和支持了本研究的第一假设。

（二）学生水上安全初级教育模式教学后效分析

为测定学生水上安全初级教育模式教学效果的保持性，对实验 A 班和对照 A 班学生水上安全初级教育各维度得分延时测定结果进行多因素方差分析，结果如表

4-30 所示。组别差异在各维度得分上均达到非常显著性水平（p=0.00<0.01），性别差异（除游泳高危行为维度得分 p<0.018），组别与性别的交互效应均未达到显著性水平（p>0.05）。这说明实验 A 班较对照 A 班仍然具有较高水上安全能力，学生水上安全初级教育模式教学效果具有一定的保持性，验证和支持了本实验研究的第二假设。

表 4-30　学生水上安全初级教育模式延时测定的描述性统计和多因素方差分析

组别	性别	水上安全知识	水上安全技能				水上安全态度	游泳高危行为
			游泳技能	浮具制作	抽筋自解	自救漂浮		
实验 A 班（M±SD）	男生	3.04±0.80	38.90±27.62	8.73±7.71	7.97±8.83	5.37±5.01	2.45±0.76	2.77±0.98
	女生	3.10±0.76	31.73±24.98	9.37±6.58	9.73±9.26	5.63±5.35	2.62±0.68	2.51±0.90
	总体	3.07±0.77	35.32±26.36	9.05±7.12	8.85±9.01	5.50±5.14	2.53±0.72	2.64±0.94
对照 A 班（M±SD）	男生	2.51±0.57	26.07±16.76	3.57±2.70	3.10±2.07	3.30±3.13	3.09±0.41	3.52±0.39
	女生	2.33±0.43	24.17±16.61	3.30±3.30	2.27±3.43	1.33±2.28	3.15±0.43	3.13±0.52
	总体	2.42±0.51	25.12±16.57	3.43±2.99	2.68±2.84	2.32±2.89	3.12±0.42	3.33±0.50
组别主效应（p 值）		0.000***	0.000***	0.000***	0.000***	0.000***	0.000***	0.000***
性别主效应（p 值）		0.621	0.262	0.704	0.855	0.264	0.304	0.018**
组别×性别的交互效应（p 值）		0.331	0.514	0.290	0.655	0.143	0.591	0.607

**$p<0.01$。
***$p<0.001$。

为进一步直观展示学生水上安全初级教育模式实验前后实验班、对照班各因素变化情况，特绘制图 4-19～图 4-22，对比实验 A 班和对照 A 班在水上安全知识、水上安全技能、水上安全态度、游泳高危行为因素上前后测的实验效果和延时测定的效果保持。

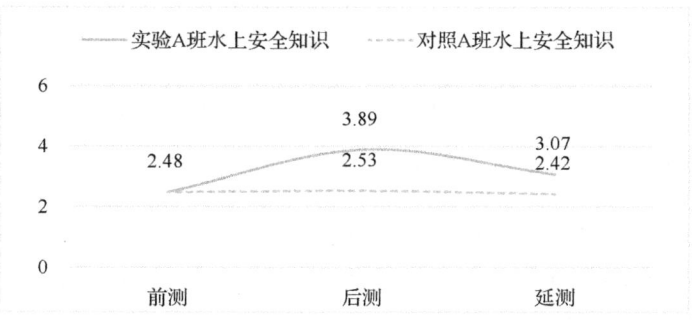

图 4-19　实验 A 班、对照 A 班水上安全知识 3 次测试数据折线图

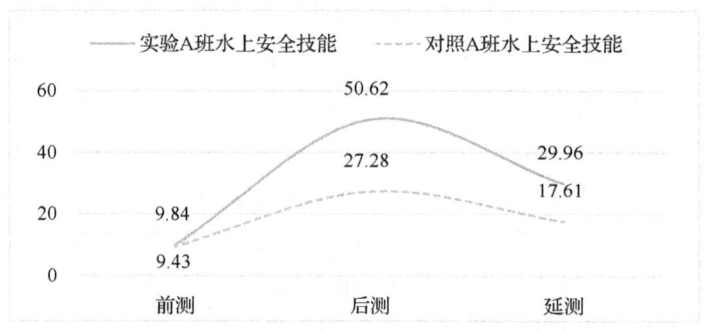

图 4-20 实验 A 班、对照 A 班水上安全技能 3 次测试数据折线图

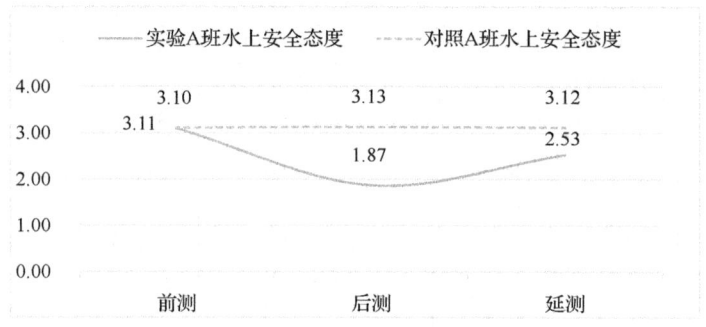

图 4-21 实验 A 班、对照 A 班水上安全态度 3 次测试数据折线图

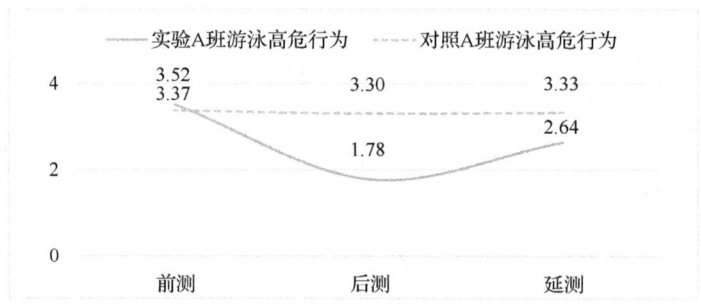

图 4-22 实验 A 班、对照 A 班游泳高危行为 3 次测试数据折线图

（三）学生水上安全中级教育模式教学效果分析

为检验学生水上安全中级教育模式教学是否能够对实验 B 班学生产生有效作用，对实验 B 班和对照 B 班学生水上安全中级教育模式教学前后测得分进行重复测量的方差分析，显著性检验结果如表 4-31 所示。

第四章　学校层面：学校水上安全分层教育模式的完善与检验

表 4-31　学生水上安全中级教育模式前后测的描述性统计和重复测量差异检验

时间	组别	性别	水上安全知识	水上安全技能				水上安全态度	游泳高危行为
				游泳技能	踩水呼救	岸上救助	手援救助		
实验前	实验B班 (M±SD)	男生	2.67±0.57	27.67±3.79	10.40±1.96	19.80±2.08	18.87±1.64	3.04±0.33	3.91±0.29
		女生	2.63±0.56	27.33±4.62	9.93±2.94	19.33±2.38	18.87±1.19	3.05±0.24	3.54±0.40
		总体	2.65±0.55	27.50±4.16	10.17±2.46	19.57±2.21	18.87±1.41	3.04±0.29	3.73±0.39
	对照B班 (M±SD)	男生	2.65±0.59	26.47±3.99	10.13±2.03	19.80±1.82	19.07±2.81	3.06±0.28	3.98±0.31
		女生	2.60±0.51	27.60±4.14	9.80±1.78	19.70±2.47	18.93±2.81	3.05±0.27	3.53±0.57
		总体	2.62±0.55	27.27±4.07	9.97±1.88	19.70±2.14	19.00±2.77	3.05±0.27	3.76±0.51
实验后	实验B班 (M±SD)	男生	3.86±0.47	53.93±3.88	26.60±1.24	49.20±4.77	30.47±1.64	2.05±0.32	2.24±0.27
		女生	3.90±0.54	52.47±2.36	23.73±2.63	48.60±4.15	29.60±2.38	1.99±0.33	2.23±0.37
		总体	3.88±0.50	53.20±3.24	25.17±2.49	48.90±4.40	30.03±2.06	2.02±0.32	2.24±0.32
	对照B班 (M±SD)	男生	2.88±0.28	50.80±2.86	20.00±5.01	20.20±0.68	19.93±1.10	2.94±0.24	3.84±0.50
		女生	2.76±0.40	50.67±2.79	19.87±2.42	20.53±1.13	19.07±1.10	2.89±0.25	3.53±0.56
		总体	2.81±0.34	50.73±2.78	19.93±3.87	20.37±0.93	19.50±1.17	2.92±0.24	3.69±0.55
时间主效应（p 值）			0.00***	0.00***	0.00***	0.00***	0.00***	0.00***	0.00***
组别主效应（p 值）			0.00***	0.029**	0.00***	0.00***	0.00***	0.00***	0.00***
性别主效应（p 值）			0.648	0.763	0.058	0.645	0.195	0.594	0.00***
时间×组别的交互效应（p 值）			0.00***	0.134	0.00***	0.00***	0.00***	0.00***	0.00***
时间×性别的交互效应（p 值）			0.985	0.367	0.271	0.843	0.266	0.594	0.114
组别×性别的交互效应（p 值）			0.649	0.293	0.152	0.553	0.926	0.982	0.221
时间×组别×性别的交互效应（p 值）			0.658	0.960	0.193	0.742	0.926	0.886	0.453

**$p<0.01$。
***$p<0.001$。

表 4-31 中的数据表明，时间与组别的交互效应在游泳技能维度得分未达到显著性水平，其他各维度得分均达到非常显著性水平（$p=0.00<0.01$）；性别主效应在游泳高危行为维度得分上达到了非常显著性水平（$F=18.803$，$p=0.000$，$\eta_p^2=0.110$）。

时间与组别的交互效应具有统计学意义，因此，分析时间与组别各自的主效应有无统计学意义已无根本意义或实用价值。时间和性别的交互效应在游泳高危行为维度得分上达到显著性水平，需进一步分析交互效应的简单效应，以揭示时间和性别在游泳高危行为维度的得分意义，结果如表 4-32 所示。

表 4-32　游泳高危行为和时间、性别交互作用的简单效应检验

项目	测量	统计指数	性别与组别			
			对照 B 班男女生间	实验 B 班男女生间	实验 B 班对照 B 班男生	实验 B 班对照 B 班女生
高危行为	前测	均值差	0.448	0.374	0.069	0.005
		p 值	0.012**	0.006**	0.536	0.977
	后测	均值差	0.318	0.010	1.600	1.29
		p 值	0.112	0.929	0.000***	0.000***

注：表中数值均为 p 值，M 和 SD 值见表 4-31。
**$p<0.01$。
***$p<0.001$。

表 4-32 中的数据表明，在游泳高危行为维度得分上，前测时，性别差异在对照 B 班（$F=4.749$，$p=0.012$）、实验 B 班（$F=2.296$，$p=0.006$）的简单效应均达到了显著性水平，男生得分明显高于女生，说明在游泳高危行为得分上性别差异显著。此外，各组别男生的简单效应均未达到显著性水平，各组别女生的简单效应也未达到显著性水平（$p>0.05$），说明实验分组基本同质。

后测时，性别差异在实验 B 班的简单效应未达到显著性水平（$p>0.05$），说明经过干预后，男生游泳高危行为的消失幅度大于女生。此外，男生实验 B 班与对照 B 班的游泳高危行为的简单效应均达到了非常显著性水平（$F=10.387$，$p=0.000$），女生实验 B 班与对照 B 班游泳高危行为的简单效应也均达到了非常显著性水平（$F=1.688$，$p=0.000$），说明教学实验干预明显改善了实验 B 班男女生游泳高危行为，且效果优于对照 B 班。

为明确实验处理的效应，进一步对学生水上安全中级教育模式各维度得分时间与组别的交互作用进行简单效应分析，显著性检验结果见如 4-33 所示。

表 4-33　学生水上安全中级教育模式时间与组别交互作用的简单效应检验

项目	水上安全知识	水上安全技能				水上安全态度	游泳高危行为
		游泳技能	踩水呼救	岸上救助	手援救助		
实验 B 班前测对照 B 班前测之间（p 值）	0.858	0.661	0.725	0.813	0.815	0.875	0.787
实验 B 班后测对照 B 班后测之间（p 值）	0.000***	0.002**	0.000***	0.000***	0.000***	0.000***	0.000***
实验 B 班前测和后测之间（p 值）	0.000***	0.000***	0.000***	0.000***	0.000***	0.000***	0.000***
对照 B 班前测和后测之间（p 值）	0.112	0.000	0.000	0.122	0.366	0.044	0.596

**$p<0.01$。
***$p<0.001$。

第四章 学校层面：学校水上安全分层教育模式的完善与检验

表 4-33 中的数据表明，学生水上安全中级教育模式各维度得分被试间变量（组别）在被试内变量第一个水平（前测）上的简单效应均未达到显著性水平（$p>0.05$），但在被试内变量第二个水平（后测）上的简单效应均达到了非常显著性水平（$p<0.01$）。这说明教学前，实验 B 班与对照 B 班基本同质，教学后，组别之间出现显著性差异，实验 B 班明显优于对照 B 班。被试内变量（时间）在被试间变量第一个水平（实验 B 班）上的简单效应均达到了非常显著性水平（$p<0.01$），但是在被试间变量第二个水平（对照 B 班）上的简单效应（除了游泳技能和踩水呼救维度 $p<0.01$）均未达到显著性水平（$p>0.05$）。即教学前后，实验 B 班在水上安全教育各维度得分上出现显著差异，实验后得分明显高于实验前得分；对照 B 班教学显著提高了游泳技能和踩水呼救能力，水上安全态度显著性改善而在其他方面无实质提高。可见，学生水上安全中级教育模式教学效果显著，验证和支持了本研究的第一假设。

（四）学生水上安全中级教育模式教学后效分析

为测定学生水上安全中级教育模式教学效果的保持性，对实验 B 班和对照 B 班学生水上安全中级教育各维度得分延时测定结果进行多因素方差分析，结果如表 4-34 所示。

表 4-34 学生水上安全中级教育模式延时测定的描述性统计和多因素方差分析

组别	性别	水上安全知识	水上安全技能				水上安全态度	游泳高危行为
			游泳技能	踩水呼救	岸上救助	手援救助		
实验 B 班（$M\pm SD$）	男生	3.79±0.46	53.47±3.78	25.67±2.19	48.73±4.35	30.07±1.83	2.11±0.29	2.31±0.35
	女生	3.84±0.58	52.20±2.01	22.53±2.75	48.27±3.97	29.67±2.72	2.06±0.18	2.31±0.40
	总体	3.81±0.51	52.53±3.04	24.10±2.91	48.50±4.10	29.87±2.29	2.09±0.24	2.31±0.37
对照 B 班（$M\pm SD$）	男生	2.83±0.32	50.40±2.95	19.73±4.94	20.00±1.06	19.73±0.96	3.01±0.35	3.78±0.46
	女生	2.71±0.41	50.27±2.43	19.60±2.26	20.33±1.44	18.87±1.19	2.96±0.32	3.45±0.50
	总体	2.77±0.36	50.33±2.66	19.67±3.78	20.17±1.26	19.30±1.15	2.98±0.33	3.62±0.50
组别主效应（p 值）		0.000***	0.000***	0.000***	0.000***	0.000***	0.000***	0.000***
性别主效应（p 值）		0.731	0.349	0.056	0.933	0.180	0.489	0.145
组别×性别的交互效应（p 值）		0.481	0.447	0.078	0.617	0.619	0.968	0.155

***$p<0.001$。

组别主效应在各维度得分上均达到非常显著性水平（$p<0.01$），性别主效应、组别与性别的交互效应均未达到显著性水平（$p>0.05$）。这说明实验 B 班较对照 B 班仍然具有较高的水上安全能力，学生水上安全中级教育模式教学效果具有一定的保持性，验证和支持了本研究的第二假设。

为进一步直观展示学生水上安全中级教育模式实验前后实验班、对照班各因素变化情况，特绘制图 4-23～图 4-26，对比实验 B 班和对照 B 班在水上安全知识、水上安全技能、在水上安全态度、游泳高危行为因素上前后测的实验效果和延时测定的效果保持。

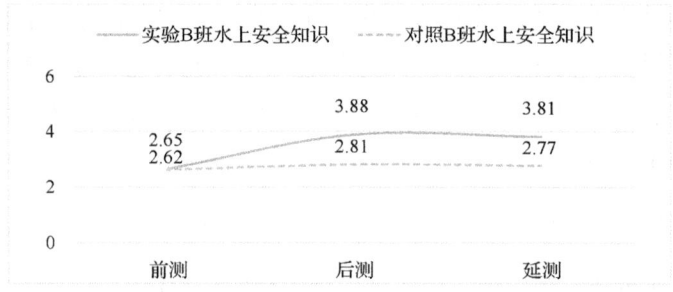

图 4-23　实验 B 班、对照 B 班水上安全知识 3 次测试数据折线图

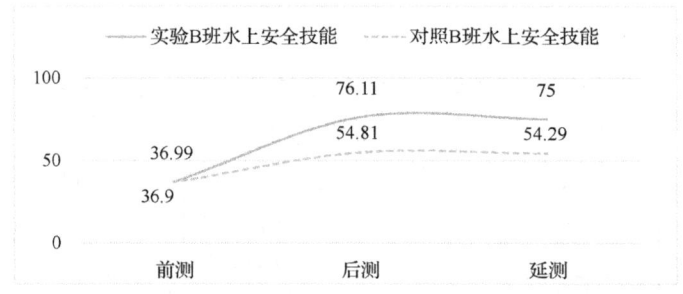

图 4-24　实验 B 班、对照 B 班水上安全技能 3 次测试数据折线图

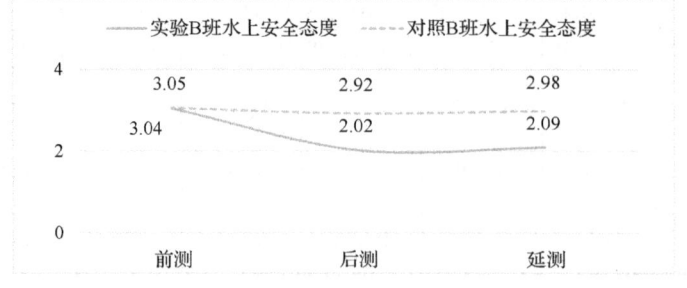

图 4-25　实验 B 班、对照 B 班水上安全态度 3 次测试数据折线图

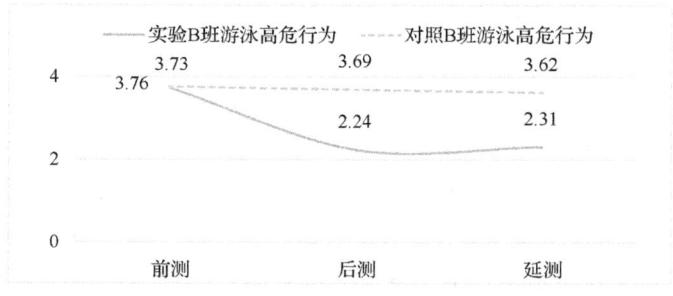

图 4-26　实验 B 班、对照 B 班游泳高危行为 3 次测试数据折线图

三、讨论

（一）学生水上安全分层教育模式的有效性

1. 学生水上安全初级教育模式的有效性

对照 A 班教学实验前后游泳技能、浮具制作、自救漂浮 3 个维度有显著性改善，究其原因，课题组认为，传统的教育模式对于初学者的入门教学即为漂浮游进和水性练习，同时在练习中重复使用浮具辅助，因此在这 3 个维度上提高比较明显，但在水上安全知识、抽筋自解、水上安全态度、游泳高危行为 4 个维度上都无明显改善，而中小学生自认为游泳培训结束后自身具备了游泳技能，从而更大胆地尝试危险水域，甚至做出学习之前不敢做的高危行为，这就很容易带来危险。在实际案例中，常常有中小学生在刚学会游泳时就做出池边跳水、随意潜水、水中追逐打闹等诸多游泳高危行为，这些行为都可能增加溺水风险。

学生水上安全初级教育模式将传统的游泳教育模式升级为水上安全知识和水上安全技能（浮具制作、抽筋自解、自救漂浮）融合为一体的教育模式，教学中将自我体能、天气状况、水上环境判断、游泳忌讳、水上活动安全要点和识别水上安全标识等融入每堂课的知识部分，将有节奏呼吸、水母漂、交替打腿、俯卧漂浮、仰卧漂浮、十字漂浮、俯卧游进、蘑菇头漂浮、浮具制作、抽筋自解等技能按照难易程度和教学的先后顺序，利用讲解示范、情景模拟、教学比赛等方法传授给学生，通过教学检验，实验 A 班学生水上安全教育各维度得分均有显著性改善。教学实验中尤其是针对低年龄组绘制的水上安全教育漫画知识，对 1～9 年级学生的知识传授效果很显著。这表明学生水上安全初级教育模式对于中小学生水上安全能力的提升效果明显，针对没有游泳技能、安全知识欠缺的中小学生不仅是可行的，而且是有效的。

2. 学生水上安全中级教育模式的有效性

对照 B 班教学实验前后游泳技能、踩水呼救技能有非常显著性改善，水上安全态度有显著性改善，课题组认为，对于具备一定游泳技能和水上安全知识的中小学生，应进一步提升其游泳技能，进而提升其自救技能。很多中小学生在游泳技能提升后，训练内容常常包括 200～1000 米游和速度游的组合练习，在深水区的踩水练习也成了基本技能训练内容。

学生水上安全中级教育模式将传统的游泳教育模式升级为水上安全知识和水上安全技能（包括游泳技能、自救技能"踩水呼救"和救溺技能"岸上救助、手援救助"）融合为一体的教育模式，教学中将基本常识和溺水者状态识别（包括自我体能、天气状况、水上环境判断、游泳忌讳）、水上活动安全要点、识别水上安全标识、泳前防溺、分析以往溺水案例并总结优先选择岸上救援方法、岸上救助步骤、呼救、岸上寻找浮具知识、岸上救生器材的选择、间接救援、抛投救助物等融入水上安全知识讲授中，将游泳技能（蛙泳、自由泳、侧泳）、自救技能（踩水呼救、自救漂浮、抽筋自解、浮具制作）和救生技能（扔掷辅助物救助、伸够辅助物救助、个人手援救助）3 大板块融入技能教学中，实现培养学生"冷静应对、巧救智援"的教学目标。通过教学检验，实验 B 班学生水上安全教育各维度得分均有显著性改善。尤其是教学实验后对救生技能（扔掷辅助物救助、伸够辅助物救助、个人手援救助）和水上安全态度、游泳高危行为的显著改善，是该教育模式的亮点。目前中小学生常发生的溺亡案例，往往是缺乏救溺常识，冒险救援，导致人溺己溺；或是随着游泳技能的提升，越追求水的刺激和乐趣，越容易触发高危行为，导致溺水，这也是在前人研究中经常被提及的（周嘉慧，2009）。

（二）学生水上安全分层教育模式教学效果保持

1. 学生水上安全初级教育模式教学效果保持

在学生水上安全初级教育模式教学结束 2 个月后，对实验 A 班和对照 A 班的学生进行了延时测量。结果显示，实验 A 班水上安全教育各维度得分仍然显著高于对照 A 班，这说明初级教育模式教学效果具有一定的保持性。课题组认为，学生水上安全初级教育模式在教学内容的选择和课程的设置上具有良好的操作性和

第四章　学校层面：学校水上安全分层教育模式的完善与检验

较强的合理性，便于学生掌握，且在教学中潜移默化地影响了学生的水上安全态度，减少了游泳高危行为，并在学生学习后的一定时间内保持着良好的效果，这在同类型的研究中也有验证（郭凌云和吴凤彬，2021）。在学生水上安全初级教育模式教学过程中，一方面，通过模拟遇险情景，让学生直观感受诸如烟酒行为、危险驾驶行为等情景下的危险，达到警示的目的；另一方面，使学生学习和实践自救技能，使其能在危险情景中合理应对风险、冷静自救，为学生日后涉水提供一定的经验支持，并长期深刻地影响学生遇险自救能力，这也是学生水上安全初级教育模式的优势所在。但课题组同时发现，中小学生在水上安全知识、水上安全技能、水上安全态度和游泳高危行为任一维度上，知识遗忘或技能退化的速度都明显快于大学生，细分析原因发现，中小学生思维和行动都非常活跃，但根据艾宾浩斯遗忘曲线所提示的记忆规律，中小学生只有经常复习巩固相关知识，记忆才会深刻，文化知识学习如此（郭凌云和吴凤彬，2021），体育运动技能的习得也是如此（卢桂芳和张丽丽，2020）。课题组在访谈期间也发现，有十余位小学生曾经学过一段时间的游泳技能，且曾经通过考核，但在筛选被试测试时，游泳技能几乎遗忘殆尽。因此，在对中小学生的水上安全教育中，不能因为学生曾经学习该项课程就放松警惕，应该让其长期反复练习。

2. 学生水上安全中级教育模式教学效果保持

在学生水上安全中级教育模式教学结束两个月后，对实验 B 班和对照 B 班的学生进行了延时测量。结果显示，实验 B 班水上安全教育各维度得分仍然显著高于对照 B 班，说明中级教育模式教学效果具有一定的保持性。对比初级教育模式教学效果保持，课题组发现中级教育模式的被试效果保持更佳，水上安全知识、水上安全技能、水上安全态度和游泳高危行为任一维度遗忘和消失量并不明显。探究其原因，具备了一定游泳技能的中小学生，进一步学习游泳技能、自救技能（踩水呼救、自救漂浮、抽筋自解、浮具制作）和救溺技能（扔掷辅助物救助、伸够辅助物救助、个人手援救助）时，面对的是情景化的教学现场和实操性非常强的教学内容，尤其是在中级教育模式中设计的场景再现、角色扮演、现场实物、救援流程训练等，都是通过实操演练来保障动作技能的学习，经过反复练习，达到了更加熟练的程度。在"冷静应对、巧救智援"的目标引导下，无论是水上安全知识的普及还是岸上救援技能的提高，均对学生的态度和行为起到了持续有效的规范作用。

（三）学生游泳高危行为存在性别差异的原因

在中小学生水上安全分层（初、中）教育模式的教学实验中，学生游泳高危行为呈现出显著的性别差异，这一结果验证了国外学者关于性别在游泳高危行为差异上的观点（Mccool et al., 2008；Irwin et al., 2009），也佐证了国内学者对于中小学生溺亡案例开展的人口学调查（杨功焕等，1997），以及针对小学生群体水上安全知信行教学模式的构建与检验研究（夏文等，2014）。在实际教学中，男生往往更为外向，追逐打闹、违反规定等行为更多。在我国传统文化和现代教育体系中，学校、家庭、社会对于女生的教育更偏向于"矜持""斯文"，而男生更偏向于"阳刚""果敢"。因此，男生天性好动，喜欢冒险，其行为就更容易被理所当然地认定为正常行为；而女生更容易被保护，被要求内敛自爱，所以更倾向于选择回避风险行为。本研究认为，无论是先天生理、性格上的差异，还是后天教育、家庭保护上的区别，都是造成男女生游泳高危行为差异的原因。

四、结论

水上安全分层（初、中）教育模式能够有效丰富中小学生水上安全知识，提升中小学生水上安全技能，改善中小学生水上安全态度，减少中小学生游泳高危行为。

水上安全分层（初、中）教育模式对于中小学生教学效果具有一定的保持性。

第五章 家庭层面：家庭教育有效监护的实践与反思

水上安全教育发达的国家和地区（美国、英国、澳大利亚、加拿大等国及中国台湾地区）的学生游泳运动伤害干预经验显示，学校水上安全教育体系的完善和教育成效只是干预的一部分，家庭监护能力、父母安全教育等也是不可或缺的重要环节。监护包括父母的监护与非父母的监护（孙媛媛，2016）。广义的监护制度指监护人对被监护人人身、财产和其他合法权益依法实行的监督和保护（陈苇，2010）。本研究提出的家庭监护能力是指在学生游泳运动这一特定的语境下，家庭实际监护人为了被监护人（学生）人身安全、生命保障所实施的监督（水上安全教育、游泳高危行为干预）和保护（预警观察、救援能力）。

第一节 学生游泳运动中家庭监护能力现状调查

Franklin 和 Pearn（2011）通过分析澳大利亚 2002—2007 年 15 次与儿童有关的救援案例发现，17 名救援人员死亡，其中大多数是男性父母/亲属（76%），大多数不熟悉水上救生（82%）。Venema 等（2010）分析了荷兰 1999—2004 年的 289 份救援报告，其中 343 名救援人员受害，发现大多数救援都涉及危险救援行为。Moran 和 Webber（2013）对新西兰 18 个海滩上的父母进行调查，发现超过 3/4（76%）的受访父母没有接受过任何救援/救生训练。通常来说，男性监护人比女性监护人对营救孩子的能力更有信心，但他们接受的救生训练并不比参与调查的女性多，因此发生救援事故的也多为男性（Mecrow et al.，2015）。

一、问题的提出

在国内外很多影片中往往都将救生者升华为救人英雄，但事实上绝大多数民众在相类似的情况下，完全不知道该做什么（Avramidas et al.，2011）。郭巧芝等

（2008）曾呼吁："在制定预防中小学生溺水干预措施时，应加强对家长的健康宣教力度，充分发挥家长的作用。"近年来，谢冬怡等（2017）在对广东省农村地区中小学生家长关于学生溺水的认知和监护行为水平的调查中发现：该地区家长对儿童溺水防范意识不强，存在较严重的溺水监护不当行为，今后须每年加强对知识薄弱点的宣传，充分发挥父母亲（特别是母亲）的作用。基于此，本研究拟对学生游泳运动中家庭监护能力状况开展调查，以期提供干预依据。

二、研究对象与方法

（一）研究对象

课题组设计开展了干预实验研究（学生水上安全分层教育模式实验研究和父母家庭教育计划干预效果评价研究），为加强课题开展的整体性和逻辑性，本研究选取参与学生水上安全分层教学的120个被试（中小学生）家庭，每个家庭调查1名学生实际监护人（有两个入选条件：一是能长期在家庭中监护学生；二是常陪伴学生游泳运动）。

如表5-1所示，在对120名学生监护人的调查中，男女比例相当；由父母监护的占58.3%，由非父母监护的占41.7%；43.3%的家庭居住在农村或者城乡接合部；被监护人年龄主要集中在6~8岁，占60%。

表5-1 调查对象人口学特征统计表

分类		频率	百分比/%
性别	男	58	48.3
	女	62	51.7
监护人身份	父母	70	58.3
	哥哥姐姐	4	3.3
	爷爷奶奶外公外婆	46	38.3
居住地	农村	24	20.0
	城市	68	56.7
	城乡接合	28	23.3
被监护人年龄段	6~8岁	72	60.0
	9~11岁	26	21.7
	12~15岁	22	18.3

第五章　家庭层面：家庭教育有效监护的实践与反思

（二）研究工具

本研究采用问卷作为研究工具。问卷由 25 个问题组成，填写时间为 3～5 分钟。调查问卷包含社会人口学特征调查、救援能力调查和一份《水上安全救生反应问卷》，具体包含了性别、居住地、监护人身份等社会人口学特征调查问题，还包括了救援能力的自我评估，以及一项溺水救援操作的排序题，目的是检验被调查人救援知识的实际掌握情况。

采用 Kevin Moran（2017）研制的李克特 5 级量表《水上安全救生反应量表》，包括"准确识别孩子处于溺水状态""对溺水者的救援反应""如何正确地实施救援"等 8 个问题。

（三）数据采集

经过统一培训的课题组调查人员采用实名填答、现场答疑（随时解答被试不理解的问题）、即时回收的方式保证问卷填答的真实性和问卷的回收率。在填答问卷过程中，调查人员告知被试调查结果将完全保密，调查的内容不针对任何个人，仅用于总体分析与研究。

（四）数据分析

运用 SPSS 26.0 软件对数据进行频数统计、描述分析、方差分析等。

三、结果与分析

（一）监护人救援能力调查

如果有人溺水，50%的人肯定会对溺水者进行施救，43.3%的人会视情况而定（图 5-1）。而对于自身的水上救援能力，有 16 人自评为完全没有救援能力，占比 13.3%，自评在 60 分以下的监护人占到 65.0%，意味着 78.3%的监护人在有人溺水时救援能力不足；自评在 61～99 分的有 16 人，占到 13.3%，自评为 100 分的有 10 人，占到 8.3%（图 5-2）。

在公开水域（江河湖海），对溺水者施救非常自信的监护人只有 12 人，占到 10%，完全不自信和不自信的人合计为 90 人，占到 75%（图 5-3）。在心肺复苏技能的掌握方面，非常不熟悉和不熟悉的监护人占到 62%，非常熟悉的监护人只有 8%（图 5-4）。

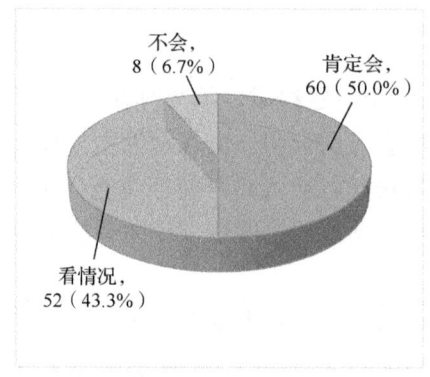

图 5-1　对溺水者进行施救意愿图

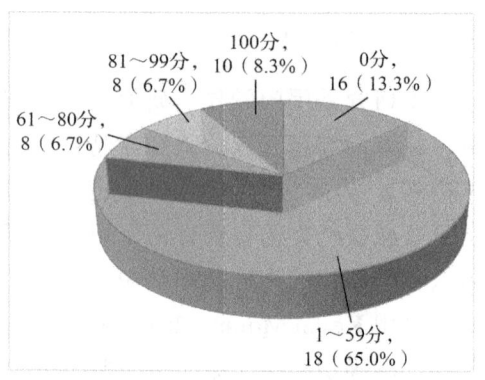

图 5-2　救援能力自评分统计图

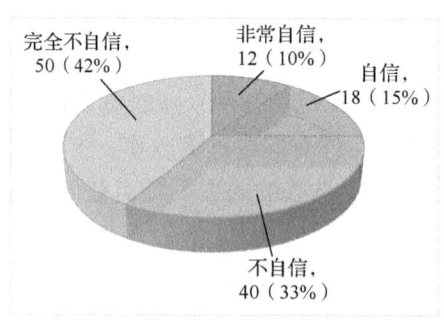

图 5-3　公开水域对别人施救的信心统计图

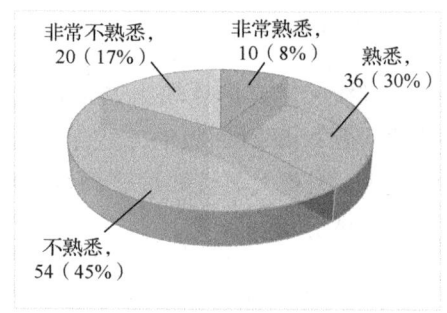

图 5-4　心肺复苏技能掌握统计图

（二）监护人安全教育调查

在学校开展的水上安全教育中，会禁止学生私自在野外（河流、湖泊等）游泳，假期游泳时也必须有家长陪同。然而在此次调查中，有16名监护人及其孩子常在野外水域游泳，占比达到13.3%，常在游泳池游泳的人数占比达到86.7%。

在监护人获取水上安全教育途径的调查中发现：自己读书时受到水上安全教育的占到26.7%，参与游泳培训的监护人占到13.3%，大部分监护人是通过孩子学校发放的通知（26.7%）、电视网络（21.7%）和自学（10%）接受水上安全教育的。

在水上救生的知识讲座或者技能培训方面，只有30%的监护人接受过此类培训，有84人没有接受过任何相关培训，占比为70%（图5-5）。而在监护人心肺复苏技能学习途径的调查中（图5-6），接受急救课程相关培训的监护人只占20%，在游泳培训中附带学习心肺复苏技能的监护人占12%，在学校学习期间有23%的监护人得到培训，不会心肺复苏的监护人比例达到30%。被问及最倾向于以什么途径接受水上安全教育时,有 82 名(占比 68.3%)监护人更倾向于接受集中的教育培训,有 8.3%的监护人倾向于在社区接受培训,13.3%的监护人认为可以通过孩子所在学校发放的资料进行学习。

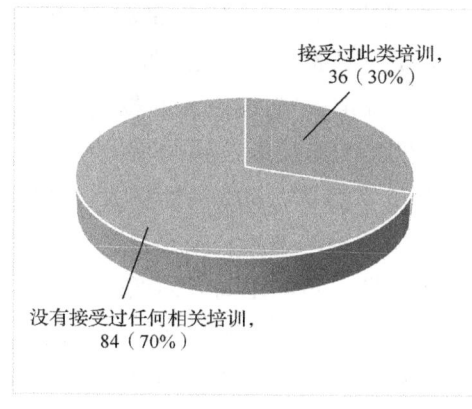

图 5-5　水上救生知识技能培训统计图

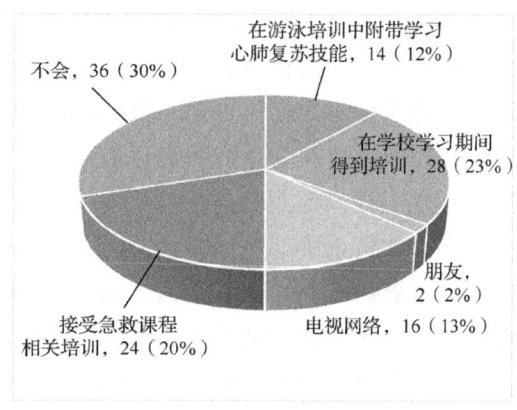

图 5-6　心肺复苏技能学习途径统计图

（三）监护人水上救援顺序调查

在监护人遇人溺水实施水上救援顺序的调查中发现（表 5-2），选择"大声呼救引起周围人的注意→第一时间打电话报警→伸出可救援的树枝或竹竿→找到漂浮物或绳子抛掷给溺水者→寻找大型浮具划向溺水者救援→直接入水救援"的只有 2 人，占比 1.7%；选择"第一时间打电话报警→大声呼救引起周围人的注意→伸出可救援的树枝或竹竿→找到漂浮物或绳子抛掷给溺水者→寻找大型浮具划向溺水者救援→直接入水救援"的有 14 人，占比 11.7%；选择"直接入水救援"的占比 1.7%；选择"其他救援排列顺序"的有 102 人，占比达 85%。

表 5-2　监护人水上救援顺序调查表

监护人水上救援顺序	大声呼救引起周围人的注意→第一时间打电话报警→伸出可救援的树枝或竹竿→找到漂浮物或绳子抛掷给溺水者→寻找大型浮具划向溺水者救援→直接入水救援	第一时间打电话报警→大声呼救引起周围人的注意→伸出可救援的树枝或竹竿→找到漂浮物或绳子抛掷给溺水者→寻找大型浮具划向溺水者救援→直接入水救援	直接入水救援	其他救援排列顺序
频数（比例）	2（1.7%）	14（11.7%）	2（1.7%）	102（85.0%）

(四) 监护人水上安全救生反应调查

在监护人水上安全救生反应的调查中（表 5-3），在"能准确识别孩子处于溺水状态"方面，非常熟悉的监护人只占 15%，不确定的监护人占 43.3%，不熟悉和非常不熟悉的监护人占 18.4%；对于"辨别正处于溺水特征的人群"，30% 的监护人不熟悉或者非常不熟悉，30% 的监护人选择不确定；"对溺水者的救援反应"中，35% 的监护人选择不确定，不熟悉和非常不熟悉的监护人占到 25%；在"如何为溺水者提供浮具"方面，8.3% 的监护人选择非常熟悉，30% 的监护人选择熟悉；在"如何正确地实施救援"方面，只有 35% 的家长熟悉，其余家长选择不确定或者不熟悉；而在"直接入水救援时与溺水者保持一定的距离"的调查中，不熟悉和非常不熟悉的监护人占到 35%，20% 的监护人选择不确定；在"等待医疗救援到来"的选择上，50% 的监护者选择熟悉，18.4% 的监护人选择不熟悉或非常不熟悉。

表 5-3 监护人水上安全救生反应调查表

水上安全救生反应	非常熟悉	熟悉	不确定	不熟悉	非常不熟悉
能准确识别孩子处于溺水状态	18（15.0%）	28（23.3%）	52（43.3%）	8（6.7%）	14（11.7%）
辨别正处于溺水特征的人群	14（11.7%）	34（28.3%）	36（30.0%）	22（18.3%）	14（11.7%）
对溺水者的救援反应	8（6.7%）	40（33.3%）	42（35.0%）	18（15.0%）	12（10.0%）
如何为溺水者提供浮具	10（8.3%）	36（30.0%）	44（36.7%）	18（15.0%）	12（10.0%）
如何正确地实施救援	6（5.0%）	36（30.0%）	50（41.7%）	14（11.7%）	14（11.7%）
直接入水救援时与溺水者保持一定的距离	10（8.3%）	44（36.7%）	24（20.0%）	20（16.7%）	22（18.3%）
心肺复苏技能的掌握	8（6.7%）	30（25.0%）	32（26.7%）	24（20.0%）	26（21.7%）
等待医疗救援到来	24（20.0%）	60（50.0%）	14（11.7%）	14（11.7%）	8（6.7%）

四、讨论

2019 年夏天，一则"杭州网红水坝一天三起孩子溺水意外，不少家长忙着拍照没管娃"的新闻引发了网上热议，其中一名十余岁的女孩从溺水到被旁观者救援的 20 多分钟时间内未见家长，这是一起典型的父母监护失位案例。此类事件还有很多，尤其在农村或者城乡接合部，很多家庭的实际监护人（父母常年外出或者父母暂时不在身边）为爷爷奶奶、外公外婆，由于精力和能力的限制，这些区域成为中小学生溺水的高发区域（郭巧芝等，2008；谢冬怡等，2017）。课题组实验研究调查的 120 名监护人（参与水上安全分层教学的中小学生被试多为城市居住家庭）中，非父母监护者就占到了 41.7%，在很大程度上也反映了家庭监护的实际状况。

（一）学生游泳运动中监护人救援能力普遍不足

在监护人救援能力的自评中，65%的监护人自评为不足 60 分，甚至多人给自己评为 0 分，再结合公开水域施救的信心（75%不自信或者完全不自信）和心肺复苏技能的掌握情况（62%不熟悉或者非常不熟悉）来看，学生游泳运动中监护人救援能力普遍不足，而 50%的监护人会在孩子或者他人遇险时挺身而出，选择施救，形成了有施救意愿却无救援能力的状况，很可能造成人溺己溺。2017 年 7 月 14 日，海阳一位父亲为救自己 14 岁的孩子不幸溺亡，这在已发生的溺水案例中只是冰山一角。父母亲（监护人）都有保护自己孩子的欲望，一旦发生危险一定会挺身救人，如果救援能力不足，惨案就极大可能发生。甚至一些家长认为"我家孩子会游泳不用怕"而放松对孩子的看护，最终导致伤害的发生。

（二）监护人急需水上安全教育的知识和技能培训

课题组在调查中发现，尽管教育部、各省教育厅连年下发防溺水通知，学校也常常开展学生防溺水安全教育，但还是有 13.3%的监护人会带孩子去野外（河流、湖泊、池塘）游泳，野外游泳由于不确定因素众多，危险系数也会高很多（邓树嵩等，2001）。70%的监护人并没有接受过水上救生知识和技能的培训，心肺复苏技能中近 45%的监护人是不熟悉的，这就大大升高了事故发生的概率。在上一则案例中，参与救援的医生强调："4 分钟内成功救治的概率是 50%，如果超过 10 分钟还未进行心肺复苏，那么溺水者被成功救治的概率非常低。"如果监护人救援能力不足，一旦发生危险，则后果不堪设想。在被问及普及水上安全知识、水上救生技能的重要性时，120 名监护人中 68.3%的监护人倾向于接受集中的水上安全教育培训，13.3%的监护人愿意通过孩子所在学校发放的资料进行学习。

（三）监护人水上救援顺序堪忧

"叫叫伸抛划"是学校水上安全教育中水上救援顺序的顺口溜，目的在于教育中小学生智慧救援的宗旨——"要救溺先自保"，而这一理念不仅是在我国，在美国、英国、澳大利亚等一些水上安全教育发达的国家也被写进了教科书，且成为全社会防溺救溺的根本宗旨（Irwin et al.，2009；夏文等，2011）。在课题组调查中，选择"大声呼救引起周围人的注意→第一时间打电话报警→伸出可救援的树枝或竹竿→找到漂浮物或绳子抛掷给溺水者→寻找大型浮具划向溺水者救援→直接入水救援"救援顺序的只有 2 名监护人，而选择"第一时间打电话报警→大声呼救引起周围人的注意→伸出可救援的树枝或竹竿→找到漂浮物或绳子抛掷给溺水者→寻找大型浮具划向溺水者救援→直接入水救援"的有 14 名监护人。第一个"叫"是大声呼救引起周围人的注意，因为周围人是最可能及时给予救援的，而溺水事故最重要的就是救援及时。调查中，也有 2 人选择了"直接入水救援"。2020 年 8 月 11 日，《光明日报》发布了一则"为救落水儿子，母亲溺水身亡"的新闻，母亲带两个儿子去河边抓鱼，其中一人落水，母亲只身跳入水中救人，结果溺亡。事实上，监护人水上救援顺序选择不当，会让孩子和自身都陷入危险境地。

（四）监护人水上安全救生反应期待干预

课题组通过发放 Kevin Moran 研制的《水上安全救生反应量表》实施测试，发现能够准确识别孩子是否处于溺水状态和辨别溺水特征的监护人不足 30%，而事实上，这一基本的救生常识非常关键。2017 年 7 月 31 日，一名 5 岁的孩子在游泳池中溺水，绝望挣扎，而家长竟浑然不知；百度贴吧中一则"孩子溺水很多时候是站在水里安静地死去，没有挣扎，大人浑然"的帖子引起上万人的跟帖关注，往往我们想象的孩子溺水状态和现实中差别很大，甚至有的孩子在溺水时没有任何的挣扎行为。在"对溺水者的救援反应""如何为溺水者提供浮具""如何正确地实施救援"中，均有大约 60%的监护人不确定或者不熟悉，这和之前监护人自评救援能力中有 65%评价不足 60 分非常接近，说明监护人对自身水上安全救援的能力缺乏信心，甚至完全无法参与救援。在"直接入水救援时与溺水者保持一定的距离""心肺复苏技能的掌握"及"等待医疗救援到来"中，直接救援的反应严重不足，间接救援中 84%选择熟悉，但从监护人水上救援顺序来看，第一时间选择呼叫周围人或呼叫救援电话的监护人还是占到了 80%，而呼叫之后如何救援，失误率非常高。

五、结论

学生游泳运动中监护人救援能力普遍不足。监护人水上安全知识、水上安全技能（救溺技能尤其是间接救溺技能和心肺复苏技能）等救援能力有待提高。

监护人急需水上安全教育的知识和技能培训。绝大多数监护人基于监护责任的重大，对自身的安全知识和技能缺乏信心，认为水上安全教育的知识和技能培训非常有必要。

监护人水上救援顺序堪忧。调查从侧面反映出监护人一旦遇险极易在实操中犯险。

监护人水上安全救生反应期待干预。溺水者状态识别、直接救援能力、间接救援能力等均显示出监护人反应不当之处，实施干预很有必要。

第二节　水上安全分层教育的有效监护——家庭教育提升计划

父母是青少年行为举止的启蒙教师，对其影响巨大，作为学生的监护人，面对学生在游泳过程中溺水事故频发这一问题，父母应该担负起对青少年的监护责任和教育责任。

家校合作共育不仅是教育现代化、民主化、科学化的必然要求，也是教育和社会发展到当今信息时代的必然选择（朱永新，2017）。《"健康中国 2030"规划纲要》提出，以中小学为重点，建立学校健康教育推进机制，构建相关学科教学与教育活动相结合、课堂教育与课外实践相结合、经常性宣传教育与集中式宣传教育相结合的健康教育模式。家庭教育是学生健康教育中重要的内容之一。父母应该不断学习水上安全知识，积极担负起教育孩子的责任。张佩斌等（2003）比较防溺水教育干预前后家长溺水认知的变化和行为改变发现，家长在认知和行为方面发生了显著变化，认为开展防溺水教育是预防青少年溺水的有效干预措施。但该研究并没有科学地开展教育内容的指标构建，更没有通过指标构建形成干预计划和方案。

基于前人研究的理论和现实需求，课题组拟采用德尔菲法对学生游泳运动伤害中家庭教育内容指标进行构建。德尔菲法是一种综合多名专家经验与主观判断的方法，该法自 20 世纪 60 年代由美国兰德公司提出以来，被广泛地应用到各个领域的综合评价实践中。运用德尔菲法构建教育内容指标，可以科学合理地制订家庭教育提升计划，提高学生游泳过程中的预防、避险、自救、互救能力，从而减少学生溺水事故的发生。

一、研究过程与方法

（一）成立课题组

以湖北民族大学、西南大学、华中师范大学"水上安全教育"国家社会科学基金课题为依托，组成包括 2 名研究生导师和 4 名研究生的课题小组。课题组负责查阅文献拟定指标初稿、制定专家咨询表、选定咨询专家、对咨询结果进行整理分析与反馈。

（二）编制指标体系初稿

本研究基于文献资料和理论分析，在小组成员共同讨论后，初步拟定各级调查指标。①文献分析：检索中国知网、湖北民族大学图书馆馆藏、学校安全教育平台与游泳相关网站、政府相关政策文件及法律法规。②理论框架：借鉴《大学生水域安全分层教育模式研究》《大学生安心游泳技能等级标准研制》等框架内容，再结合美国按年龄为学生制订的"ABC"计划，澳大利亚为学生制订的"游泳及求生教育计划"、为父母制订的"保持警觉教育计划"，以及中国教育协会"安全教育服务平台"中构建的学生防溺水教育体系等，初步拟定学生游泳运动伤害中家庭教育内容框架。通过对文献资料和实践经验的总结提炼，最终从水上安全知识、水上安全技能 2 个方面构建指标体系初稿。学生游泳运动伤害中家庭教育内容包括 2 个一级指标、11 个二级指标和 41 个三级指标。

（三）德尔菲法专家咨询

1. 制定专家咨询表

学生游泳运动伤害中家庭教育内容专家咨询表包括 4 个部分。①问卷说明：介绍研究背景、研究目的、问卷填写方式，方便专家理解。②专家基本情况调查表：包括被咨询者的姓名、性别、年龄、学历、职业、职称、工作年限、是否担任研究生导师。③专家权威程度调查表：专家对学生游泳运动伤害中家庭教育内容重要程度的判断依据系数（Ca）和专家对水上安全教育知识的熟悉程度系数（Cs），判断依据包括专家对防溺水知识的理论分析、实践经验、参考文献和主观感觉 4 个维度，每个维度根据对专家判断的影响程度分为大、中、小 3 个层次，分别赋值为理论分析（0.3、0.2、0.1）、实践经验（0.5、0.4、0.3）、参考文献（0.1、

0.1、0.1)、主观感受(0.1、0.1、0.1)。将防溺水知识的熟悉程度分为很熟悉、比较熟悉、一般熟悉、不太熟悉、非常不熟悉5个等级。④问卷主体——学生游泳运动伤害中家庭教育内容指标咨询表:邀请专家对每个指标的重要性进行评分,采用李克特5级评分法,从"不赞同"到"很重要"分别计2~10分,同时设置增加和修改意见栏,请专家对拟订的指标和条目提出修改、删减或增加等意见。

2. 选定咨询专家

根据德尔菲法的原则、研究的目的及研究涉及的领域,制定专家纳入标准:①游泳教育领域、水上安全领域的专家;②在相关领域工作8年及以上;③具有研究生及以上学历;④对本研究有较高的积极性,愿意参与本研究的专家咨询,且能持续完成至少2轮专家咨询。课题组最终邀请了20名专家参与咨询。

3. 实施专家咨询

2021年1—4月,本研究通过微信的方式与专家取得联系,向专家说明研究目的及任务,共实施2轮咨询,获得专家同意后通过微信将咨询表发放给专家。回收第1轮专家咨询表,计算专家积极系数、专家权威程度、专家协调程度、各条目变异系数(CV)等,对于重要性均分<3.5分或变异系数>0.25的条目,结合专家提出的修改意见,经课题组成员共同讨论后决定删除或修改。以此作为进入第2轮咨询的依据。第2轮咨询中,将第1轮统计结果、专家的意见和符合要求的指标反馈给专家,同时制作第2轮专家咨询表,由专家对指标体系重新进行评价。回收第2轮专家咨询表后,计算分析第2轮专家咨询结果。2轮咨询后,专家意见趋于一致,结束咨询。

4. 采用统计学方法

量表数据采用SPSS 26.0软件进行分析。专家积极系数采用问卷回收率表示,专家权威系数用专家对咨询内容的熟悉程度和判断依据表示[$Cr=(Cs+Ca)/2$]。专家协调程度以指标变异系数和肯德尔和谐系数(W)表示。条目重要性与熟悉程度评分量化及满分的界定参见第1轮专家问卷分析。

二、结果

（一）咨询专家基本信息

通过德尔菲法原则进行筛选，依照专家纳入标准，最终邀请到 20 名专家。在第 1 轮专家问卷分析中，20 名专家均返回咨询表。在第 2 轮专家问卷分析中，20 名专家均返回咨询表。详细情况如表 5-4 所示。

表 5-4 咨询专家的一般资料（$n=20$）

项目		人数/名
性别	男	15
	女	5
年龄/岁	29～35	5
	36～50	14
	≥51	1
学历	硕士研究生	9
	博士研究生	11
技术职称	讲师（中级教练员）	12
	副教授（高级教练员）	6
	教授	2
从事工作	游泳教练	3
	高校教师	17
工作年限/年	8～15	10
	16～33	9
	≥34	1
研究生导师	是	13
	否	7

（二）专家积极系数

本研究第 1 轮发放专家咨询表 20 份，收回 20 份，回收率 100%，问卷有效率为 100%；第 2 轮发放专家咨询表 20 份，收回 20 份，回收率为 100%，有效率为 100%。

（三）专家权威系数

专家的权威程度系数用 Cr 表示（表 5-5），计算公式为 $Cr=(Ca+Cs)/2$，其中

Ca 为专家的判断系数，Cs 为专家对研究内容的熟悉程度系数。第 1 轮专家的 Ca 为 0.96，Cs 为 0.94，Cr 为 0.95；第 2 轮专家的 Ca 为 0.96，Cs 为 0.94，Cr 为 0.95。

表 5-5 专家权威程度表

轮次	判断系数（Ca）	熟悉程度系数（Cs）	专家权威系数（Cr）
第 1 轮	0.960	0.940	0.950
第 2 轮	0.960	0.940	0.950

（四）专家协调程度

专家协调程度用变异系数和肯德尔和谐系数表示，重要性评分的满分率越高，变异系数越小，说明专家意见越集中。第 1 轮专家咨询后，指标变异系数为 0～0.274。第 2 轮咨询后指标变异系数为 0～0.219，低于 0.25。两轮咨询的肯德尔和谐系数分别为 0.228、0.105，显著性检验均具有统计学意义（$p<0.001$）。

（五）学生游泳运动伤害中家庭教育内容评价指标体系

在第 1 轮专家咨询中，所有指标重要性得分均>4 分，变异系数为 0～0.274，其中 B2-6、B4-6、B5-2 变异系数高于 0.25，经讨论予以删除。专家提出修改意见：删除三级指标中的 B2-5，经课题组成员讨论后予以删除。第 1 轮咨询后，删除 4 个三级指标，形成一个具有 2 个一级指标、11 个二级指标、37 个三级指标的能力指标体系。

在第 2 轮专家咨询中，所有指标重要性得分均>4 分，变异系数均<0.25，且专家无修改或删除意见。最终形成的学生游泳运动伤害中家庭教育内容评价指标体系由 2 个一级指标、11 个二级指标、37 个三级指标构成（表 5-6）。

表 5-6 学生游泳运动伤害中家庭教育内容条目描述统计表

第 1 轮	重要性均分	变异系数	第 2 轮	重要性均分	变异系数
教育内容一级条目 ——A 水上安全知识	4.75±0.550	0.116	教育内容一级条目 ——A 水上安全知识	4.80±0.523	0.109
教育内容一级条目 ——B 水上安全技能	4.85±0.366	0.075	教育内容一级条目 ——B 水上安全技能	5.00±0.000	0.000
A 水上安全知识 ——A1 安全标识	4.70±0.571	0.121	A 水上安全知识 ——A1 安全标识	4.75±0.444	0.093

续表

第 1 轮	重要性均分	变异系数	第 2 轮	重要性均分	变异系数
A2 游泳环境判断	4.90±0.308	0.063	A2 游泳环境判断	4.75±0.639	0.135
A3 游泳注意事项	4.85±0.366	0.075	A3 游泳注意事项	4.85±0.489	0.101
A4 游泳安全要点	4.85±0.366	0.075	A4 游泳安全要点	4.95±0.224	0.045
A5 游泳装备知识	4.30±0.801	0.186	A5 游泳装备知识	4.55±0.759	0.167
A6 游泳禁忌	4.75±0.716	0.150	A6 游泳禁忌	4.95±0.224	0.045
B 水上安全技能 ——B1 游泳基本技能	5.00±0.000	0.000	B 水上安全技能 ——B1 游泳基本技能	4.95±0.224	0.045
B2 游泳自救能力	4.90±0.308	0.063	B2 游泳自救能力	4.95±0.224	0.045
B3 溺水者状态识别	4.65±0.671	0.144	B3 溺水者状态识别	4.70±0.657	0.140
B4 救援反应	4.45±0.759	0.171	B4 救援反应	4.65±0.671	0.144
B5 急救能力	4.80±0.410	0.085	B5 急救能力	4.75±0.550	0.116
A1 安全标识 ——A1-1 警告标语	4.90±0.447	0.081	A1 安全标识 ——A1-1 警告标语	4.80±0.523	0.109
A1-2 允许标志	4.80±0.523	0.109	A1-2 允许标志	4.80±0.410	0.085
A1-3 警告标志	4.90±0.447	0.081	A1-3 警告标志	4.90±0.447	0.091
A1-4 禁止标志	4.90±0.447	0.081	A1-4 禁止标志	4.90±0.447	0.091
A1-5 水上安全旗帜	4.70±0.571	0.121	A1-5 水上安全旗帜	4.65±0.671	0.144
A2 游泳环境判断 ——A2-1 识别天气状况	4.50±0.688	0.153	A2 游泳环境判断 ——A2-1 识别天气状况	4.80±0.410	0.085
A2-2 识别危险水域	5.00±0.000	0.000	A2-2 识别危险水域	4.95±0.224	0.045
A2-3 识别水质环境	4.65±0.671	0.144	A2-3 识别水质环境	4.55±0.686	0.151
A3 游泳注意事项 ——A3-1 游泳安全常识	4.85±0.489	0.101	A3 游泳注意事项 ——A3-1 游泳安全常识	4.85±0.489	0.103
A3-2 游泳前热身	4.80±0.410	0.085	A3-2 游泳前热身	4.95±0.224	0.045
A4 游泳安全要点 ——A4-1 游泳池游泳安全要点	4.80±0.410	0.085	A4 游泳安全要点 ——A4-1 游泳池游泳安全要点	4.85±0.489	0.103
A4-2 海滩游泳安全要点	4.60±0.681	0.148	A4-2 海滩游泳安全要点	4.85±0.366	0.075
A4-3 河川、湖泊、溪流游泳安全要点	4.70±0.923	0.196	A4-3 河川、湖泊、溪流游泳安全要点	4.95±0.224	0.045
A5 游泳装备知识 ——A5-1 游泳装备知识	4.60±0.681	0.148	A5 游泳装备知识 ——A5-1 游泳装备知识	4.60±0.754	0.164
A5-2 坚持"三佩戴"	4.70±0.657	0.139	A5-2 坚持"三佩戴"	4.65±0.587	0.126
A5-3 简易浮具制作	4.35±0.875	0.201	A5-3 简易浮具制作	4.50±0.889	0.198

第五章 家庭层面：家庭教育有效监护的实践与反思

续表

第 1 轮	重要性均分	变异系数	第 2 轮	重要性均分	变异系数
A6 游泳禁忌 ——A6-1 游泳 18 忌	4.65±0.813	0.175	A6 游泳禁忌 ——A6-1 游泳 18 忌	4.80±0.523	0.109
A6-2 "四不游"	4.70±0.657	0.139	A6-2 "四不游"	4.95±0.224	0.045
B1 游泳基本技能 ——B1-1 泳姿技能	4.75±0.639	0.135	B1 游泳基本技能 ——B1-1 泳姿技能	4.75±0.444	0.093
B1-2 踩水技能	5.00±0.000	0.000	B1-2 踩水技能	4.90±0.308	0.063
B1-3 体能训练	4.55±0.826	0.182	B1-3 体能训练	4.55±0.759	0.167
B2 游泳自救能力 ——B2-1 水中意外求生常识	4.85±0.366	0.075	B2 游泳自救能力 ——B2-1 水中意外求生常识	4.85±0.489	0.103
B2-2 水中自救步骤	4.75±0.550	0.116	B2-2 水中自救步骤	4.85±0.489	0.103
B2-3 抽筋自解	4.85±0.366	0.075	B2-3 抽筋自解	4.80±0.410	0.085
B2-4 冷水求生	4.70±0.801	0.170	B2-4 冷水求生	4.60±0.883	0.192
B2-5 水草缠身自救	4.25±1.020	0.24			
B2-6 身陷漩涡自救	4.25±1.164	0.274			
B2-7 疲劳过度自救	4.55±0.759	0.167	B2-5 疲劳过度自救	4.70±0.571	0.121
B2-8 冰上自救	4.30±0.923	0.214	B2-6 冰上自救	4.55±0.945	0.207
B3 溺水者状态识别 ——B3-1 水中求救	4.80±0.523	0.109	B3 溺水者状态识别 ——B3-1 水中求救	4.80±0.616	0.128
B3-2 溺水者的八大无声迹象	4.65±0.671	0.144	B3-2 溺水者的八大无声迹象	4.70±0.571	0.121
B4 救援反应 ——B4-1 大声呼救引起周围人注意	4.90±0.308	0.063	B4 救援反应 ——B4-1 大声呼救引起周围人注意	4.95±0.224	0.045
B4-2 第一时间打电话报警	4.80±0.616	0.128	B4-2 第一时间打电话报警	4.80±0.696	0.145
B4-3 伸出可救援的树枝或竹竿给溺水者	4.90±0.308	0.063	B4-3 伸出可救援的树枝或竹竿给溺水者	4.85±0.489	0.101
B4-4 找到漂浮物或绳子抛掷给溺水者	4.90±0.308	0.063	B4-4 找到漂浮物或绳子抛掷给溺水者	4.85±0.489	0.101
B4-5 寻找大型浮具划向溺水者救援	4.55±0.826	0.182	B4-5 寻找大型浮具划向溺水者救援	4.55±0.999	0.219
B4-6 在安全的情况下直接涉水	4.00±1.298	0.324			
B5 急救能力 ——B5-1 岸上救生	4.75±0.716	0.151	B5 急救能力 ——B5-1 岸上救生	4.75±0.550	0.115

续表

第1轮	重要性均分	变异系数	第2轮	重要性均分	变异系数
B5-2 控水方法	4.30±1.129	0.262			
B5-3 人工呼吸	4.65±0.745	0.160	B5-2 人工呼吸	4.90±0.308	0.063
B5-4 心肺复苏术	4.60±0.754	0.164	B5-3 心肺复苏术	4.90±0.447	0.091

三、讨论

（一）专家咨询具有可靠性

德尔菲法是一种被广泛应用于建立各种评价指标体系和确定具体指标权重的科学方法，具有代表性和客观性（郑朝军等，2009）。通过专家咨询，构建学生游泳运动伤害中家庭教育内容指标体系，其中，挑选专家是决定德尔菲法成败的关键。本研究遴选的咨询专家工作内容和研究方向涵盖了游泳教育领域、水上安全领域。此外，20名专家均具有研究生及以上学历，在相关领域工作8年及以上，实践经验丰富，具有较高的权威性和代表性，为咨询结果的可靠性提供了先决条件。基于系统检索水上安全相关资料，严格筛选指标，获取最佳证据构成咨询问卷的主要内容，并通过微信发放专家咨询表，经过2轮专家咨询后，咨询问卷回收率均为100%，有效率均为100%，表明本研究邀请的专家积极性较高。各指标重要性得分均≥4分，变异系数均<25，两轮咨询的肯德尔和谐系数分别为0.228、0.105，显著性检验均具有统计学意义（$p<0.001$），说明专家对研究内容认识趋于统一，对各指标的意见基本达成共识。一般认为$Cr≥0.7$，即专家权威程度较高。本研究Cr为0.95，表明参与本研究咨询的专家具有较高的权威性，本研究专家咨询结果较为可靠。

（二）学生游泳运动伤害中家庭教育内容指标体系具有科学性

在溺水严重危害学生生命健康的大背景下，家庭、学校都迫切需要一些既方便易行又切实高效的防溺水教育理论和方法来规避溺水事故，以减少溺水事故的发生。加拿大红十字会发布《水上安全技能等级标准》，该标准根据青少年的年龄结构与接受能力编制，将救生技能与游泳技能并列，并明确提出两者在评定水上安全技能时缺一不可（王斌等，2018）。但是现行的水上安全教育内容局限于对青少年游泳技能的培训，普遍忽视了对学生水上安全知识的教育和突发状况下救生

第五章　家庭层面：家庭教育有效监护的实践与反思

技能的训练。目前，水上安全教育模式已从游泳技能教育模式逐渐发展为水上安全知识、水上安全技能混合教育模式，教学理念也从早期的"学会游泳技能就能预防溺水"逐渐发展到"水上安全知识和水上安全技能是水上安全教育不可或缺的两个部分"，更关键的是，水上安全技能不再局限于游泳技能，还涵盖了自救技能和救溺技能（张辉等，2017a）。学生游泳运动伤害中家庭教育内容评价指标体系的初稿基于前期文献阅读，并以前人构建的理论模型为框架。该体系的下属二级指标包括水上安全知识和水上安全技能的11个方面的内容。最终构建的评价指标包括2个一级指标、11个二级指标和37个三级指标。2个一级指标包含水上安全知识、水上安全技能。11个二级指标及其包含的37个三级指标如下。①安全标语：警告标语、允许标志、警告标志、禁止标志、水上安全旗帜。②游泳环境判断：识别天气状况、识别危险水域、识别水质环境。③游泳注意事项：游泳安全常识、游泳前热身。④游泳安全要点：游泳池游泳安全要点，海滩游泳安全要点，河川、湖泊、溪流游泳安全要点。⑤游泳装备知识：游泳装备知识、坚持"三佩戴"、简易浮具制作。⑥游泳禁忌：游泳18忌、"四不游"。⑦游泳基本技能：泳姿技能、踩水技能、体能训练。⑧游泳自救能力：水中意外求生常识、水中自救步骤、抽筋自解、冷水求生、疲劳过度自救、冰上自救。⑨溺水者状态识别：水中求救、溺水者的八大无声迹象。⑩救援反应：大声呼救引起周围人注意、第一时间打电话报警、伸出可救援的树枝或竹竿给溺水者、找到漂浮物或绳子抛掷给溺水者、寻找大型浮具划向溺水者救援。⑪急救能力：岸上救生、人工呼吸、心肺复苏术。

在咨询过程中，严格按照德尔菲法的标准和要求进行，德尔菲法以专家的主观判断为基础，受专家的思维、经验、知识结构等影响，为减少影响，本研究统计分析指标重要性均分和变异系数，从而提高了研究的客观性和科学性。从过程和结果来看，该指标构建方法科学、评价内容全面，具有较好的科学性。

（三）学生游泳运动伤害中家庭教育内容评价指标具有可操作性和实用性

80%的溺水是可以预防的（宋秀玲等，2008），合理的水上安全教育能显著影响学生的安全知识、技能和风险感知（张辉等，2017b）。2020年广东惠州一对父母带6岁孩子去公园游泳，孩子溺亡，自孩子从游泳圈上脱出直至沉入水底，父母在岸边无任何反应，当辨识到孩子溺水时，父母只能眼睁睁看着悲剧发生却无能为力。根据对类似游泳伤害事故案例的分析发现，许多惨案的发生源于家长水上安全知识欠缺及监管缺位，其根本原因是许多家长在履行水上安全教育和游泳监护职责时存在误区，忽视了对孩子游泳安全知识和安全技能的基本教育，认为孩子一旦进入学校，便由学校承担一切水上安全知识的教育和监护。针对这一现象，国务院教育督导委员会办公室2020年第5号预警《扎紧扎实安全"防护网" 守护学生生命安全》专门提出：注重家校协同，灵活运用多种形式和载体，有针对性地开展宣传教育，着力让安全意识融入家长和学生的日常生活之中。通过成功构建学生游泳运动伤害中家庭教育内容评价指标，开发父母家庭对学生游泳伤害中监护教育内容的具体方案，让父母在预防的同时加强对学生的管理和监护，让学生形成防溺水的意识，并具备一定的应对突发事件的能力（吴学毅，2018）。本研究构建的学生游泳运动伤害中家庭教育内容评价指标的评价内容包括水上安全知识、水上安全技能，条目采用李克特5级评分法，从"不赞同"到"很赞同"分别计20～100分。通过指标赋值，可计算各级指标得分，统计更直观，可操作性和可量化性更强（阚庭等，2018）。

四、结论

本研究通过专家咨询构建的学生游泳运动伤害中家庭教育内容指标，包括2项一级指标、11项二级指标和37项三级指标，咨询结果可靠，能够作为学生游泳运动伤害中家庭教育内容构建的依据。未来可将指标体系进一步开发为教育方案，通过实验研究进一步验证家庭教育内容的科学性，对推广和普及家庭防溺水课程教育、实质性干预学生溺水展开实证分析。

第三节 家庭教育提升计划干预效果实验研究

由中华人民共和国第十三届全国人民代表大会常务委员会第三十一次会议于2021年10月23日通过的《中华人民共和国家庭教育促进法》中指出：未成年人的父母或者其他监护人应当针对不同年龄段未成年人的身心发展特点，开展防溺水等方面的安全知识教育，帮助其掌握安全知识和技能，增强其自我保护的意识和能力；同时，未成年人的父母或者其他监护人应当树立正确的家庭教育理念，自觉学习家庭教育知识，掌握科学的家庭教育方法，提高家庭教育的能力。本研究通过专家咨询，运用德尔菲法构建了学生游泳运动伤害中家庭教育内容指标体

第五章 家庭层面：家庭教育有效监护的实践与反思

系，目的是从父母或者其他监护人的角度，树立正确的防溺水家庭安全教育理念，促进家校同步。因此，为了检验监护教育内容指标的有效性，同步配合第四章学生水上安全分层（初、中）教育的实验，进行家庭教育干预研究，实施干预效果评价。本研究假设如下：①家庭教育计划能够有效提升监护人水上安全救生反应能力；②家庭教育计划实践效果有一定的保持性。

一、研究对象与方法

（一）实验被试

课题组配合学生水上安全分层教育模式的教学训练，招募被试采用自愿原则，在参与初级实验被试（实验 A 班、对照 A 班）和参与中级实验被试（实验 B 班、对照 B 班）的 120 名学生中，由每个家庭自愿推荐一名实际监护人参与"家庭教育提升计划"（对被试和社会统称家庭教育提升计划只是水上安全分层教育中游泳教学的一部分），对于入选的被试（120 名学生、120 名监护人）全部免除 12 次游泳课的学费（约 960 元/人）。为最大限度避免实验中监护人无故缺勤和退出，学生、监护人每次课必须签到，特别强调学习纪律和考勤。实验被试人口学特征统计表如表 5-7 所示（数据内容与表 5-1 一致，为方便阅读，再次呈现）。

表 5-7 实验被试人口学特征统计表

分类		频率	百分比/%
性别	男	58	48.3
	女	62	51.7
监护人身份	父母	70	58.3
	哥哥姐姐	4	3.3
	爷爷奶奶外公外婆	46	38.3
居住地	农村	24	20.0
	城市	68	56.7
	城乡接合	28	23.3
被监护人年龄段	6～8 岁	72	60.0
	9～11 岁	26	21.7
	12～15 岁	22	18.3

（二）实验设计

采取重复测量一个因素的实验设计，具体如表 5-8 所示。

表 5-8 重复测量一个因素的混合实验设计

项目	性别	前测	实验处理	后测	延时测定
监护人	男	O_1	家庭教育提升计划	O_2	O_3
	女				

注：O 代表施测数据。

监护人包含男女性，性别是家庭监护中需要注意的因素。采取 2×2 重复测量一个因素的 2 因素混合实验设计。其中，性别（2 个水平，男、女）为被试间变量；测量时间（2 个水平，前测、后测），属于重复测量因素。实验设计的因变量为救援能力自评分、状态识别、救援反应、急救能力，都是通过问卷进行测量。首先，运用重复测量的方差分析，对监护人救援能力自评分、状态识别、救援反应、急救能力前后测的差异进行比较（O_1-O_2）；其次，在实验干预有效的基础上，进一步比较救援能力自评分、状态识别、救援反应、急救能力延时测定的结果（O_2-O_3）。

（三）实验材料

新西兰的 Kevin Moran 团队 2017 年研制的《水上安全救生反应量表》属于李克特 5 级量表，包括 8 个题，其中状态识别 2 题、救援反应 4 题、急救能力 2 题，均采用反向陈述，得分越高说明反应越差。

（四）实验程序

1. 前测

120 名监护人均参加前测，测试内容为监护人救援能力自评分、状态识别、救援反应、急救能力。

2. 实验处理

结合运用德尔菲法构建的学生游泳运动伤害中家庭教育内容评价指标（2 项一级指标、11 项二级指标和 37 项三级指标），形成家庭教育实验方案，共计 12 个活动专题，形成 12 个活动目标，包括建立信任关系、安全标识、游泳环境判断、游泳注意事项、游泳安全要点、游泳装备知识、自救技能学习、游泳基本技能、游泳自救能力、溺水者状态识别、救援反应、急救能力，具体实验方案如表 5-9 所示。

表 5-9 家庭教育实验方案一览表

次数	活动目标	活动主要内容	活动时间
第一次	建立信任关系	1. 主持人进行活动介绍 2. 观看溺水事故视频，初步开展事故原因分析，并展开讨论，获得家长的共情 3. 分组、制定活动流程和规则 4. 解答成员疑问	
第二次	安全标识	1. 警告标语 2. 允许标志 3. 警告标志 4. 禁止标志 5. 水上安全旗帜	
第三次	游泳环境判断	1. 识别天气状况 2. 识别危险水域 3. 识别水质环境	
第四次	游泳注意事项	1. 游泳安全常识 2. 游泳前热身	
第五次	游泳安全要点	1. 游泳池游泳安全要点 2. 海滩游泳安全要点 3. 河川、湖泊、溪流游泳安全要点	
第六次	游泳装备知识	1. 游泳装备知识 2. 坚持"三佩戴" 3. 简易浮具制作	
第七次	游泳禁忌	1. 游泳 18 忌 2. "四不游"	
第八次	游泳基本技能	1. 泳姿技能 2. 踩水技能 3. 体能训练	
第九次	游泳自救能力	1. 水中意外求生常识 2. 水中自救步骤 3. 抽筋自解 4. 冷水求生 5. 疲劳过度自救 6. 冰上自救	
第十次	溺水者状态识别	1. 水中求救 2. 溺水者八大无声迹象	

续表

次数	活动目标	活动主要内容	活动时间
第十一次	救援反应	1. 大声呼救引起周围人注意 2. 第一时间打电话报警 3. 伸出可救援的树枝或竹竿给溺水者 4. 找到漂浮物或绳子抛掷给溺水者 5. 寻找大型浮具划向溺水者救援	
第十二次	急救能力	1. 岸上救生 2. 人工呼吸 3. 心肺复苏术	

根据家庭教育实验方案的12个活动目标，构建12次实验服务方案。

3. 后测

120名监护人均参与后测，测试内容与前测相同。

4. 延时测定

延时测定考察救援能力自评分、状态识别、救援反应、急救能力等干预效果的保持性。因疫情反复，为方便实际操作，配合学生实验测试，在完成干预2个月后（2021年10月4日）进行。120名监护人均参与延时测定，测试内容与前测、后测相同。

二、结果

（一）家庭教育提升计划干预效果分析

为检验家庭教育提升计划是否能够对监护人产生有效干预作用，对监护人前后测得分进行描述性统计及重复测量的方差分析，结果如表5-10所示。时间主效应在救援能力自评分（$F=28.117$，$p=0.000$，$\eta_p^2=0.106$）、状态识别（$F=10.408$，$p=0.001$，$\eta_p^2=0.042$）、救援反应（$F=7.905$，$p=0.005$，$\eta_p^2=0.032$）、急救能力（$F=9.556$，$p=0.002$，$\eta_p^2=0.039$）4个维度上都呈现出显著性差异；性别主效应在救援能力自评分（$F=4.096$，$p=0.044$，$\eta_p^2=0.017$）、救援反应（$F=12.599$，$p=0.000$，$\eta_p^2=0.050$）、急救能力（$F=11.430$，$p=0.001$，$\eta_p^2=0.046$）3个维度上呈现出显著性差异；时间和性别的交互效应在4个维度上都未呈现出显著性差异。这说明，家庭教育提升

第五章 家庭层面：家庭教育有效监护的实践与反思

计划的实施显著影响了监护人救援能力自评分、状态识别、救援反应、急救能力等方面的得分，有效提升了监护人水上安全救生反应能力，验证和支持了本研究的第一假设。

表 5-10 家庭教育实验前后测的描述性统计和重复测量差异检验

项目	性别	救援能力自评分	安全反应		
			状态识别	救援反应	急救能力
干预前（M±SD）	男生	49.45±33.23	2.66±1.13	2.73±1.15	2.59±1.01
	女生	40.97±28.15	3.00±1.13	3.11±0.85	3.00±1.03
	总体	45.07±30.88	2.83±1.14	2.93±1.02	2.80±1.04
干预后（M±SD）	男生	64.64±20.59	2.37±0.79	2.41±0.81	2.24±0.76
	女生	60.00±14.88	2.48±0.76	2.81±0.54	2.62±0.81
	总体	62.24±17.94	2.43±0.78	2.62±0.71	2.44±0.80
时间主效应（p 值）		0.000***	0.001***	0.005***	0.002***
性别主效应（p 值）		0.044***	0.069	0.000***	0.001***
时间×性别的交互效应（p 值）		0.554	0.357	0.869	0.884

***$p<0.001$。

（二）家庭教育提升计划干预后效果分析

为检验家庭教育提升计划干预效果的保持性，对监护人各维度得分延时测定结果进行多因素方差分析，结果如表 5-11 所示。时间主效应（后测和延时测定）在 4 个维度上均无显著性差异，性别主效应［除救援反应（$F=20.467$，$p=0.000$，$\eta_p^2=0.080$）和急救能力（$F=13.409$，$p=0.000$，$\eta_p^2=0.054$）］、时间和性别的交互效应均未达到显著性水平（$p>0.05$）。这说明监护人在救援能力自评分、状态识别、救援反应、急救能力 4 个维度延时测量和后测得分上差异不显著，且得分非常接近，干预效果具有一定的保持性，验证和支持了本实验研究的第二假设。

表 5-11 家庭教育实验后测与延测的描述性统计和重复测量差异检验

项目	性别	救援能力自评分	安全反应		
			状态识别	救援反应	急救能力
后测（M±SD）	男生	64.64±20.59	2.37±0.79	2.41±0.81	2.24±0.76
	女生	60.00±14.88	2.48±0.76	2.81±0.54	2.62±0.81
	总体	62.24±17.94	2.43±0.78	2.62±0.71	2.44±0.80

续表

项目	性别	救援能力自评分	安全反应		
			状态识别	救援反应	急救能力
延时测量（M±SD）	男生	64.12±19.79	2.39±0.77	2.44±0.76	2.29±0.71
	女生	60.00±14.87	2.51±0.72	2.81±0.54	2.64±0.78
	总体	61.99±17.47	2.45±0.74	2.63±0.68	2.47±0.76
时间主效应（p值）		0.913	0.799	0.847	0.735
性别主效应（p值）		0.055	0.220	0.000***	0.000***
时间×性别的交互效应（p值）		0.910	0.939	0.842	0.857

***$p<0.001$。

三、讨论

（一）家庭教育提升计划干预的有效性

对于监护人救援能力自评分、状态识别、救援反应、急救能力各维度的显著性改善，课题组认为：监护人获取安全知识和技能的途径主要是电视网络、学校下发的安全须知和家长会、社区安全宣传及报刊书籍等，由于日常生活中大部分监护人工作繁忙，相关的安全宣传又涵盖了诸多方面，如防溺水、交通安全、饮食安全等，很难专门性提升某个方面的安全监护能力。因此，课题组通过制订的家庭教育提升计划对监护人集中进行了水上安全知识和技能的培训，成效显著。具体来说，由于水上安全知识的普及，监护人在救援能力方面的自我效能感明显加强，自评分有了显著的提升；而状态识别、救援反应、急救能力都依赖于专门性知识的积累和程序化操作的演练，增强了监护人的水上安全救生反应能力。其中，男性监护人在救援能力自评分、救援反应、急救能力3个维度都显著高于女性监护人，正如现实案例中，在面对危险时，往往男性表现更为镇定，更大概率能做出正确的应对，女性则更需要保护，面对危险表现出无能为力等。这在社会学的调查中也有佐证：男性的见义勇为意愿和能力显著高于女性（杨文婷，2016）。但溺水者状态识别（无论是自己的孩子还是其他人）在性别上并无差异，究其原因，课题组认为溺水者的状态识别不仅需要一定的水上安全知识，更需要细致的观察力和高度的警戒力。干预过程前虽然男性溺水者的状态识别明显优于女性，但干预过程中女性凭借性别上观察细致和高度警戒的优势，提升更快。

（二）家庭教育提升计划干预的保持性

在 2 个月之后的延时测定中，监护人救援能力自评分、状态识别、救援反应、急救能力 4 个维度均展现出良好的保持效果，与后测成绩间并无显著性差异。回顾家庭教育提升计划，其更强调水上安全知识的普及性，在面对学生溺水危险时，强调救援的正确反应，注重灌输"先呼叫，后选择间接救援，最后选择直接救援"的智慧救援理念，并告诫监护人将智慧救援的理念潜移默化地灌输到孩子脑海里，形成"确保自身安全前提下的水上救援"，即"量力而救"。在隔代监护中，学生的学习、人际交往、安全知识教育等方面都可能存在欠缺管理的情况，尤其是在农村地区留守儿童的监护中（朱梅，2021），由于父母教育与陪伴的缺失、隔代监护的不足，学生的安全风险意识欠缺、安全知识和安全技能的掌握不足，使得危险事故发生的概率显著升高。家庭教育是配合学校安全教育的重要阵地，对学生安全习惯的养成和对待安全的态度起着至关重要的作用，通过家庭教育提升计划可以有效提升监护人水上安全救生反应能力，对学生水上安全可以起到积极的教育和保障作用。性别因素在救援反应、急救能力两个维度上存在显著差异，课题组认为这与我国传统教育和男女间的个性差异是密不可分的：男性被认为更应该担任家庭的"顶梁柱"、孩子的"保护伞"，在社会上也应承担更多见义勇为和安全救援等责任。

四、结论

家庭教育提升计划能够有效提升监护人水上安全救生反应能力。
家庭教育提升计划的实践效果有一定的保持性。

第六章 社会层面:"政府-社会"联防联动保障机制策略研究

2021年教育部办公厅发布的《关于做好预防中小学生溺水事故工作的通知》中强调:各地教育行政部门要提请当地党委和政府,统筹协调水利、应急、公安等部门,及时对辖区内易发溺水事故的河、塘、沟、渠、坑和水库、湖泊等重点危险水域进行排查整治,完善安全警示标识,配置安全防护设施,认真组织巡查值守,妥善做好应急处置。教育部自上而下的学生防溺安全工作部署,自2012年开始每年都得到了各级教育部门、地方政府、应急管理部门等的大力配合和落实。例如,2021年广州市增城区就提出"政府重视、部门联动、社会协同、家庭监护"多位一体的联防联动机制,预防学生溺水事故发生。《中华人民共和国家庭教育促进法》也提出社会协同机制,要求"居民委员会、村民委员会可以依托城乡社区公共服务设施,设立社区家长学校等家庭教育指导服务站点,配合家庭教育指导机构组织面向居民、村民的家庭教育知识宣传,为未成年人的父母或者其他监护人提供家庭教育指导服务"。如此一来,"政府-社会"的联防联动与家庭教育相协调,共同构筑学生防溺水保障体系。然而,学生游泳运动伤害中溺水救援难度非常大,学生溺水数据居高不下,这就引发了课题组对"政府-社会"联防联动保障机制策略的进一步思考。基于此,本章将通过对学生游泳伤害中政府应急救援能力影响因素的探究,有针对性地构建"政府-社会"的联防联动保障机制策略,并逐一衔接水上安全分层教育体系。

第一节 学生游泳伤害中"政府-社会"应急救援能力影响因素探究

意外溺水是全球学生致命伤亡的重要原因(Nyári and McNally,2019),尤其是在发展中国家,学生溺亡的数据逐年攀升(Bierens,2016;John,2019),WHO

（2014）就溺水问题编拟《全球溺水报告：预防一个主要杀手》强调：溺水问题的严重性正受到全球性忽视。中国学生溺亡事故占事故总数的比例为 16.6%（6.83万/10 万，2016 年数据），成为第二大意外致死源，是发达国家的 2 倍（Xu et al., 2018）。这一现象引起中国政府的高度重视：教育部在 2012—2021 年，每年 4—5 月均会发布预防学生溺水的通知，并逐级落实。学生溺水已成为政府、学校、社会、家庭共同关注的焦点，更成为学界研究的热点。

一、问题的提出

立足于预防宣传，着眼于应急救援。消防应急救援人员是学生溺水事故应急救援的直接责任群体，已成为人民生命财产安全保障的精神依赖。学生溺水具有事发突然、快速死亡等特点，给救援带来极大的考验，但消防应急救援的宗旨就是最大限度地保护人民财产与生命安全，降低灾害带来的损失。2016 年，国务院印发的《"健康中国 2030"规划纲要》明确提出：需重点干预学生溺水伤害，提高消防应急救援能力，提高早期预防、及时发现、快速反应和有效处置能力。然而"政府-社会"对于学生溺水事故应急救援的成功率依然不高，这不禁引起笔者的思考：学生溺水事故中消防应急救援的障碍有哪些？哪些影响因素最难克服？这便是本研究亟待探讨的主题。借助现有文献，基于救援事件本身，本研究拟以实际参与学生溺水救援的消防人员和水上公益救援组织成员为主体，还原救援过程和细节，采用质性研究的方法深描学生溺水事故救援逻辑，以期构建学生溺水事故中消防应急救援能力影响因素理论模型，为有针对性地提高救援效率提供参考，对相关职能部门的管理有些许裨益。

二、研究方法与过程

（一）扎根理论

扎根理论（Grounded Theory）是 Glaser 与 Strauss 基于美国实用主义提出的一种扎根于访谈资料构建理论的方法，其优势在于在无理论假设的前提下从访谈资料中自下而上地形成反映复杂社会现象的核心概念，并通过建立内在逻辑最终实现理论化架构。这无疑给学生溺水应急救援这一复杂事件提供了最适宜的研究方法，其核心在于通过对原始资料不断比较所进行的三级编码（图 6-1），即开放编码（Open Coding）、轴心编码（Axial Coding）与选择编码（Selective Coding）。

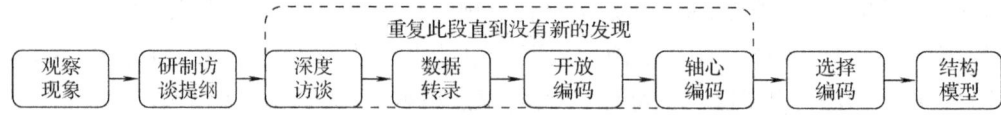

图 6-1 扎根理论研究过程

（二）访谈提纲

在深度访谈前，抽取 4 位现役实战参与学生溺水事故救援的消防人员进行实验性预访谈，目的在于了解他们看待该事件的视角、使用的概念等，为正式访谈提供文本和参考。访谈提纲以对救援人员影响最深的学生溺水事故救援经历为访谈主线，主要请被访谈者回忆该次事件从接警—出警—救援的全过程，并从团队配合的角度反思该起事件的成败原因，以及询问处理类似事件的建议对策等。在本研究中，每次访谈结束得到的结果为下一次访谈和收集资料提供了起点，完成了一次迭代过程。如此循环往复，迭代过程不断完善，资料充足，形式灵活，避免了访谈僵化、迭代过程不完整的问题。

（三）研究对象

正式访谈采用焦点团体访谈方式，本研究组织 6 次正式访谈，每次访谈时间为 90~120 分钟，平均每次 5~6 人，共计 33 人，参与者年龄介于 19~31 岁，具有高中以上文化程度 26 人，本科以上文化程度 7 人。受访者的选取基于两条标准：①有学生溺水事故救援经历者，其中 32 人次参与现场救援、1 人有接警经历、3 人既有省级以上水上救援专业培训经历，又参加过学生溺水事故救援实战；②6 个焦点团体的救援经历涵盖河流、湖泊、海边、水库、游泳池等各种水域救援，受访人员如表 6-1 所示。

表 6-1 受访人员一览表

姓名					受访编号				
杨××	邝××	张××	邱××	方××	001	002	003	004	005
余××	张××	朱××	何××	刘××	006	007	008	009	010
李××	苏××	魏××	宋××	王××	011	012	013	014	015
徐××	陈××	王××	周××	谭××	016	017	018	019	020
刘××	何××	全××	杨××	田××	021	022	023	024	025
谢××	宋××	刘××	余××	姚××	026	027	028	029	030
	胡××	董××	林××			031	032	033	

第六章 社会层面:"政府-社会"联防联动保障机制策略研究

(四)资料收集

先借助搜狗 AI 录音笔录制音频资料并转录成文本资料,再对文本信息进行核对标注检查,剔除完全无关数据信息。至此形成最长 17143 字、最短 14257 字的文本,共计 91123 字。由于样本量较大,本研究进一步借助 Nvivo12 软件,对数据进行导入,逐字逐句地编码,贴标签、概念化、发展类属与属性。借助软件的可视化功能不断对研究的过程进行反思、类比、归纳与调整,最终形成 116 条初始编码,如表 6-2 所示。

表 6-2 初始编码一览表

初步概念化语句描述	
001 不会游泳突发事件无法解决	026 会游泳不一定会救援
002 不希望装备少	027 会游泳胆子大也可致死
003 采访人员基本都为一线人员	028 会游泳的学生极少
004 参与紧急救援装备少	029 会游泳对自身是个保护
005 出警效率慢	030 会游泳救人也要讲技术
006 出警速度需提高	031 技能习得导致事故
007 出警需迅速	032 加强救援安全教育
008 处置情况不一	033 加强消防救援训练
009 冬天救援事故少	034 家庭、社会与学校共同协作
010 当地设施落后	035 家庭角色发挥作用
011 预防溺水需要学校教育	036 家庭情况不一
012 预防溺水与家长教育相关	037 学校要求不可去水边玩
013 防溺水知识薄弱	038 接警处理情况不一
014 放假后学生不受管	039 警队会游泳人数少
015 救援服务过程薄弱	040 救援技能薄弱
016 父母不应反对技能教育	041 救援过程需求助
017 有父母支持学游泳	042 救援环境不明、复杂
018 父母应教育技能习得	043 救援困难不一
019 高效的现场指挥	044 救援类型与装备的匹配
020 个人参与当地救援不多	045 救援时间紧张
021 各组织救援所长不一	046 救援实践需加强
022 环境熟悉也容易出现意外	047 救援需要多方位合作
023 黄金救援期重要	048 救援与服务过程需加强
024 会水的溺水高危影响越多	049 救援知识薄弱
025 会游泳不明情况致死	050 救援知识学习面应当扩大

续表

初步概念化语句描述	
051 科学调动设备运用	084 在校期间溺水事故少
052 防溺水安全课程教授	085 安全知识薄弱导致溺水
053 留守儿童更加危险	086 中学生容易出现溺水事故
054 学校每年都开展水域救援	087 冒险致学生溺水死亡
055 民间救援收费制	088 消防救援主力人少，参与人多
056 民间救援私有化	089 部分设备专业性不强
057 某些装备实际操作少	090 专业训练面积需扩大
058 溺水与技能无关	091 消防救援专业知识需增强
059 多用老办法解决救援问题	092 专业装备薄弱
060 夏季来临需开课体验	093 消防救援专有车配备装备
061 夏季是溺水高发季	094 专有设备很重要
062 消防需检查	095 社会资源需运用
063 消防救援需提高专业装备配备	096 总（支）队每年都开展救援活动
064 协同合作学校家长实现双赢	097 消防配有装备时间晚
065 安全教育宣传从大人做起	098 消防全员需进行培训
066 学校宣传教育目前良好	099 当前消防人员培训范围不广
067 学生接受学校或政府组织活动	100 消防人员训练专业度需加强
068 学生所学技能时间受限制	101 设备放置、处理与运用度需提高
069 学校预警宣传的重要	102 消防救援受社会影响
070 学校教育宣传需改进	103 社会资源需投放
071 学校教育有力度	104 消防人员不全是专业培训
072 学校夏季可搞安全活动	105 专业设备对救援发挥巨大作用
073 学校设施相对薄弱	106 各地水域救援薄弱部分差不多
074 学校可组织安全教育活动	107 水域救援演练设施薄弱
075 学校作用很关键	108 救援考虑水域类型不同
076 亚洲地区是学生溺亡高发地	109 水域情况危险安放提示牌
077 淹死的都是会水的	110 他人替代经验
078 游泳池救生是救援一类	111 提高专业装备使用率
079 游泳具有双面性	112 救援中跳水事故多
080 游泳可实现自救	113 同伴关系导致事故发生
081 游泳是项求生技能	114 外请专业潜水打捞
082 预防好会减少溺水事故发生	115 为政府管理提供建议
083 溺水事故预防性质大	116 培训学习具有局限性

三、消防应急救援能力影响因素指标体系构建

(一) 一级编码

一级编码（开放编码）需在自动编码的基础上，对原始文本逐字逐句进行概念化（贴标签），一共得到 116 个标签语句，结果举例如表 6-3 所示。为确保编码可信度，提高研究的严谨性，在编码过程中，编码员除笔者外，还聘请 1 名熟悉本研究的硕士研究生进行背对背独立编码，并采用霍尔斯提公式对编码的一致性进行检验，公式如下：

$$R = n \times K / [1+(n-1)K]$$

式中，R 为编码的相互判别信度；n 为编码员的人数；K 为平均相互同意度。K 的公式如下：

$$K = 2M_{AB} / (N_A + N_B)$$

式中，M_{AB} 为编码员 A 与 B 编码完全相同的编码数，N_A 与 N_B 分别代表编码员 A 与编码员 B 的编码数。本研究拥有两组编码员，因此，$n=2$，笔者的第 1 轮编码所获得的概念数为 116，另一名编码员的第 1 轮编码所获得概念数为 132。经过比对，发现相同编码数为 91。计算本研究的初始编码相互判别信度 R 约为 0.84，符合信效度要求。

在确保第 1 轮编码可信度基础上，进一步对 116 个标签语句进行概念化，获取 43 个概念。在概念化的基础上，通过对概念进一步的整理、分类、抽象化发现类属。本研究经过反复对比，共获得 12 个类属（表 6-3）。

表 6-3 访谈材料开放编码结果举例

部分原始语句	概念化 （开放编码）	范畴化 （类属）
消防会联合学校开展一些安全教育，但是与溺水相关的较少	游泳安全教育	学校安全教育
我们消防大队对辖区内危险水域都进行过摸排，大致情况比较清楚	危险水域地图	高危水域监测
危险水域一定要有警示标示，农村条件差一点儿可以贴警示标语	安全标示警示	高危预警宣传
每年会组织水上救援的专项培训，一般消防支队派 1~2 人参加	水上救援培训	专项训练
县一级的消防基本装备就是冲锋艇、救援绳、救援服……	装备配置	装备配置
在案情比较集中的水域我们会投放一些安全救生的器械	救生器械投放	资源投放
目前消防从接警到橡皮艇装车发动只需要几秒钟时间	出警速度	响应速度
学生溺水时间非常宝贵，必须迅速做出判断	案情判断	现场指挥

续表

部分原始语句	概念化（开放编码）	范畴化（类属）
宽阔的水面就需要声呐探测仪这类专业器械	装备使用	科学技术保障
救上来的学生往往急需专业的医疗救援，时间很宝贵	医疗保障	社会资源
蓝天救援队这样较专业的民间组织可能比我们更接近事发地	就近救援力量	民间救援
救不救得起来都需要父母支持，案情往往不是一处，我们需要抢时间	父母理解	家庭支持

（二）二级编码

二级编码（轴心编码）是在类属编码的基础上，运用（A）因果条件-（B）中心现象-（C）情境条件-（D）行动/互动策略-（E）干预条件-（F）结果这一典范模型，将开放编码中得出的各项范畴关系联结在一起的过程（朱丽叶·M.科宾和安塞尔姆·L.施特劳斯，2015），能使离散的概念形成逻辑性过程，以便研究者更好地把握与发展类属，具体内容如表6-4所示。

表6-4 轴心编码结果及其关系联结

主轴编码	范畴化	范畴关系联结
预警监测	学校安全教育、高危水域监测、高危预警宣传	早期预防及时发现，可减灾防溺保平安
应急准备	专项训练、装备配置、资源投放	时刻准备胜任救援，可争取救援时间
应急响应	响应速度、现场指挥、科学技术保障	快速反应装备精良，可保障应急执行
应急协调	社会资源、民间救援、家庭支持	各方配合协调处置，可提升救援成功率

（三）三级编码

三级编码（选择编码）是指将核心类属作为中心现象与次类属进行深层次描述，形成具有逻辑关系的故事链，并围绕该核心类属建立理论模型（凯西·卡麦兹，2009）。本研究将故事线与以核心类属为中心现象的典范模型结合，发现消防应急救援能力主要包括预警监测、应急准备、应急响应和应急协调四大范畴，四大范畴依据事前预防、时刻准备、事中救援、后期协调的事故救援发展脉络形成完整的故事链，在微观层面体现为12个小范畴，其中预警监测包含学校安全教育、高危水域监测、高危预警宣传3个子范畴；应急准备包括专项训练、装备配置、资源投放3个子范畴；应急响应包括响应速度、现场指挥、科学技术保障3个子范畴；应急协调包括社会资源、民间救援、家庭支持 3 个子范畴，如图 6-2 所示。

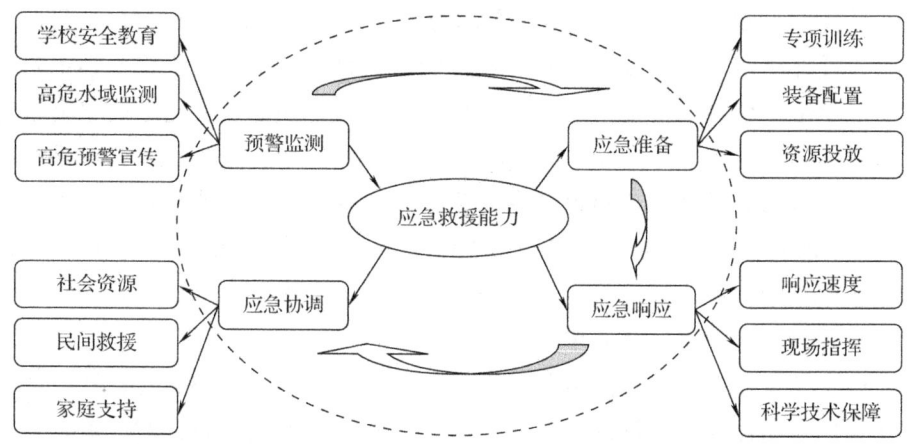

图 6-2 学生溺水事故中"政府-社会"消防应急救援能力影响因素模型图

（四）理论饱和度检验

理论饱和度检验是指在数据的收集与编码不断重复进行时，对于新收集的数据不再提炼出新的概念或类属，认为其基本达到饱和状态（Quan et al., 2008）。本研究将第 6 次访谈文本作为理论饱和度检验的样本，进行编码与分析，未发现有新的概念出现。因此，可以认为以上的编码所获得的理论模型趋近于饱和。

四、消防应急救援能力影响因素指标分析

本研究构建了影响"政府-社会"应急救援能力的预警监测、应急准备、应急响应和应急协调四大因素模型，与前人提出的应急救援能力包括时间维、资源维、过程维、决策维、技术维有很高的契合度，但事件过程描述更为具体形象，进一步分析因素指标如下。

（一）预警监测因素分析

早期预防是节省人力、物力的最佳选择。预防学生溺水事故就要重视研究学生溺水规律和特征，了解溺水事故发生的地点、过程、原因等，缺乏安全知识和无法应对是学生溺水发生的主要原因。

学校安全教育是预防学生溺水的主要阵地，能对缺乏安全知识和无法应对的

学生直接干预。然而，一项针对中国学生的调查发现：73.6%的大学生完全不会游泳，只有11.8%的大学生具备通过游泳考核的能力（张辉等，2016）。目前，消防应急救援部门定期与学校联合开展安全知识教育，但从根源上普及学生安全知识、增强学生安全意识、提高学生自救自护的能力，还需要依托学校安全教育的深度开展。例如，受访人员王××曾说："这个东西（预防学生溺水）我感觉除了学校组织一系列的活动，比如说请专业队的或者是我们消防的过去搞一些什么活动，就是每到夏至来临之际，给学生讲讲课或者是抽一个星期或者是搞几次活动，体验一下之类的。因为你只能从这方面预防，从根本上普及学生安全知识，提高预防溺水意识，才会整体提高学生的自救能力。"

高危水域监测可促进消防应急救援部门对辖区高危水域环境的认知了解，访谈的6个焦点团体均会对辖区内游泳池（馆）做日常安全排查；对河流、海边等水域勾勒了作战草图，对重点水域、事故多发水域均有标注。在日常训练和执勤中，有个别团体对实地进行勘测、预演，在实战应急救援中，为临场决策和快速救援奠定了基础。经济落后、地域水域环境复杂的县域消防应急救援部门，却无法（人员短缺、公开水域遍布）对辖区（尤其是乡镇村）内高危水域进行有效监测，往往由于路程较长、事故地偏远，接警救援赶赴现场时溺水学生早已失去了生还的可能性。受访人员李××说道："碰到地势比较险峻的、水域环境比较复杂的，不说出警程序，出警遇上大马路堵车，走也走不了，耽搁时间因为他这个人，特别是小孩，他在水里面存活最多也就两三分钟，就是他们溺水了之后下去存活也就两三分钟，如果你过了这个黄金的救援期，就很难把他救活，所以这个事态的危害性就是特别大。所以比如说你本来这个开车至少十分钟，我不讲别的，等你十分钟把这些东西器材什么都搞好，到那里的时候，人基本上就已经不行了，因为时间太短了。"

高危预警宣传是消防应急救援部门的常见举措，如安装警示标牌、标志，张贴警示标语等，可以有效提醒和预防学生在高危水域活动。但访谈中发现：标牌标语由于自然损坏、人为破坏等，需要定期维护，而消防应急救援部门人员有限，日常救援任务繁重，更需要社会力量共同参与预警宣传。

（二）应急准备因素分析

应急准备是消防应急救援部门的备战常态，确保时刻待援，定期开展训练，提升救援能力。

第六章 社会层面:"政府-社会"联防联动保障机制策略研究

专项训练是提升应急救援能力的重要手段。访谈发现,消防应急救援涵盖火灾、自然灾害、交通伤害等一切救援业务,因此分配在水域救援领域的专业人士较少,往往地方支队定期派一名熟悉水性的战士参加大队(省级)水域救援培训,培训完毕后再组织地方支队救援人员训练。但由于大家水性各异,加上精力受限,专项训练在训练方法、训练理论和训练条件上都难以达到专业救援水平,访谈中有29人提到"会游泳不等于会救援",可见专项训练的重要性。值得注意的是,有的消防应急救援部门中半数以上救援人员极少接受过水上救援专项训练。例如,受访人员宋××提到:"我们救援这一块,专项训练非常重要。但每次学习提升的名额都非常有限,范围常局限于一两人,而且培训时间较短,很难深入掌握。如果遇到全国技术交流的机会,虽然会见识到一些新的急救设备和方法应用,但几个人的学习提升很难带动整体专业训练和接受面。"然而,诸如蓝天救援队、红十字会水上义务搜救队、长江救援志愿队等水上公益救援组织的成员本身就具备了良好的游泳救生技能,且因为兴趣爱好,长期参与游泳锻炼,对水域环境非常熟悉。因此他们在救援中往往能更快接近溺水学生,成功率较高,但救援队负责的水域有限。

装备配置是应急救援的重要环节,救援车、橡皮艇、救援绳、网、救生衣等是常见的救援装备,而救援服、声呐探测仪等高科技装备却难以在消防支队、大队中配备,一是受水域环境所限,不一定实用;二是资金受限,专业装备配备有难度;三是专业人员短缺,配备之后无人使用遭遇搁置。例如,受访人员胡××提到:"我们参与这些溺水事故,每次过去就是一起帮助找尸体之类的。因为之前也没有什么装备,然后就是前几年才配备了一个水下声呐探测仪……";再如,邱××也说道:"专业的设备才起了一个重要的作用,就是说找尸体的时候,包括找人的时候,救援的时候,你水下有人,这才看得到,因为之前也没有什么装备可以在水下使用的,也不晓得怎么找,在这个方面对于我们来说也比较薄弱,因为平时我们进行资源训练救援的话基本上就是以这个冲锋机,从一个橡皮艇,基本上就是进行这个编队行驶,把它搞到对岸去,平时我们这个水域救援演练也是这样,对装备这方面还是比较薄弱……"

资源投放是指消防应急救援部门在学生溺水事故多发水域、重点监测水域投放救生圈、漂浮绳等装备资源(常捆放在显眼位置),可以在学生溺水事件突发时,供现场人员抛物急救使用。然而在实际投放和应用中,装备资源被损坏、破坏严重。例如,受访人员刘××曾多次提到:"站在我们的角度,我们认为有关溺水防护的话只能通过学校，还有在学校周围配有一定的设备，容易让学生发现。因为你要宣传的话只能从大人下手，中小学生还什么也不懂，比如说小学生懂啥，啥也不懂，学校教育好了，从三年级往上到六年级，你慢慢去给他家人沟通，不管是不是第一监护人之类的，你一定要跟他沟通好了。就是学校也是请人，每到暑假来临之际搞一些活动，过去给学生上上课，每年都来一下，告诉学生遇到溺水应该怎么办，那些放在显眼地方的设备是用来干什么的，我感觉预防效果都是比较好的，就是预防这种事故的发生会减少很多，因为你通过这种事情（资源投放）的话，一方面是学校安心也放心，另一方面学生们也能减少知识盲区。即使万一真的发生什么学生溺水事故，那些简单的设备也方便现场人员紧急使用，也方便等待我们（消防人员）实行救援。"

（三）应急响应因素分析

应急响应表现出来的快速反应和有效处置能力是消防应急救援能力的最直接体现，人们最关心"专业力量"对灾害事故的控制力和为最大限度减轻损失所做出的努力过程（张楠，2018）。

响应速度是衡量消防应急救援能力的重要标志，受到社会普遍关注。学生溺水事故最佳反应时间以秒计算，通过访谈获悉：应急救援部门一般在接警后30秒内出车（消防应急救援部门要求1分钟内首车出警），学生溺水的黄金救援时间只有2~3分钟，超过10分钟基本已无生还可能。因此，在最短的时间赶赴现场才有可能成功救援。例如，受访人员杨××曾说道："对于学生溺水事故，我们一般很重视黄金救援期，也就是那2~3分钟很关键。因此，除了我们在路上遇到不可控因素，我们的出警速度，还有救援速度都是可以的，只不过对于我们基层县市的话，就是装的这个救生衣，还有发动机，也就是从接警到出警，把装备找齐，也就几秒钟的时间。对于出动，然后到这个事故发生点的话，要看这个中途的路程有多远……"水上公益救援组织在响应速度上因为更接近危险水域，救援更快，所以成功率更高。因此，有必要构建应急救援管理部门与水上公益救援组织的信息共享和联防联动。

现场指挥是考量应急救援能力的重要依据，然而在学生溺水事故救援过程中，现场指挥的压力来源于极限的救援时间、极端的现场压力及枯竭的救援资源。例如，几个访谈团体都谈到：当抵达救援现场时发现现场救援的复杂程度和危险程度远远超过了团队的救援能力，携带的救援装备完全派不上用场，只能依靠和求

第六章 社会层面:"政府-社会"联防联动保障机制策略研究

助于民间救援团体,这时候现场指挥需随机应变,由救援主体转变为协同救援,甚至是辅助救援。

科学技术保障是提升救援能力的重要依托,救援服、水上救援绳索工具套装、充气浮桥、声呐探测仪等专业装备只有极少数消防应急救援部门装备,且团队中会使用这些装备的专业人员有限。快速准确地利用高科技救生器材实施救援,是提高应急救援能力的重要一环。

(四)应急协调因素分析

学生溺水事故的高发和偶发往往需要各界资源的共同响应,协调各方资源和力量是促使一次救援成功的智慧选择。

社会资源包括发布预警信息、及时报警、口头告诫、礼让应急救援通道、医疗保障等社会力量,是整个社会对消防应急救援的支持。例如,有团体在访谈中提到,学生溺水事故频发时段包括夏天晚饭前后,这也是城市出行晚高峰时段,消防应急救援车辆需与时间赛跑,更希望大家礼让生命救援通道。

民间救援是消防应急救援之外最重要的救援力量,主要包括草根救援队伍、应急志愿者和国际志愿者组织中的应急救援队伍,他们往往在水域救生领域更为专业,一方面具备直接救生的能力,能更为快速地参与救援,另一方面队伍购置的救援设备也更为专业,如访谈中各团体均提到的蓝天救援队,其不仅具备良好的水域救生技能,还配备高科技救生器械辅助保障。在某些特定的时间点、地域环境,更需要民间救援的及时出现。例如,受访人员王××说道:"其实我们之前,中队就是相当于恩施这边的蓝天救援队,像平常一般出去搞保卫,这些关系都走得蛮近,有时候会请他们那里的教练来我们中队授课,但是我觉得在授课层面,其实更接近实战的好些。比如我们到泳池里面去训练一下,假如这个人怎么弄、怎么救。不过之前来给我们授课,也都听进去了,还是有益的。因此,我们在救援过程中,如果有我们不精通的事,民众或者政府组织还是会求助其他民间救援力量的,即使它是收费的。"

家庭支持不仅表现在事前对学生的监管和教育,也表现在在事故中与救援人员的配合。在访谈提到的救援案例中,留守儿童的溺亡率是其他家庭的数倍,往往是学生在缺少监管的情况下贸然下水溺亡,且在无大人陪同的情况下常常事发数小时甚至数天后才接到报警。例如,受访人员董××曾提到:"现在有的孩子是留守儿童,因为父母监护不到他,所以这部分人是最危险的,很容易在遇到溺水事故时无人知晓,更无人搭救。因此,一定的家庭支持还是很重要的。"

五、学生溺水事故中消防应急救援能力提升策略

(一)预警监测方面

学校安全教育是预防学生溺水的主阵地,但迫于溺水事故的危害性和学生溺亡率,很多学校出于硬件设施不够或为了规避风险,纷纷选择"保护"学生远离水域,致使大部分学生不会游泳。但这并不是有效干预学生溺水的最佳方法,因为学校对学生的监督并不是无时无刻的,学生对水的好奇和向往在没有安全知识和技能保护的情况下更容易导致溺水。教育部在历年的预防学生溺水的通知中都呼吁:切实提高学生在水中遇到紧急情况的自救自护能力,掌握恰当的救生方法。

高危水域监测和高危预警宣传不仅需要消防应急救援部门的投入,更期待政府整合资源,全民参与监测和宣传。例如,宁波市疾控中心发布了江北区溺水危险水域示意图,对9所民工子弟学校周边500米范围内的危险水域(包括江河、湖泊、溪沟、水渠、未加盖的窨井、储水容器等)进行排查,将其在地图上进行标注,有效配合消防应急救援部门的预警宣传工作。

(二)应急准备方面

由于学生溺水事故的高危性和救援时间的紧迫性,需要专业人士的专业救援才能胜任,所以消防应急救援部门进一步加强救援人员的专项训练,从训练方法、训练理论和训练条件上保障救援人员救援能力的提升。

消防应急救援部门装备的滞后和实战需求偏差较大程度上限制了救援能力的提升,各地应因地制宜,调研配备适宜当地水域环境救援的专业装备,如宽阔的水域配备声呐探测仪、山区配备通过性能高的皮卡救援车等。

资源投放可联合社区、村镇委员会等,定期检查维护,并在投放点张贴相关使用说明,发展更多的应急准备力量。

(三)应急响应方面

应急救援能力的核心要素在于高效、迅速及科学,响应速度对学生溺水围观民众心理上具有显著的良性影响,可起到稳定、安抚等积极作用。因此,救援人

员快速出警，最短时间到达救援现场是基本素质。

救援人员在学生溺水事故特定的环境下应果断做出抉择，在平时的训练中可运用案例分析和情景模拟等方法，提高救援人员现场指挥能力。

目前越来越多的专业水域救生装备进入市场，消防应急救援部门作为专业救援团队，须在科学技术保障上下功夫，智救速胜，提升救援能力。

（四）应急协调方面

在学生溺水预防、监测、报警、施救、医疗等各个环节，社会资源的协调配合和家庭支持都是不可或缺的，消防应急救援部门可根据学生溺水救援的施救流程做形象细致的宣传（如针对火灾、交通灾难等做动画宣传），普及社会、家庭的共同认知，协调各方力量参与预防和救援。

民间救援是政府应急救援的最有效补充，尤其是针对学生溺水事故的救援。鉴于学生溺水事故具有有效救援时间紧迫、救援危险性高等特点，不具备专业水域救生技能的个人或团体很难胜任救援（除简单的岸上抛物救援和浅水区域涉水救援），且容易诱发人溺己溺的危险。因此，应鼓励更多的民间专业水上救援团体加入救援队伍，访谈中有31人次提到："民间救援缺乏全面的接警机制，消防应急救援如能和民间救援信息互通、联勤联训，将会显著提高应急救援能力。"消防应急救援部门应探索政府主导、社会协同、民间救援共同参与的网状模式。

六、结论

运用扎根理论初步构建了学生溺水事故中消防应急救援能力影响因素模型，按学生溺水事故救援的事件过程类属预警监测、应急准备、应急响应和应急协调4个大范畴，以及学校安全教育、高危水域监测、高危预警宣传、专项训练、装备配置、资源投放、响应速度、现场指挥、科学技术保障、社会资源、民间救援、家庭支持12个小范畴。鉴于学生溺水事故具有有效救援时间短、危害性大、救援能力要求高等特点，建议消防联合学校落实强化学生水上安全教育；整合社会、家庭加强学生溺水预防、预警监测高危水域、监护监管到位；吸纳民间救援团体联勤联训、协同救援；配备并使用专业装备，从训练方法、理论和条件上保障救援人员水上救援能力的提升。

第二节 基于社会救援资源动员视角的"政府-社会"联防联动策略探究

学生游泳溺水属于公共突发事件,不仅容易给个体带来伤害,也容易引发群死群伤的悲惨事件,产生社会影响、生命威胁、财产损失等一系列连锁反应。学生溺水事故的有效救援时间短、危害性大、救援能力要求高等特点,给学生溺水救援带来了极大的挑战。分析 2009 年感动中国人物"10.24 见义勇为英雄群体"、由于"父母监护失责"导致溺水的学生、游泳溺水受害的留守儿童等救援案例发现,以政府为中心,广泛动员社会力量参与极大地支持了各种学生溺水突发事故的应急救援。本节针对学生溺水伤害,以社会救援资源动员为视角,探索多主体、多渠道的"政府-社会"联防联动策略。

一、社会救援资源动员理论回顾

美国在 20 世纪 60 年代研究社会运动中提出资源动员理论,目的在于揭露美国各个社会运动组织的资源调配过程(Olson, 2009)。而后,社会运动中频繁应用资源动员理论解释和指导实践,其中 Edward(1980)利用资源动员理论分析组织结构对劳动分工、集体行动的形式和强度的影响;Herbert(1986)在反对核能冲突分析中拓展了资源动员理论的框架。随着资源动员理论的发展,社会救援资源动员理论也逐渐成熟,Harry(2014)在总结美国突发事件的应急处理中,借鉴社会救援资源动员理论大大提高了社会参与率。李紫瑶(2011)进一步明确社会救援资源动员在中国情景的应用框架包括:社会和政府的组织协调、资金投入、能力保障和信息沟通 4 个维度;韩秋露(2015)提出社会救援资源动员体系的构建原则是以社会救援资源需求为唯一牵引,高效、及时反馈资源信息,以及有效利用国民经济动员系统和应急管理系统。这无疑给学生溺水救援提供了可供借鉴的理论指导。

二、水上救生"政府-社会"救援资源动员的历史沿革

自从人们开始在自然水域生存和游泳,就创造了水上救生的历史。历史上第一支水上救生队诞生于公元前 63 年,由古罗马奥斯古都大帝(Emperor Augustus)

第六章 社会层面:"政府-社会"联防联动保障机制策略研究

组织,但随着物质资源的丰富和人们生活水平的提升,人们与水相关的生活和活动越来越丰富,溺水事故也显著增多。为了探索行之有效的水上救生方法,1720年,法国的里莫(Remur)奉摄政王之命专门组织民间擅长游泳的救援人员组成救援队,传授水上救生方法。随后,瑞士、德国、匈牙利等国组织了救生研究会,专门就水上救生技能进行研究,并组织发行教材。通过几百年规范的探索和有序组织,1891年世界上最早的国家救生机构英国皇家救生协会诞生,目前,该协会每年要授予上万名游泳池救生员和海滩救生员资格证书。19世纪,美国红十字会雇用经过专门训练和特别配备的人员(救生员)参加水上营救工作,鼓励人们"以水上营救为主,水下营救为辅",组织专门的水上救生培训,培训理念从以往各国的"以救为主"转变为"以防为主"。1993年2月23日,国际救生协会(International Life Saving,ILS)在比利时成立,成为救生运动第一个世界组织,现已得到世界卫生组织、国际单项体育联合会总会(General Association of International Sports Fedarations,GAISF)、国际奥林匹克委员会(International Olympic Committee,IOC)、国际世界运动协会(International World Games Association,IWGA)等众多权威国际组织的承认和合作。在培训内容方面,不仅涵盖了游泳池救生、公开水域救生等,还强化了救生员公共安全知识教育和游泳专门技术、赴救技术、现场急救等必备技能的训练,同时还教授去纤颤器、便携式氧气装置、救生艇等先进救生设备的使用方法,水上救生效果显著。

我国水域类型丰富,分布广阔。唐朝时期政府设立了专门的"篙工"专司来避免水上交通事故的发生,明清时期政府在交通要道使用"救生红船"(蓝勇,1995)(因使用的救生船只有红色涂刷为标志),从民间选拔游泳能力极好的水手和桡夫装备红船,展开水上救援。20世纪初,上海开始兴建一批公共游泳池,也随即产生了民间游泳救护人员。中华人民共和国成立后,毛泽东畅游十三陵水库后提出"游泳要注意安全,千万不要淹死一个人"的指示,随后北京市、天津市等率先发布加强游泳场所管理的规定。1979年,上海率先成立上海救生委员会;1982年,天津市体育委员会和天津市红十字会联合颁布了《天津市游泳救护员组织管理条例》,建立了一支相对稳定的救护员队伍;1998年8月,中国游泳协会救生委员会(次年更名为中国救生协会)成立,先后制定了《中国泳协救生员培训基地的有关规定》《救生员管理规定》,规定了救生员统一培训的内容和考核制度,并组织编写了水上救生教材(中国救生协会,2003)。自此,我国的水上救生培训体制、管理体制、竞赛体制逐渐健全,并取得了很好的实效。

三、"政府-社会"救援资源动员的范围

"政府-社会"的关系早已得到明确表述,管理学认为政府系统及与政权紧密关联的组织部门都视为政府;而除政府之外的组织则被视为社会(曹绪飞,1999;刘先江,2006)。在学生游泳溺水伤害事件中,政府是与学生安全管理相关的教育、体育、应急救援、医院等政府政权组织;社会力量则包括社会大众、社区、民间义务救援团体(红十字协会、长江义务救援队、海上义务搜救队等)及游泳社会培训等。救援范围参考《国家突发公共事件总体应急预案》的划分,主要包括物资、财力、人力、交通运输、医疗卫生及通信保障等。课题组结合前人研究和国家政策规定,根据学生游泳溺水伤害实际,将应急救援资源分为救援人员、救援设备、信息资源、医疗资源和资金保障 5 个方面(表 6-5)。救援人员包括政府和社会救援人员,救援设备包括专业救生设备和通用救生设备。

表 6-5 应急救援资源结构表

5个方面	子结构	举例
救援人员	政府救援人员	消防应急救援
	社会救援人员	民间义务救援团体、个人
救援设备	专业救生设备	救生艇、水下声呐探测等
	通用救生设备	救生绳、救生圈、救生衣等
信息资源		求救电话、安全巡逻等
医疗资源	医疗人员	医生、护士等
	医疗物资	医疗设备等
资金保障		动员和调配资金

四、"政府-社会"救援资源动员体系构建

(一)"政府-社会"救援资源动员体系总概况

应急处置是学生游泳溺水救援中最重要的一部分,社会救援资源动员体系应紧密服务于救援过程。因此,参照应急管理体系(赵云锋,2009),结合学生游泳溺水救援的特点,构建"政府-社会"救援资源动员体系概况图,如图 6-3 所示。

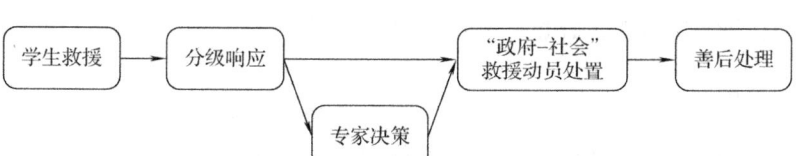

图6-3 "政府-社会"救援资源动员体系概况图

（二）"政府-社会"救援资源动员响应

在我国突发事件应急响应体系中常用四级响应模式，不同响应级别由不同的组织响应（韩秋露，2015）。因此，参照突发事件应急响应体系和学生溺水救援实际，构建"政府-社会"救援资源动员分级响应图（图6-4）。

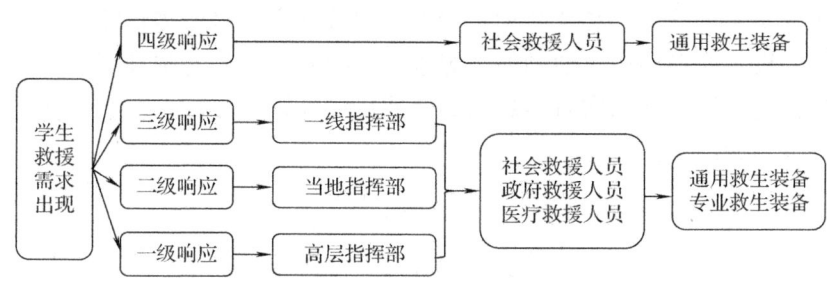

图6-4 "政府-社会"救援资源动员分级响应图

1. 四级响应

四级响应时，学生游泳溺水危险可能发生在游泳池、浅水区及具备救援条件的水域，周边具有胜任救援的社会救援人员或者个人，徒手或者利用通用救生设备就可以完成救援。此时的事故只需要进行一般处置即可。

2. 三级响应

三级响应时，学生游泳溺水危险可能发生在具有一定救援难度的水域，周边缺乏胜任救援的社会人员，通过119、110等一线指挥部，及时调动当地最近的民间义务救援团体和政府救援人员，结合通用和专业救生设备开展救援。

3. 二级响应

二级响应时，学生游泳溺水危险更为复杂，有事态进一步失控的风险，需要地方政府成立专门的应急救援指挥部，协调社会救援人员和政府救援人员共同参与救援,且此时有捐助、筹集物资的可能。

4. 一级响应

一级响应时,学生游泳溺水危险可能引发群死群伤的恶性事件,有进一步引发网络舆情的风险,地方政府需上报省一级人民政府甚至国务院有关部门,成立高层指挥部,成立以政府救援人员为主,以社会救援人员为辅的救援团队,协调各部门调集救援资源和筹集资金,开展专业救生。

(三)"政府-社会"救援资源动员专家决策

专家决策是服务于"政府-社会"救援处置的重要环节,通过对学生游泳溺水事故救援资源需求分析,结合救援经验和对比数据库,对所需救援的地理位置、动员能力、设备保障能力及通勤能力等进行详细研判,从而制订更加符合实际情况的动员预案,结合现场实时信息指导快速动员处置。"政府-社会"救援资源动员专家决策图如图 6-5 所示。

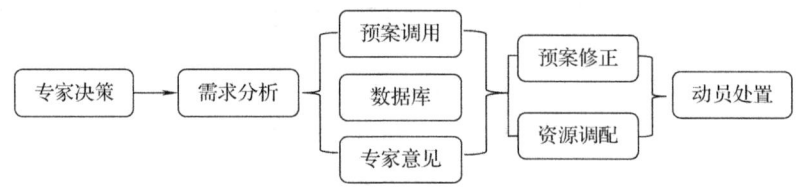

图 6-5 "政府-社会"救援资源动员专家决策图

(四)"政府-社会"救援资源动员处置

课题组剖析学生游泳溺水救援案例获知,随着溺水突发情况的出现,依据分级响应的原则,"政府-社会"救援资源动员体系会根据救援需求和具体情景,选择适宜的动员处置方式。"政府-社会"救援资源动员处置流程图如图 6-6 所示。

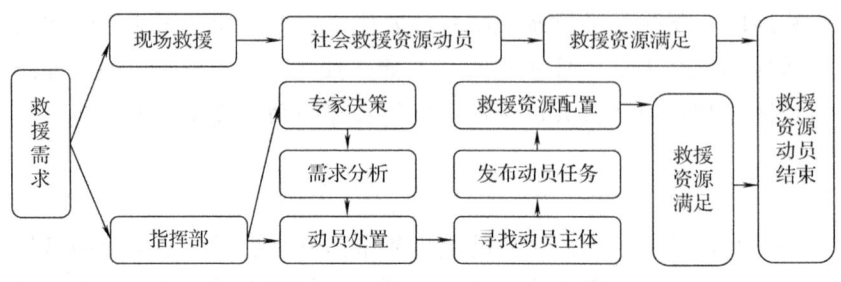

图 6-6 "政府-社会"救援资源动员处置流程图

一方面，学生游泳溺水现场，如有社会救援资源且能够满足救援需求，救援任务即可很快完成，如我们常常看到的游泳池救生、户外水域成功救援等。另一方面，如果响应级别超过了三级，指挥部动员统筹，就需要快速做出研判，根据需求启动动员处置，首先通过动员主体（往往是消防应急救援），然后通过信息交流沟通平台发布协助任务，调配政府救援资源和就近的社会救援资源参与救援，这其中包括了人、财、物。

（五）"政府-社会"救援资源动员善后处置

"政府-社会"救援资源动员处置之后，依旧可能留下一系列的善后工作。"政府-社会"救援资源动员善后处置图如图6-7所示。由于学生溺水伤害大、有效救援时间非常短，救援资源极可能无法精准快速地满足救援需求，后续的医疗、补偿、理赔等也会成为非常重要的善后处置工作。此外，总结评价也是善后处置的重要环节，对于可供借鉴的地方和不足之处进行反思，有助于提升类似事故救援的成功率。

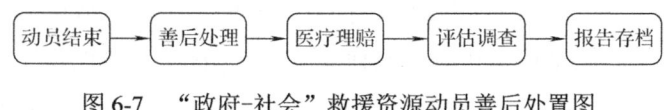

图6-7 "政府-社会"救援资源动员善后处置图

五、结论

应急救援中最重要的就是人员调动、资源配置和后勤保障，参照我国水上救生"政府-社会"救援资源动员的历史经验，在以政府为救援主体的前提下，借鉴社会救援资源动员理论，按照四级分级响应原则，广泛动员社会力量参与各类学生溺水突发事故的应急救援，分别构建了学生游泳溺水救援中"政府-社会"救援资源动员总体系、"政府-社会"救援资源动员分级响应流程、"政府-社会"救援资源动员专家决策流程、"政府-社会"救援资源动员处置流程、"政府-社会"救援资源动员善后处置流程等。

第七章 "学校-家庭-政府-社会"层面：分层构筑学生水上安全网

无论是国务院教育督导委员会办公室2020年发布的第5号预警《扎紧扎实安全"防护网" 守护学生生命安全》，还是学者徐剑锋（2019）认为防溺水立体安全网包括竖立警示牌，加大池塘、沟渠等危险水域的巡查监管力度，对未成年人给予特殊保护，补齐短板，严防死守、多方发力、多管齐下编织好安全网，都是对构筑学生水上安全网具体做法的解释，但缺乏对学生水上安全网理论基础的推导。然而，课题组以知信行理论和水上安全分层教育理论为指导，借鉴国内外水上安全教育研究的现实依据和干预实践，分别从学校（学校水上安全分层教育模式的完善与检验）、家庭（父母家庭教育有效监护的实践与反思）、"政府-社会"（"政府-社会"联防联动保障机制策略研究）3个层面构筑预防学生游泳溺水的水上安全网，既是对前人学生水上安全网更科学、更深入的探讨，也是对学生水上安全网理论的梳理过程。

第一节 学生水上安全网理论阐释

一、构筑学生水上安全网的核心：学校水上安全分层教育

学校作为实施教育的专门性机构，在学生教育中有无与伦比的权威性。基于9792份学生问卷调查（其中大学生有效问卷2307份；中学生有效问卷4516份；小学生有效问卷2969份）统计结果发现：在知识方面，学校教育是学生水上安全知识获取的最主要途径，但学校实施水上安全知识教育和学生掌握水上安全知识并转换成安全意识还需要进一步的努力。中小学生水上安全知识的掌握程度较低（各年龄段中农村学生水上安全知识的掌握程度更低），是重点关注群体。在技能方面，限于游泳项目的危险性和场馆需求，中小学水上安全技能教学开展率极低，大学水上安全技能教学中泳姿技能以蛙泳、自由泳为主，但课内掌握程度并不乐

观；对于韵律呼吸、水中漂浮、抽筋自解等自救技能和岸上救援、水中施救、心肺复苏等救溺技能涉及比例非常低，致使大部分大学生并不具备自救和救溺的能力。在态度行为方面，不同年龄段、不同性别，以及城乡学生在水上安全态度和游泳高危行为方面都存在显著的差异，其中中学生和大学生感觉寻求指数更高、男生比女生感觉寻求指数高；所有年龄段男生游泳高危行为显著高于女生，中小学生游泳高危行为显著高于大学生，农村学生在水上安全态度和游泳高危行为上都显著高于城市学生。

课题组针对教育现状和群体特征，为夯实学生水上安全教育核心，以分层教育理论为指导、以先进教育经验为借鉴，以课题组前期成果《大学生安心游泳技能等级标准》为测试工具，从整体思路设计、教学目标设计、教学内容设计、分层进度安排、教学组织设计、考核体系设计等全面构建学生水上安全分层教育模式。针对不会游泳学生的特点，如水上安全知识严重缺乏、游泳技能几乎为零、水域高危行为多、面对危险无法自救等，设计了以"安全涉水、求生自救"为教学目标的初级教育模式；针对掌握了个别游泳技能的学生的特点，如水上安全知识不足、自救技能欠缺、救溺技能严重匮乏等，设计了以"冷静应对、巧救智援"为教学目标的中级教育模式；对具备了一定游泳技能和自救技能，但救溺技能不足（一旦遇险，参与直接救援将存在重大安全隐患）的学生群体，设计了以"合理处置、胜任救援"为教学目标的高级教育模式。中小学生只学习以"安全涉水、求生自救"为教学目标的初级教育模式的内容和以"冷静应对、巧救智援"为教学目标的中级教育模式的内容，大学生可学习3种层次的教育模式的内容。

通过对300名大中小学生教育实验验证：水上安全初级、中级、高级教育模式能够有效丰富学生水上安全知识，增强学生水上安全技能，改善学生对水上安全的态度，减少游泳高危行为；水上安全初级、中级、高级教育模式的效果有一定的保持性（说明：大学生教学实验已在课题中期研究中开展）。

二、构筑学生水上安全网的基础：家庭教育

父母是学生的第一任教师，家庭教育是学生安全监护、安全教育的基础环节。对120名监护人调查发现：学生游泳运动中监护人救援能力普遍不足，近七成监护人自评监护能力不及格，溺水者状态识别、直接救援能力、间接救援能力等均显示监护人反应不当，在公开水域不知如何施救且心肺复苏技能普遍欠缺，一旦

学生游泳出现危险，在实操中就极易犯险。监护人的水上安全知识、水上安全技能（主要是指救溺技能，尤其是间接救溺技能和心肺复苏技能）等救援能力有待提高，而被调查者自身也认为水上安全教育的知识和技能培训非常有必要。

课题组借鉴《大学生水域安全分层教育模式研究》《大学生安心游泳技能等级标准研制》等框架内容，再结合美国按年龄为学生制订的"ABC"计划，澳大利亚为学生制订的"游泳及求生教育计划"、为父母制订的"保持警觉教育计划"，以及中国教育协会"安全教育服务平台"中构建的学生防溺水教育体系等，运用德尔菲法对20名专家进行2轮函询，分别计算专家积极系数、专家权威程度、专家协调程度等，对函询结果统计整理后形成家庭教育指标，最后采用层次分析法确定指标权重。2轮函询专家积极系数都为100%，专家权威程度都为0.95，专家协调程度分别为0.228和0.105，根据专家意见对指标进行修改、删除，最终形成包含2项一级指标、11项二级指标和37项三级指标的父母家庭监护学生游泳安全教育指标。最后通过层次分析，计算出学生游泳运动伤害中家庭教育指标一级条目水上安全知识、水上安全技能的权重分别为49.98%和50.02%。

课题组进一步运用家庭教育指标体系开发家庭教育方案，配合学校水上安全分层教育实验同步开展家庭教育提升计划实验研究。结果发现，120名监护人救援能力自评分、状态识别、救援反应、急救能力4个维度有显著性改善，且家庭教育提升计划教育方案的实践效果有一定的保持性。

三、构筑学生水上安全网的支柱："政府-社会"联防联动保障机制

课题组为探究学生溺水事故中政府应急救援能力影响因素，基于扎根理论，对国内6个焦点团体（33名参与学生溺水救援的人员）进行半结构式访谈，并将访谈音频资料整理成文本，依次进行开放编码、主轴编码和选择编码，分析得出政府应急救援能力影响因素包括预警监测、应急准备、应急响应和应急协调四大范畴，以及学校安全教育、高危水域监测、高危预警宣传、专项训练、装备配置、资源投放、响应速度、现场指挥、科学技术保障、社会资源、民间救援、家庭支持12个小范畴。此模型为有针对性地预防学生溺水，提升事故中政府应急救援能力提供了理论支持。

基于社会救援资源动员理论，梳理我国水上救生"政府-社会"救援资源动员的历史沿革，在以政府为救援主体的前提下，按照四级分级响应原则，广泛动员

社会力量参与各类学生溺水突发事故的应急救援,分别构建了学生游泳溺水救援中"政府-社会"救援资源动员总体系、"政府-社会"救援资源动员分级响应流程、"政府-社会"救援资源动员专家决策流程、"政府-社会"救援资源动员处置流程、"政府-社会"救援资源动员善后处置流程等。

由此,课题组提出:构筑学生水上安全网的核心是学校水上安全分层教育,基础是家庭教育,支柱是"政府-社会"联防联动保障机制。学生水上安全网是整合学校水上安全分层教育、家庭教育、"政府-社会"联防联动保障机制为一体的育人全链条,是干预学生游泳伤害的重要手段。

第二节 学生水上安全网安全手册制定

从操作层面上如何具体明确学校、家庭、政府-社会的内容和流程呢?课题组尝试分别制定《学生游泳运动学校安全教育手册》(表7-1)、《学生游泳运动家庭安全教育手册》(表7-2)、《学生游泳运动政府社会应急救援手册》(表7-3),以期为各级政府教育、体育行政部门提供策略参考。

表7-1 《学生游泳运动学校安全教育手册》

学生游泳特征	学段	安全理念	主要内容			特别提醒
			安全知识	游泳技能	救溺技能	
针对不会游泳学生的特点,如水上安全知识严重缺乏、游泳技能几乎为零、水上高危行为多、面对危险无法自救等	中小学生只可可学习初级	大学生可学习初中高级	以"安全涉水、求生自救"为教学目标的初级教育模式	以防溺救生知识为主,包括:水域环境警告讯息、游泳18忌、游泳注意事项、"四不游""三佩戴"、水域活动安全要点、游泳装备知识和简易的浮具制作	练习:俯卧滑行后交替打腿,男生25米,女生15米,仰卧滑行后交替打腿,男生25米,女生15米 自评:任意泳姿游进25米	强调自救:穿戴个人漂浮设备,水母漂30秒以上,十字漂浮30秒以上,踩水30秒以上,仰漂30秒以上,水中受伤、抽筋应对技能,水中自救步骤	确保自身安全,体能需达到:任意泳姿游进25米

143

续表

学生		安全理念	主要内容			特别提醒
游泳特征	学段		安全知识	游泳技能	救溺技能	
针对掌握了个别游泳技能的学生的特点，如水上安全知识不足、自救技能欠缺、救溺技能严重匮乏等	中小学生只可学习初中级	以"冷静应对、巧救智援"为教学目标的中级教育模式	除了初级安全知识还应掌握：水中意外救生常识、正确施救溺水者步骤、水中意外受伤和抽筋解决方法、冷水求生、水草缠身自救法、身陷漩涡自救法、疲劳过度自救法	练习：侧向打腿，男生25米，女生15米；仰卧鞭状打腿前行，男生50米，女生25米；俯卧鞭状打腿前行加有节奏的呼吸，男生50米，女生25米 自评：蛙泳，男生100米，女生50米；仰泳，男生100米，女生50米；侧泳，男生100米，女生50米，任选一种	具备自救的能力，鼓励保障自身安全的前提下间接救援；岸上救生（借物待援）、冰上救援的办法、冰上自救步骤	能安全应对突发事件，任一泳姿，男生300米、女生200米
对具备一定游泳技能和自救技能，但救溺技能不足（一旦遇险，参与直接救援将存在重大安全隐患）的学生群体	大学生可学习初中高级	以"合理处置、胜任救援"为教学目标的高级教育模式	除了初中级安全知识，还应掌握：直接救生知识，如等待救助；溺水者抓住救生者一手腕的解脱方法；救生者被溺水者从后方抱住颈部的解脱方法；救生者被溺水者从前或后抱住腰部的解脱方法；救生者被溺水者抓住头发的解脱方法；紧急情况时，如何正确拖带溺水者；心肺复苏知识	练习：侧向打腿，男生50米，女生25米；仰卧鞭状打腿前行，男生100米，女生50米；俯卧鞭状打腿前行加有节奏的呼吸，男生100米，女生50米 自评：蛙泳，男生300米，女生200米；仰泳，男生300米，女生200米；侧泳，男生200米，女生100米；蛙泳、仰泳和侧泳任选一种或组合，完成500米	不轻易涉险，若遇险，则优先实施间接救援，识别溺水者的危险状态；涉水救生，如拖带等；心肺复苏术；模拟直接救援	胜任直接救援须达到体能：负重搅蛋式踩水3分钟以上或采用混合式游泳游500米×1组

表 7-2 《学生游泳运动家庭安全教育手册》

家长自身具备的知识		学生基础	家长监护学生安全策略		
安全知识	安全技能		安全知识	游泳技能	自救或救生技能
（1）安全标识：识别警告标语、允许标志、警告标志、禁止标志、水上安全旗帜。（2）游泳环境判断：识别天气状况、危险水域、水质环境。（3）游泳注意事项：游泳安全常识、游泳前热身。（4）游泳安全要点：游泳池游泳安全要点，海滩游泳安全要点，河川、湖泊、溪流游泳安全要点。（5）游泳装备知识：游泳装备知识、坚持"三佩戴"、简易浮具制作。（6）游泳禁忌：游泳18忌、"四不游"	（1）游泳基本技能：泳姿技能、踩水技能、体能训练。（2）游泳自救能力：水中意外求生常识、水中自救步骤、抽筋自解、冷水求生、水草缠身自救、身陷漩涡自救、疲劳过度自救、冰上自救。（3）溺水者状态识别：水中求救、溺水者的八大无声迹象。（4）救援反应：大声呼救引起周围人注意、第一时间打电话报警、伸出可救援的树枝或竹竿给溺水者、找到漂浮物或绳子抛掷给溺水者、寻找大型浮具划向溺水者救援、在安全的情况下直接涉水。（5）急救能力：岸上救生、控水方法、人工呼吸、心肺复苏术	初级：针对不会游泳学生的特点，如水上安全知识严重缺乏、游泳技能几乎为零、水上高危行为多、面对危险无法自救等	以普及防溺救生知识为主，包括：水域环境警告讯息、游泳18忌、游泳注意事项、"四不游""三佩戴"、水域活动安全要点、游泳装备知识和简易的浮具制作	督促学生学习任意泳姿并游进25米	强调自救：穿戴个人漂浮设备，水母漂30秒以上，十字漂浮30秒以上，踩水30秒以上，仰漂30秒以上，水中受伤、抽筋应对技能、水中自救步骤
		中级：针对掌握个别游泳技能的学生的特点，如水上安全知识不足、自救技能欠缺、救溺技能严重匮乏等	除了普及初级安全知识还应掌握：水中意外救生常识、正确施救溺水者步骤、水中意外受伤和抽筋解决方法、冷水求生、水草缠身自救法、身陷漩涡自救法、疲劳过度自救法	督促学生学习蛙泳、仰泳、侧泳任一泳姿，男生100米，女生50米	具备自救的能力，鼓励保障自身安全的前提下间接救援：岸上救生（借物待援）、冰上救援的办法、冰上自救步骤
		高级：针对具备一定游泳技能和自救技能，但救溺技能不足（一旦遇险，参与直接救援将存在重大安全隐患）的学生群体	除了普及初中级安全知识，还应掌握：直接救生知识，如等待救助；溺水者抓住救生者手腕的解脱方法；救生者被溺水者从后方抱住颈部解脱方法；救生者被溺水者从前或后抱住腰部的解脱方法；救生者被溺水者抓住头发的解脱方法；紧急情况时，如何正确拖带溺水者；心肺复苏知识	督促学生学习蛙泳、仰泳、侧泳任一泳姿，男生300米，女生200米；或组合完成500米	不轻易涉险，若遇险，则优先实施间接救援，识别溺水者的危险状态；涉水救生，如拖带等；心肺复苏术

表 7-3 《学生游泳运动政府社会应急救援手册》

环境	宣传预防		救援善后
	安全宣传	安全防护	应急救援
室内泳池	（1）安全标识：识别警告标语、允许标志、警告标志、禁止标志。 （2）游泳注意事项：游泳安全常识、游泳前热身。 （3）游泳池游泳安全要点。 （4）游泳装备知识：游泳装备知识、坚持"三佩戴"、简易浮具制作。 （5）游泳禁忌：游泳18忌、"四不游"。 （6）游泳自救能力：水中意外求生常识、水中自救步骤、抽筋自解、疲劳过度自救。 （7）溺水者状态识别：水中求救、溺水者的八大无声迹象。 （8）进学校、进社区剖析典型事故案例。 （9）讲解预防溺水知识和救援知识、演练水上救援。	监督监管：行业资质、水质安全、救生器材、救生员	1．救生员救援处置分级响应（社会救援人员；政府救援人员；医疗救援人员） 2．"政府-社会"救援动员处置（社会救援资源动员、决策、处置） 3．善后处理（医疗理赔、评估调查、报告存档）
公开水域	配合学校、家庭做好游泳安全教育宣传、演习演练，内容主要包括以下方面。 （1）安全标识：识别警告标语、允许标志、警告标志、禁止标志、水上安全旗帜。 （2）游泳环境判断：识别天气状况、识别危险水域、识别水质环境。 （3）游泳注意事项：游泳安全常识、游泳前热身。 （4）游泳安全要点：海滩游泳安全要点，河川、湖泊、溪流游泳安全要点。 （5）游泳装备知识：游泳装备知识、坚持"三佩戴"、简易浮具制作。 （6）游泳禁忌：游泳18忌、"四不游"。 （7）游泳基本技能：泳姿技能、踩水技能、体能训练。 （8）游泳自救能力：水中意外求生常识、水中自救步骤、抽筋自解、冷水求生、水草缠身自救、身陷漩涡自救、疲劳过度自救、冰上自救。 （9）溺水者状态识别：水中求救、溺水者的八大无声迹象。 （10）救援反应：大声呼救引起周围人注意、第一时间打电话报警、伸出可救援的树枝或竹竿给溺水者、找到漂浮物或绳子抛掷给溺水者、寻找大型浮具划向溺水者救援、在安全的情况下直接涉水。 （11）急救能力：岸上救生、控水方法、人工呼吸、心肺复苏术。 （12）进学校、进社区剖析典型事故案例。 （13）讲解预防溺水知识和救援知识、演练水上救援。	配备动员：安全标识、通用救生器材、民间义务救援团体、安全巡逻、求救电话	1．学生救援需求出现分级响应（社会救援人员；政府救援人员；医疗救援人员） 2．专家决策（预案调用、数据库、专家意见） 3．"政府-社会"救援动员处置（社会救援资源动员、决策、处置） 4．善后处理（医疗理赔、评估调查、报告存档）

第三节　构筑学生水上安全网策略

"学校-家庭-政府-社会"在学生游泳伤害发生前后如何协同互动？实践证明，本研究无论是在3个层面的模式构建上，还是在分级实验的结果上，都达到了预期的效果，因此，课题组尝试构建"学校-家庭-政府-社会"构筑水上安全网策略图（图7-1）。

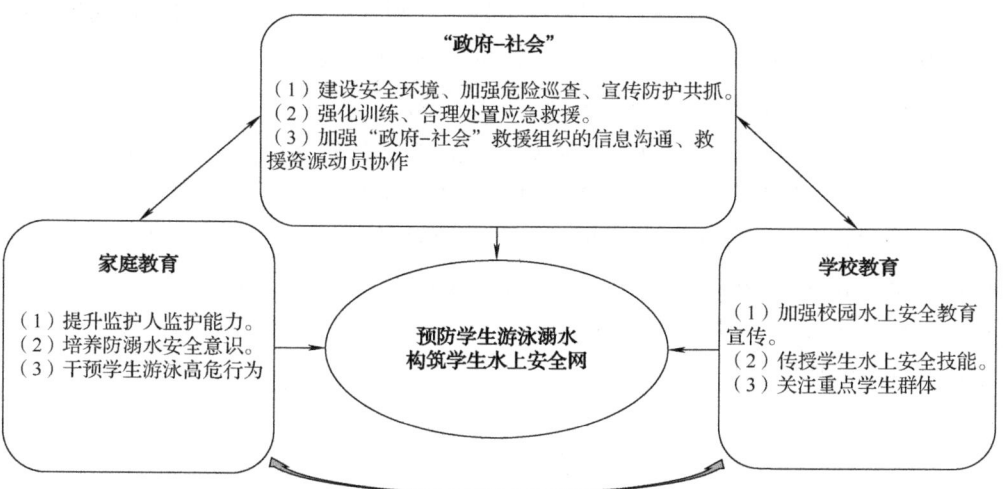

图7-1　"学校-家庭-政府-社会"构筑水上安全网策略图

如图7-1所示，在"学校-家庭-政府-社会"构筑水上安全网策略中，学生水上安全网的构建与各方面息息相关，每方面都有自身着重发挥作用的地方。构筑学生水上安全网的核心是学校水上安全分层教育，基础是家庭教育，支柱是"政府-社会"联防联动保障机制。

首先，"家校共育"是新时代教育工作的重要指导思想，学校需要加强对学生水上安全知识的宣传教育，常态化开展校园安全教育工作，积极传授学生水上安全技能，并关注易犯游泳高危行为的重点学生群体。与此同时，每个家庭都需要配合学校开展学生防溺水安全意识教育，努力提升监护人监护能力，干预学生游泳高危行为，并创造条件提升学生的水上安全技能。其次，在"政府-社会"配合学校教育的过程中，需要落实教育部、教育厅各级预防学生溺水文件精神，建设安全游泳环境，加强危险水域巡查，优化学生游泳环境，分别通过政府救援人员和社会救援人员的强化训练，配置救援设备（包括专业救生设备和通用救生设备），合理处置应急救援。最后，在"政府-社会"保障家庭安全的过程中，保持家庭-政府-社会救援组织的信息沟通和救援资源动员协作，在学生集中的社区、广场常态化开展应急救援演练，增强学生及其监护人防溺水意识和自救救溺技能等。协同"学校-家庭-政府-社会"各方构筑预防学生游泳溺水的水上安全网。2022年7月26日，教育部办公厅、公安部办公厅、民政部办公厅、水利部办公厅、农业农村部办公厅联合下发的《关于做好预防中小学生溺水工作的通知》要求各地教育、公安、民政、水利、农业农村部门要深入学校、村（社区），在主要交通路口、周边水域、人员密集场所悬挂标语，设立预防溺水宣传板报（墙报）、警示标牌等，并依托各类媒体，剖析典型事故案例，讲解预防溺水知识和救援知识，广泛开展高频次、全覆盖预防溺水宣传教育。教育部门和学校要通过线上线下主题班会、家访、家长会、发放告知书等形式，组织全体学生和家长学习预防溺水知识，开展安全警示教育。周末和节假日期间，要采取发送短信、微信提示等方式，经常性提醒学生和家长增强安全意识，特别是暑期要实行定期提醒制度，确保覆盖到每名学生及每位家长或监护人。这也是"学校-家庭-政府-社会"构筑水上安全网策略的部分实质性举措。

第八章 结论与建议

第一节 结 论

一、学校层面

(一)学校水上安全教育状况不容乐观

水上安全知识方面:学校水上安全教育是学生获取水上安全知识的主要来源,但大中小学生水上安全知识的掌握程度整体较低,农村中小学生水上安全知识掌握程度最低,男生和低年龄段学生是发生非故意溺水的高危人群,也是重点关注群体。

水上安全技能方面:限于游泳项目的危险性和场馆需求,中小学水上安全技能教学开展率极低,往往以课外培训和政府组织的游泳普及项目为依托。大学水上安全技能教学中的泳姿技能以蛙泳、自由泳为主,但学生课内技能掌握程度并不乐观;韵律呼吸、水中漂浮、抽筋自解等自救技能和岸上救援、水中施救、心肺复苏等救溺技能教学内容占比非常低,致使绝大部分大学生不具备自救和救溺的能力。

水上安全态度方面:低年龄段学生更依赖大人陪同,高年龄段学生更倾向于提高安全意识。但中学生和大学生感觉寻求指数更高,男生比女生感觉寻求指数高。

游泳高危行为方面:男生做出游泳高危行为的概率显著高于女生;中小学生做出游泳高危行为的概率显著高于大学生,游泳高危行为是溺水发生的重要诱因。

(二)完善学生水上安全分层教育模式十分必要

基于学校水上安全教育状况的调查结果,课题组有针对性地梳理安全知识、自救技能、泳姿技能、救溺常识、救溺能力、危险水域识别、安全环境判断、个人危机意识、溺水案例分析、警戒能力、守法意识、急救能力12个类别的学生水上安全教育内容,以《大学生安心游泳技能等级标准》为测试工具,从整体思路设计、教学目标设计、教学内容设计、分层进度安排、教学组织设计、考核体系设计等全面构建学生水上安全分层教育模式,设计出以"安全涉水、求生自救"为教学目标的初级教育模式、以"冷静应对、巧救智援"为教学目标的中级教育模式、以"合理处置、胜任救援"为教学目标的高级教育模式,并规定中小学生只学习以"安全涉水、求生自救"为教学目标的初级教育模式的内容和以"冷静应对、巧救智援"为教学目标的中级教育模式的内容,大学生可学习3种层次的教育模式。

(三)学生水上安全分层教育模式实验效果显著

课题组在全面构建学生水上安全分层教育模式的基础上,采取重复测量一个因素的混合实验设计,依据《学生水上安全技能等级标准》选取中小学1~9年级60名学生作为初级实验被试、60名学生作为中级实验被试,开展为期3周、每周4次课、每次90分钟的水上安全分层教育实验,结果发现:初级教育模式有效改善了学生水上安全知识的掌握情况、水上安全态度,减少了游泳高危行为,提升了包括游泳技能、浮具制作、抽筋自解和自救漂浮的水上安全技能水平,并在4个方面均有一定的保持性。中级教育模式有效改善了学生水上安全知识的掌握情况、水上安全态度,减少了游泳高危行为,提升了包括游泳技能、踩水呼救、岸上救助和手援救助的水上安全技能水平,并在4个方面均有一定的保持性。高级教育模式能够有效提升具备一定游泳技能和自救技能但救溺技能不足的大学生的水域安全知识,增强他们的水域安全技能,改善他们对水域安全的态度,减少他们在水域中的高危行为。此外,这种教育模式的效果还具有一定程度的持久性。

二、家庭层面

(一)监护人救援能力普遍不足

监护人的水上安全知识、水上安全技能(救溺技能尤其是间接救溺技能和心肺复苏技能)等普遍欠缺,78.3%的监护人在面对有人溺水时,严重缺乏救援信心。绝大多数的监护人无法正确选择水上救援顺序,因此监护人一旦遇险,在实操中就极易犯险。

监护人水上安全救生反应期待干预,溺水者状态识别、直接救援能力、间接救援能力等均显示监护人反应不当之处,实施干预很有必要。

监护人急需水上安全教育的知识和技能培训,绝大多数监护人基于监护责任

第八章 结论与建议

的重大,对自身的安全知识和技能缺乏信心,认为水上安全教育的知识和技能培训非常有必要。

（二）基于学生游泳运动伤害监护能力提升的家庭教育课程科学规范

课题组基于监护人救援能力不足的状况,通过2轮专家咨询（各指标重要性均数≥4.0,变异系数均<25%,2轮咨询的肯德尔和谐系数分别为0.228、0.105,Cr=0.95）构建学生游泳运动伤害中家庭教育内容指标体系,包括2项一级指标（水上安全知识和水上安全技能）、11项二级指标和37项三级指标（安全标识：警告标语、允许标志、警告标志、禁止标志、水上安全旗帜；游泳环境判断：识别天气状况、识别危险水域、识别水质环境；游泳注意事项：游泳安全常识、游泳前热身；游泳安全要点：游泳池游泳安全要点,海滩游泳安全要点,河川、湖泊、溪流游泳安全要点；游泳装备知识：游泳装备知识、坚持"三佩戴"、简易浮具制作；游泳禁忌：游泳18忌、"四不游"；游泳基本技能：泳姿技能、踩水技能、体能训练；游泳自救能力：水中意外求生常识、水中自救步骤、抽筋自解、冷水求生、水草缠身自救、身陷漩涡自救、疲劳过度自救、冰上自救；溺水者状态识别：水中求救、溺水者的八大无声迹象；救援反应：大声呼救引起周围人注意、第一时间打电话报警、伸出可救援的树枝或竹竿给溺水者、找到漂浮物或绳子抛掷给溺水者、寻找大型浮具划向溺水者救援、在安全的情况下直接涉水；急救能力：岸上救生、控水方法、人工呼吸、心肺复苏术),该指标构建方法科学、评价内容全面,具有较好的科学性。

（三）基于学生游泳运动伤害监护能力提升的家庭教育课程切实有效

课题组配合学生水上安全分层教育模式的教学训练,选取120名实际监护人参与家庭教育提升计划12次课学习,学习时间和频次同步学生水上安全分层教育实验（为期3周,每周4次课,每次90分钟）。采用重复测量一个因素的实验设计,运用重复测量的方差分析,对监护人救援能力自评分、状态识别、救援反应、急救能力前后测的差异进行比较,结果发现：基于学生游泳运动伤害监护能力提升的家庭教育课程,有效提升了监护人救援能力自评分、状态识别、救援反应和急救能力,能够有效提升监护人水上安全救生反应能力,且实践效果有一定的保持性。

三、政府社会层面

（一）学生游泳伤害中"政府-社会"应急救援能力影响因素繁杂

由于学生游泳运动伤害中的溺水救援难度非常大，学生溺水数据居高不下，促使课题组对"政府-社会"联防联动保障机制策略进行进一步思考。本研究运用扎根理论组织6次正式访谈，每次访谈时间介于90～120分钟，平均每次5～6人，共计33人，形成最长17143字、最短14257字的文本，共计91123字，借助Nvivo12软件，对数据进行逐字逐句编码、贴标签、概念化、发展类属与属性，初步构建了学生溺水事故中消防应急救援能力影响因素模型，形成四大范畴和12个小范畴，其中预警监测包含学校安全教育、高危水域监测、高危预警宣传3个子范畴；应急准备包括专项训练、装备配置、资源投放3个子范畴；应急响应包括响应速度、现场指挥、科学技术保障3个子范畴；应急协调包括社会资源、民间救援、家庭支持3个子范畴。这从各个方面反映出学生游泳伤害中"政府-社会"应急救援能力影响因素繁杂，制约因素多。

（二）基于社会救援资源动员视角的"政府-社会"联防联动策略细致具体

鉴于学生溺水事故具有有效救援时间短、危害性大、救援能力要求高等特点，政府需要联合学校落实强化学生水上安全教育；整合社会、家庭，加强学生溺水预防，预警监测高危水域，保证监护监管到位；吸纳民间救援团体联勤联训、协同救援；配备并使用专业装备，从训练方法、理论和条件上保障救援人员水上救援能力的提升。参照我国水上救生"政府-社会"救援资源动员的历史经验，在以政府为救援主体的前提下，借鉴社会救援资源动员理论，按照四级分级响应原则，广泛动员社会力量参与各类学生溺水突发事故的应急救援。基于此，分别构建了学生游泳溺水救援中"政府-社会"救援资源动员总体系、"政府-社会"救援资源动员分级响应流程、"政府-社会"救援资源动员专家决策流程、"政府-社会"救援资源动员处置流程、"政府-社会"救援资源动员善后处置流程等。应急救援中最重要的就是人员调动、资源配置和后勤保障，所有的流程细致具体，具有很强的针对性和可操作性，给学生游泳伤害中"政府-社会"应急救援提供了明确的处置参考。

四、"学校-家庭-政府-社会"构筑学生水上安全网

课题组以水上安全分层教育理论为指导,借鉴国内外水上安全教育研究的现实依据和干预实践,分别从学校(学校水上安全分层教育模式的完善与检验)、家庭(家庭教育有效监护的实践与反思)、"政府-社会"("政府-社会"联防联动保障机制策略研究)3 个层面构筑预防学生游泳溺水的水上安全网。学生水上安全网是整合学校水上安全分层教育、家庭教育、"政府-社会"联防联动保障机制为一体的育人全链条,是干预学生游泳伤害的重要手段,据此分别制定《学生游泳运动学校安全教育手册》《学生游泳运动家庭安全教育手册》《学生游泳运动政府社会应急救援手册》,进一步形成"学校-家庭-政府-社会"构筑水上安全网策略图。构筑学生水上安全网的核心是学校水上安全分层教育,学校需要加强对学生水上安全知识的宣传教育,常态化开展校园安全教育工作,积极传授学生水上安全技能,并关注易做出游泳高危行为的重点学生群体;构筑学生水上安全网的基础是家庭教育,每个家庭都需要配合学校开展学生防溺水安全意识教育,努力提升监护人监护能力,干预学生游泳高危行为,并创造条件提升学生的水上安全技能;构筑学生水上安全网的支柱是"政府-社会"联防联动保障机制,需要落实教育部、教育厅各级预防学生溺水文件精神,建设安全游泳环境,加强危险水域巡查,优化学生游泳环境,分别通过政府救援人员和社会救援人员的强化训练,配置救援设备(包括专业救生设备和通用救生设备)合理处置应急救援。另外,保持家庭-政府-社会救援组织的信息沟通和救援资源动员协作,在学生集中的社区、广场常态化开展应急救援演练,增强学生及其监护人防溺水意识和自救、救溺技能等,协同"学校-家庭-政府-社会"各方构筑预防学生游泳溺水的水上安全网。

第二节 建 议

一、应用前景

庞大的学生溺水数据早已引起国务院、教育部、各级教育主管部门的重视,每年进入溺水高发季节,教育主管部门都会下发《告家长一封信》《预防学生溺水事故通知》等,可见预防学生游泳运动伤害是当下极为重要的安全教育工作。因此,课题组梳理研究成果应用前景如下。

（一）水上安全分层教育模式的应用

课题组分析 9792 份大中小学生调查问卷，形成学生游泳运动伤害时空特征与水上安全教育现状调查，在此基础上基于"学生水上安全技能评价指标"，遵循"分层教育理念"，结合"国内外分层教育实践"，对学生水上安全分层教育体系从整体思路设计、教学目标设计、教学内容设计、分层进度安排、教学组织设计、考核体系设计等进行理论建构，通过对 180 名大学生、120 名中小学生重复测量一个因素的混合实验设计，分别验证了以"安全涉水、求生自救"为教学目标的初级教育模式，以"冷静应对、巧救智援"为教学目标的中级教育模式的教育效果，以"合理处置、胜任救援"为教学目标的高级教育模式的教育效果。以科学的论证过程，构建设计出值得推广的水上安全分层教育模式，这是本研究的最主要贡献。在水上安全分层教育模式实验中，教学过程包括引导、课程目标和内容宣布、情景营造、探究学习、集体分享、教师点评示范、情景模拟（学生模仿练习）、情景感悟（学生反思联想）、教师引导总结、情景超越（实践与应用）、总结反馈等，这些教学方法和策略符合多个场合、多个层次的教学需求。水上安全分层教育模式的应用主要如下。

1. 各级各类学校水上安全分层教育

水上安全分层教育模式在本研究实验相关中小学的教学中已有应用，可满足不同层次学生的目标需求。尤其是在学生游泳时间更长的南方地区（教育部门规定必须普及游泳教学），需求更加多元化，如能保障学生具备良好的自救与救溺能力，因此水上安全分层教育模式应用应更普及。

2. 社会游泳培训内容与方法的借鉴

社会游泳培训已具备较大市场，但教学质量、教学体系、教学方法、教学效果差异较大，水上安全分层教育模式科学促进了水上安全知识与水上安全技能的融合，丰富了教学手段，更适用于社会游泳培训各种层次需求的培训者，且实用性更加突出。

（二）家庭教育课程的应用

在安全教育中，家庭是第一个课堂，家长是第一任教师，也是学生最为关键的保护因素。然而通过分析《水上安全救生反应量表》发现，学生游泳运动中监护人救援能力普遍不足，水上安全知识、水上安全技能（主要是指救溺技能，尤其是间接救溺技能和心肺复苏技能）等救援能力有待提高，溺水者状态识别、直接救援能力、间接救援能力等均显示监护人的反应有不当之处，实施干预很有必要。因此，课题组运用德尔菲专家咨询法构建出包括2项一级指标、11项二级指标和37项三级指标的家庭教育课程内容指标体系，课题组配合学生水上安全分层教育模式的教学实验，运用教育课程内容指标体系对120名监护人采取重复测量一个因素的混合实验设计，验证了该教育课程能有效改善监护人救援能力自评分、状态识别、救援反应、急救能力等各维度。家庭教育课程的应用主要包括：

1. 提升监护人监护能力的培训课程

课题组开发的家庭教育课程能有效普及水上安全知识，针对性提升监护人预防、避险、自救、救护能力，实质性提升学生游泳运动伤害监护能力，在《中华人民共和国家庭教育促进法》的深入实施下，基于学生游泳运动伤害监护能力提升的家长培训课程将为更多的家庭提供教育方案。

2. 完善游泳安全教育的宣传资料

当下针对学生游泳伤害预防的家庭宣传资料主要是"三佩戴""四不游""救生常识"等学生防溺水安全知识读本，不仅缺乏包括游泳环境判断、游泳装备知识等内容的水上安全知识资料，更缺乏包括泳姿技能、溺水者状态识别、急救技能等内容的水上安全技能资料，这些正是课题组构建的家庭教育课程的内容。因此，课题组研制的家庭教育课程有助于优化和完善游泳安全教育的宣传资料。

（三）联防联动保障机制策略的应用

鉴于学生溺水事故具有有效救援时间短、危害性大、救援能力要求高等特点，建议消防应急救援部门联合学校落实强化学生水上安全教育；整合社会、家庭加强学生溺水预防、预警监测高危水域、监护监管到位；吸纳民间救援团体联勤联训、协同救援；配备并使用专业装备，从训练方法、理论和条件上保障救援人员水上救援能力的提升。因此，课题组以社会救援资源动员为视角，探索多主体、多渠道的"政府-社会"联防联动策略。

1. "政府-社会"救援资源动员分级响应有助于资源整合

4个级别响应时,对应调动了不同救援资源,可以有效整合民间义务救援团体和政府救援人员,结合通用和专业救生设备开展救援。

2. 广泛动员社会力量参与各类学生溺水突发事故的应急救援

本研究在以政府为救援主体的前提下,借鉴社会救援资源动员理论,分别构建了学生游泳溺水救援中"政府-社会"救援资源动员总体系、"政府-社会"救援资源动员分级响应流程、"政府-社会"救援资源动员专家决策流程、"政府-社会"救援资源动员处置流程、"政府-社会"救援资源动员善后处置流程等,这将广泛动员社会力量参与各类学生溺水突发事故的应急救援。

(四)"学校-家庭-政府-社会"构筑水上安全网的应用

在课题组探索性提出的"学校-家庭-政府-社会"构筑水上安全网策略中,构筑学生水上安全网的核心是学校水上安全分层教育,基础是家庭教育,支柱是"政府-社会"联防联动保障机制。学生水上安全网的实践磨合将为防止学生游泳运动伤害研究带来不同的视角,有助于协同"学校-家庭-政府-社会"各方力量,同心戮力共同保障学生游泳安全。

二、研究不足与展望

尽管课题组从学校水上安全分层教育层面、家庭监护教育层面、"政府-社会"应急救援层面展开了理论与实证研究,并在此基础上协同"学校-家庭-政府-社会"构筑学生水上安全网。但限于课题组的精力与能力,需对研究的局限性与未来研究的方向有清醒的认识。

(一)水上安全分层教育模式在性别因素上的局限与展望

男女生在水上安全态度、风险感知、游泳高危行为等各因素中都呈现显著性差异,这与我国传统文化教育、家庭保护程度、男女性格差异都有关系。但限于资金和精力,课题组在设计水上安全分层教育模式的时候并没有区分性别,而是从实际需求考虑水上安全分层教育模式,这并不妨碍功能的实现,但在实际的自救与救援中,男女生在应对方式上还是会表现出显著差异。这在未来的研究中,可借用心理学研究方法，进一步诠释男女生游泳安全的胜任力特征。

（二）家庭教育课程评价指标量表开发与展望

尽管课题组在家庭教育课程内容指标体系的基础上，开发了家庭教育培训课程，从完善水上安全分层教育的角度专注于课程内容的科学性和实效性，但研究忽略了如何将家庭教育课程内容指标体系开发为更为便利的测试监护人监护能力的调查量表。在未来研究中一旦成功开发量表，将使更多的家庭实现自测，使其清晰了解自身在学生游泳安全方面监护能力欠缺之处，以使其更有针对性地学习家庭教育课程。

（三）"政府-社会"联防联动策略欠缺实践检验与完善

课题组构建的学生游泳伤害救援中"政府-社会"救援资源动员总体系、"政府-社会"救援资源动员分级响应流程、"政府-社会"救援资源动员专家决策流程、"政府-社会"救援资源动员处置流程、"政府-社会"救援资源动员善后处置流程等，是基于扎根访谈的因素类属，以社会救援资源动员理论为视角，借鉴四级响应的实战应用经验，逐步构建起来的。尽管力求严谨，但本研究还是缺乏实践检验，这也是未来研究需进一步完善的方面。

（四）学生水上安全网的理论有待完善与实践验证

国务院教育督导委员会一再强调构建学生防溺安全网，课题组以此为切入点，展开了以学校水上安全分层教育为核心、家庭教育为基础、"政府-社会"联防联动保障机制为支柱的学生水上安全网理论探索，但未来研究还需要进一步的实践来检验理论构建的科学性和实用性。

参 考 文 献

安军，杨颖飞，寸若标，等，2007．对大理市区中小学学生游泳课现状的调查与研究[J]．思茅师范高等专科学校学报（6）：90-92．

蔡国军，严蓓，2010．我国与澳大利亚初学游泳教学的比较研究[J]．浙江工业大学学报（社会科学版），9（2）：223-226．

曹绪飞，1999．机构改革的社会基础——从"政府——社会"关系模式看行政变革[J]．中共福建省委党校学报（4）：9-11．

常晓铭，2020．高校体育游泳教学模式的创新性研究[J]．拳击与格斗（12）：96-97．

陈方，2012．从运动技能学习的角度探析基础教育阶段学校体育教学改革的未来发展方向[D]．苏州：苏州大学．

陈立新，张明飞，2010．厦门市小学游泳教育的现状及对策研究[J]．体育科学研究，14（1）：129-132．

陈丽娜，张明，2006．中学生感觉寻求、亲子关系与心理健康的关系[J]．心理发展与教育（1）：87-91．

陈美娟，荣飚，吴卡玲，等，2001．厦门市1987~1998年儿童青少年意外伤害死亡分析[J]．中国学校卫生（6）：568-569．

陈爽，李然，王磊，2020．山东省未成年人溺亡事件的文本分析——基于2018年1月—2020年6月媒体公开报道案例[J]．青少年学刊（5）：32-36．

陈苇，2010．改革开放三十年（1978~2008）中国婚姻家庭继承法研究之回顾与展望[M]．北京：中国政法大学出版社．

陈小旋，韩耀风，戴龙，等，2012．农村儿童溺死危险因素的对数线性模型分析[J]．中国卫生统计，29（4）：556-557．

程斐，周晓艳，2015．农村中小学生校外溺水身亡频发的原因及对策[J]．西部素质教育，1（11）：120．

丛宁丽，蒋徐万，2000．中、美、澳、英、日五国游泳教学内容和方法比较[J]．成都体育学院学报（3）：54-56．

戴国良，周永平，2010．情景模拟教学研究与实践[J]．南方论刊（3）：106-107．

邓树嵩，马迎教，林健燕，等，2001．儿童青少年意外伤害现况分析[J]．右江民族医学院学报（6）：995-997．

董鹏，程传银，赵富学，2020．新型冠状病毒肺炎疫情下学校体育的价值、使命与担当[J]．体育学研究，34（2）：59-64．

杜光玉，何永彬，卢美丽，2015．澳洲水域安全政策对我国之启示[J]．岭东体育暨休闲学刊（13）：79-87．

参考文献

樊维，廖品松，1999．游泳事故的分类与预防[J]．成都体育学院学报（1）：93-97．

方千华，2003．国内外水上救生发展状况及救生员培养体制比较研究[D]．福州：福建师范大学．

方千华，陈安平，张辉，2022．游泳与救生[M]．北京：高等教育出版社．

方千华，梅雪雄，2005．国外水上救生的发展与启示[J]．体育科技文献通报（8）：36-37．

方千华，梅雪雄，2008．国内外大众游泳救生员培养体制的比较研究[J]．首都体育学院学报（3）：41-44．

顾德祥，2012．体育运动伤害案件的侵权与赔偿责任——以一起游泳运动伤害案件为例[J]．武汉体育学院学报，46（2）：26-30．

广东省疾病预防控制中心，2011．儿童溺水干预技术指南[EB/OL]．（2011-10-27）[2022-09-12]．http://cdcp.gd.gov.cn/jkjy/jkzt/mxfcrxjbfz/content/post_3439368.html．

郭凌云，吴凤彬，2021．多元化健康教育促进大学生体育锻炼行为的效果评价[J]．中国学校卫生，42（1）：50-53，57．

郭巧芝，马文军，徐浩峰，等，2008．农村中小学生家长溺水认知和行为调查分析[J]．华南预防医学，34（6）：8-11，16．

郭巧芝，徐浩锋，宋秀玲，等，2010．农村中小学生非致死性溺水危险因素病例对照研究[J]．中国学校卫生，31（2）：200-203．

韩高波，李政，2021．打造学校、家庭、社会衔接的育人全链条[J]．人民教育（20）：65-66．

韩秋露，2015．论社会救援资源动员体系的构建[J]．北京理工大学学报（社会科学版），17（2）：90-94．

韩思垚．未成年人防溺水安全教育亟待多方加力[EB/OL]．（2021-07-22）[2022-09-12]．https://baijiahao.baidu.com/s?id=1705954521480354806&wfr=spider&for=pc．

洪庆林，宋晓俊，龚健，等，2008．影响山东省部分高校游泳课教学效果的因素分析[J]．体育师友（6）：13-15．

洪毅，2016．构建全方位立体化的公共安全网[J]．中国应急管理（1）：59-60．

黄锦裕，佘宇航，李丽萍，等，2020．全球溺水负担：GBD 2017全球疾病负担死亡率的估计研究[J]．伤害医学（电子版），9（4）：61-64．

黄仲凌，2015．建构校园水域安全教育课程概念内涵之研究[J]．台湾体育运动管理学报，15（2）：87-110．

纪彦屹，王兴芝，2021．生命教育视域下岭南高校水域安全教育特色课程构建分析[J]．当代体育科技，11（22）：129-132．

季成叶，2007．青少年健康危险行为[J]．中国学校卫生（4）：289-291．

姜茂胜，江汶，2015．全球溺水报告——预防头号杀手[J]．运动管理（29）：69-93．

教育部，2016．教育部部长袁贵仁：安全是学校头等要紧大事[EB/OL]．(2016-04-11)[2022-09-12]．https://www.edu.cn/zhong_guo_jiao_yu/jiao_yu_bu/xin_wen_dong_tai/201604/t20160411_1385282.shtml．

教育部,2020.扎紧扎实安全"防护网" 守护学生生命安全[EB/OL].（2020-09-23)[2022-09-12].
http://www.moe.gov.cn/jyb_xwfb/gzdt_gzdt/s5987/202009/t20200923_490012.html.

教育部办公厅，2012．教育部办公厅关于预防学生溺水事故切实做好学生安全工作的通知[EB/OL].（2012-05-11)[2022-09-12]. http://www.moe.gov.cn/srcsite/A06/s3325/201205/t20120507_135382.html.

教育部办公厅，2015．教育部办公厅关于预防学生溺水事故切实做好学生安全工作的通知[EB/OL].（2015-04-30)[2022-09-12]. http://www.moe.gov.cn/srcsite/A11/s7057/201504/t20150430_189458.html.

教育部办公厅,2016.教育部办公厅关于防范假期学生溺水事故的预警通知[EB/OL].（2016-08-04）[2022-09-12]. http://www.moe.gov.cn/srcsite/A11/s7057/201608/t20160804_274040.html.

教育部办公厅，2018．教育部办公厅关于防范学生溺水事故的预警通知[EB/OL].（2016-05-25）[2022-09-12]. http://www.moe.gov.cn/srcsite/A11/s7057/201805/t20180523_336904.html.

教育部办公厅，2019．教育部办公厅关于做好2019年中小学生暑假有关工作的通知[EB/OL].（2019-07-02)[2022-09-12]. http://www.moe.gov.cn/srcsite/A06/s3321/201907/t20190702_388613.html.

教育部办公厅，2021．教育部办公厅关于做好预防中小学生溺水事故工作的通知[EB/OL].（2019-06-03)[2022-09-12]. http://www.moe.gov.cn/srcsite/A06/s3325/202106/t20210601_534825.html.

教育部基础教育一司，2017．致全国中小学生家长的一封信[EB/OL].（2017-02-17)[2022-09-12]. https://view.officeapps.live.com/op/view.aspx?src=http%3A%2F%2Fwww.moe.gov.cn%2Fs78%2FA06%2Ftongzhi%2F201703%2FW020170327615587087689.docx&wdOrigin=BROWSELINK.

教育部教育信息管理中心，2020．牢记"六不"原则远离溺水风险——中小学生防溺水主题教育[EB/OL]．（2020-07-01）[2022-09-12]．http://www.moe.gov.cn/jyb_xwfb/xw_zt/moe_357/jyzt_2020n/2020_zt13/.

纠延红，安金龙，杨俊，等，2011．普通高校游泳教学安全问题的研究[J]．哈尔滨体育学院学报，29（4）：102-104.

凯西·卡麦兹，2009．建构扎根理论：质性研究实践指南[M]．边国英，译．重庆：重庆大学出版社.

阚庭，陈楚琳，黄燕，等，2018．医护人员传染病突发事件核心应急能力指标体系的构建[J]．中华护理杂志，53（4）：461-466.

赖志杰，黄飞，袁海溪，2019．大学生水域安全教育开展的SWOT分析——以广州大学城为例[J]．当代体育科技，9（16）：153-156.

蓝勇，1995．清代长江上游救生红船制初探[J]．中国社会经济史研究（4）：37-43.

李炳涛，尹柏翔，2021．消防静态水域救援技能竞赛考核体系研究[J]．中国应急救援（4）：25-28.

李红兵,李莉,夏兰,2004.关于体育教师互相合作对高校女生进行分层次游泳教学的研究[J].游泳（5）：20-21.

李华,2010.对青少年开展游泳救生教育的思考[J].琼州学院学报,17（2）：93-95,99.

李景廉,何汝乔,凌启南,等,2002.广东省四会市25年来居民意外死因分析[J].中国卫生统计（2）：38-40.

李紫瑶,2011.社会救援资源动员机制框架构建——以政府体系为核心[J].经济与管理,25（2）：87-91.

梁凤娟,周保松,赵德胜,等,2020.芜湖市小学生非故意伤害发生现状及影响因素[J].中国学校卫生,41（4）：620-623.

林国维,徐钰荣,林发姑,2000.儿童意外伤害原因与预防[J].中国全科医学（5）：388-390.

林婧,2019.澳大利亚中小学校游泳运动开展情况分析[J].当代体育科技,9（6）：205-206.

刘胜恩,2006.台湾水域救生组织之研究[D].嘉义：台湾体育学院.

刘希国,刘璐,2009.浅谈游泳安全常识[J].体育教学,29（7），66.

刘先江,2006."国家与社会"视野中的政府管理社会化研究[D].武汉：华中师范大学.

刘晓庆,2014.开学了,"安全第一课"不容缺席[J].福建教育（37）：5.

刘宜海,2021.农村中学防溺水安全教育及对策研究[J].教育界（5）：12-13.

龙明,2011.三种游泳教学法教学效果的检测与分析[J].体育学刊,18（1）：84-86.

卢桂芳,张丽丽,2020.以思维性作业触发自主学习能力的生成[J].江西教育（32）：59-61.

卢澎涛,2010."双分"教学在大学生游泳课教学中的运用研究[J].河南科技学院学报（8）：117-119.

罗时,2017.我国中小学生水域高危行为的成因机制研究[D].武汉：华中师范大学.

罗时,时勘,张辉,等,2019.父母行为控制对青少年水域高危行为的影响：有调节的中介效应[J].心理与行为研究,17（2）：259-267.

罗时,王斌,张辉,等,2017.水域安全技能对青少年水域高危行为的影响：有调节的中介效应[J].沈阳体育学院学报,36（1）：66-72.

罗晓敏,郑睿敏,金曦,等,2019.青少年健康与发展的全球和中国视角[J].中国学校卫生,40（8）：1126-1130.

吕云,陈爱霞,2021.分层式、互帮式循环教学模式在初中化学教学中的探索与研究[J].新课程（37）：24.

马吉光,郑闽生,2000.体院游泳普修课教学改革实验研究[J].上海体育学院学报（S1）：55-58.

马双双,郝加虎,万宇辉,等,2018.中国部分地区2012—2014年中学生意外伤害流行现状[J].中国学校卫生,39（2），174-176,180.

马钰璇,罗时,张辉,等,2021.中小学生游泳高危行为及其影响因素调查[J].体育成人教育学刊,37（1）：90-94.

梅雪雄,2007.游泳[M].3版.北京：高等教育出版社.

孟祥林，2008．分层教学与教学过程最优化：从中日美对比论我国的策略选择[J]．湖南师范大学教育科学学报（4）：60-66．

莫建中，1992．农村幼儿溺水事故原因分析及急救[J]．中国社区医师（7）：44．

缪学超，2020．理解、认同与传承：学校仪式的文化育人路径[J]．湖南师范大学教育科学学报，19（4）：95-100．

木子，1998．四种游泳事故及预防措施[J]．游泳（4）：30．

农全兴，杨莉，2006．广西壮族自治区农村儿童溺水死亡分析[J]．中国公共卫生（9）：1043-1044．

沈思佳，温宇红，ANDREA U，2019．英国小学游泳课程内容安排与组织的研究[C]//中国体育科学学会．第十一届全国体育科学大会论文摘要汇编．北京：北京体育大学．

宋秀玲，马文军，徐浩锋，等，2008．连平县农村中小学生非致死性溺水认知和行为调查[J]．中国学校卫生（10）：900-902．

宋义增，2000．普通高校游泳教学模式的改革与实践[J]．北京体育大学学报（3）：393-394．

孙克双，2011．中英美游泳教员培养内容比较[J]．河南教育学院学报（自然科学版），20（4）：88-90．

孙兴华，2010．探究游泳教学伤害事故的法律责任和对策[J]．体育科技文献通报，18（2）：74-76．

孙媛媛，2016．完善我国未成年人监护制度研究[J]．中小企业管理与科技（2）：146-147．

孙云龙，1996．初学游泳者的心理障碍与调控[J]．浙江体育科学（3）：40-42．

谭兴强，2018．中小学生游泳技能水平对溺水高危行为的影响：有调节的中介作用[D]．武汉：华中师范大学．

体育院系教材编审委员会《游泳》编写组，1978．游泳[M]．北京：人民体育出版社．

王斌，卜姝，罗时，等，2016．游泳运动策略：青少年溺水风险管理研究[J]．体育成人教育学刊，32（2）：18-22．

王斌，于洪涛，罗时，等，2018．大学生安心游泳技能等级标准研制[J]．武汉体育学院学报，52（3）：89-95．

王灿明，2005．体验学习解读[J]．全球教育展望，34（12）：14-17．

王国川，2001．探讨性别、年龄、水上活动类型与溺水结果间关系[J]．医护科技学刊，2（3）：166-186．

王国川，翁千惠，2003．国外水域安全课程介绍与讨论[J]．中华民国水意外灾害防治教育会刊（3）：3-20．

王润胜，张玉英，刘瑜，2002．1317例伤害死亡原因分析[J]．疾病控制杂志（2）：190．

魏思佳，2022．织牢防溺水"安全网"——暑期青少年意外溺水事故高发引反思[J]．中国应急管理（7）：90-93．

吴学毅，2018．江西省中小学生防溺水安全保障体系的现状调查及构建研究[D]．南昌：江西师范大学．

夏文，2012．小学生水域安全教育的理论与实证研究[D]．武汉：华中师范大学．

夏文，牟少华，王斌，等，2014．小学生水域安全教育知信行模型研究[J]．中国安全科学学报，24（4）：136-141．

夏文，牟少华，王斌，等，2015．我国小学生水域安全教育影响因素分析[J]．中国安全科学学报，25（7）：3-8．

夏文，王斌，刘炼，等，2011．发达国家学生水上安全教育的经验及启示[J]．湖北体育科技，30（5）：502-504．

夏文，王斌，张馨文，等，2012．小学生水域安全知信行问卷编制及信效度检验[J]．中国安全科学学报，22（12）：3-9．

夏文，王斌，张馨文，等，2018．中国小学生水域安全知信行差异调查[J]．中国安全科学学报，28（9）：165-170．

夏文，王斌，赵岚，等，2013．不同教育模式对小学生水域安全知信行的影响[J]．体育学刊，20（2）：76-81．

谢冬怡，孟瑞琳，许燕君，等，2017．广东省某农村中小学生家长溺水认知和监护行为调查[J]．中国健康教育，33（8）：681-683，689．

徐蔼婷，2006．德尔菲法的应用及其难点[J]．中国统计（9）：57-59．

杨功焕，黄正京，陈爱平，1997．中国人群的意外伤害水平和变化趋势[J]．中华流行病学杂志（3）：142-145．

杨文婷，2016．政府公信力对个人见义勇为意愿的影响研究——基于社会安全感的中介作用分析[D]．成都：西南财经大学．

杨一凡，2019．杭州网红水坝一天三起孩子溺水意外：不少家长忙着拍照没管娃[EB/OL]．（2019-07-26）[2022-09-12]．https://www.thepaper.cn/newsDetail_forward_4011104．

杨玉强，温一静，贾忠，1992．深化教学改革提高培养游泳人才的质量[J]．北京体育学院学报（1）：63-71．

佚名，2014．2014年上半年学生溺水事件汇总[EB/OL]．（2014-08-28）[2022-09-12]．http://www.safehoo.com/Live/Aid/nsjj/201408/362835.shtml．

佚名，2014．教育部要求：家校携手预防中小学生溺水[EB/OL]．（2014-04-11）[2022-09-12]．http://www.moe.gov.cn/jyb_xwfb/s5147/201404/t20140411_167088.html．

佚名，2018．青少年是国家的未来和民族的希望[EB/OL]．（2018-05-09）[2022-09-12]．http://theory.people.com.cn/n1/2018/0509/c40531-29974066.html．

佚名，2020．别让悲剧重现！6岁男孩溺亡父亲下跪嘶吼求救[EB/OL]．（2020-06-28）[2022-09-12]．https://www.sohu.com/a/404459346_131266．

佚名，2020．为救落水儿子，母亲溺水身亡……儿子哭喊：我错了[EB/OL]．（2020-08-11）[2022-09-12]．https://baijiahao.baidu.com/s?id=1674700062208010991&wfr=spider&for=pc．

佚名，2023．防控"三位一体"，织密防溺水安全网[EB/OL]．（2023-07-29）[2023-09-12]．https://finance.sina.com.cn/jjxw/2023-07-27/doc-imzecfew6344225.shtml．

应爱珍，2003．222 例儿童意外死亡死因分析[J]．现代预防医学（2）：213．

于洪涛，2016．大学生水域安全技能等级标准研制[D]．武汉：华中师范大学．

余文卉，2019．西安市游泳培训机构中水域安全教育的融入研究[D]．西安：西安体育学院．

岳新坡，李文静，2012．基于技术链的分层累加教学法在游泳教学中的实验研究[J]．西安体育学院学报，29（4）：509-512．

张爱平，2005．在游泳教学中实施研究型教学的实验研究[J]．体育学刊（4）：125-127．

张翰臻，2020．中美少儿游泳初学教学模式对比及启示[J]．体育师友，43（6）：20-22，25．

张辉，2020．大学生水上安全分层教育模式研究[M]．北京：中国社会科学出版社．

张辉，王斌，罗时，2017a．基于分层教学的大学生水域安全初级教育模式实验[J]．体育学刊，24（4）：88-93．

张辉，王斌，罗时，等，2016．湖北省大学生溺水高危行为调查研究[J]．湖北体育科技，35（4）：300-303．

张辉，王斌，罗时，等，2017b．基于扎根理论的学生水域高危行为影响因素研究[J]．中国安全科学学报，27（3）：7-12．

张明飞，2007．提高集美大学女生游泳教学安全与质量的研究[J]．体育科学研究（1）：77-79．

张铭钰，唐凤成，2021．防溺水体育课程教育的开展与普及[J]．当代体育科技，11（2）：77-79．

张楠，2018．公安消防部队综合应急救援能力研究——以太原市为例[D]．太原：山西大学．

张佩斌，陈荣华，邓静云，等，2003．健康教育对农村 0～4 岁儿童意外窒息与溺水干预效果的评价[J]．中华儿科杂志（7）：21-24．

张腾，黄永良，傅纪良，2019．大学生水上安全教育课程体系的构建[J]．福建体育科技，38（1）：51-54，61．

张腾，温宇红，沈宇鹏，2017．英、美两国婴幼儿游泳教学实践及启示[J]．体育文化导刊（9）：151-155．

张晓翾，2018．中英少儿初学者游泳课程标准对比[D]．北京：北京体育大学．

张昕，2007．温州市中小学生水上自救技能培养现状及影响因素分析[D]．北京：北京体育大学．

张雨青，陈仲庚，1990．特殊青少年感觉寻求特质的研究[J]．心理学报（4）：34-42．

赵云锋，2009．非常规突发事件的应急管理研究[D]．上海：复旦大学．

郑朝军，周燕琴，杨霞，等，2009．德尔菲法在编制《游泳场所量化分级评分表》中的运用[J]．环境与健康杂志，26（1）：77-78．

中国救生协会，2001．水上救生（静水部分）[M]．北京：[出版者不详]．

中华人民共和国国家统计局，2015．中国统计年鉴 2015[M]．北京：中国统计出版社．

中华人民共和国中央人民政府，2013．教育部：完善安全工作机制 严防学生溺水事故发生[EB/OL]．（2013-06-24）[2022-09-12]．https://www.gov.cn/gzdt/2013-06/24/content_2432831.htm．

中华人民共和国中央人民政府，2016．中共中央 国务院印发《"健康中国 2030"规划纲要》[EB/OL]．（2016-10-25）[2023-09-12]．https://www.gov.cn/zhengce/2016-10/25/content_5124174.htm．

参考文献

中华人民共和国中央人民政府,2021. 中华人民共和国家庭教育促进法[EB/OL].（2021-10-23）[2023-09-12]. http://www.gov.cn/xinwen/2021-10/23/content_5644501.htm.

仲崇霞,韩奇,2013. 游泳运动伤害事故致因及对策研究[J]. 市场周刊（理论研究）(12): 26-27.

周浩,2016. 从运动技能学习的角度探析基础教育阶段学校体育教学改革的未来发展[J]. 赤峰学院学报（自然科学版）,32(14): 125-127.

周嘉慧,2009. 南投县大埔里地区居民水域活动参与情形与水域活动安全智能的研究[D]. 桃园：台湾体育大学.

周亚清,周胜妹,陆亚琦,等,2002. 102例中小学生死亡原因分析[J]. 浙江预防医学(11): 13-17.

朱丽叶·M. 科宾,安塞尔姆·L. 施特劳斯,2015. 质性研究的基础：形成扎根理论的程序与方法[M]. 朱光明,译. 3版. 重庆：重庆大学出版社.

朱梅,2021. 共同体理念下社区家长教育工作开展的融合模式探索[J]. 枣庄学院学报,38(6), 111-115.

朱银潮,李辉,黄亚琴,等,2015. 宁波市流动儿童溺水相关知识、信念和行为水平调查[J]. 中国健康教育,31(9): 860-863.

朱永新,2017. 家校合作激活教育磁场——新教育实验"家校合作共育"的理论与实践[J]. 教育研究与评论（5）: 5-21.

朱银潮,李辉,黄亚琴,等,2016. 宁波市城区流动儿童非致死性溺水危险因素分析[J]. 中国学校卫生,37(10): 1532-1534,1538.

AJZEN I, 1991. The theory of planned behavior[J]. Organizational behavior and human decision processes, 50(2), 179-211.

AMERICAN ACADEMY OF PEDIATRICS(AAP), 2010. Policy statement: Prevention of drowning[J]. Pediatrics, 126(1): 178-185.

ASHER K N, RIVARA F P, FELIX D, et al., 1995. Water safety training as a potential means of reducing risk of young children's drowning[J].Inj Prev, 1(4): 228-233.

BALDWIN P, SHRESTHA, R, POTREPKA J, et al., 2013. The age of initiation of drug use and sexual behavior may influence subsequent HIV risk behavior: A systematic review[J]. ISRN AIDS: 976035.

BANDURA A, BUSSEY K, 2004. On broadening the cognitive, motivational, and sociostructural scope of theorizing about gender development and functioning: comment on Martin, Ruble, and Szkrybalo (2002)[J]. Psychological bulletin, 130(5):691-701.

BENNETT E, CUMMINGS P, QUAN L, et al., 1999. Evaluation of a drowning prevention campaign in King County, Washington[J]. Inj Prev, 5(2): 109-113.

BIARENTD, BINGHAM R, EICH C, et al., 2010. European resuscitation council guidelines for resuscitation 2010 section 6. Paediatric life support[J]. Resuscitation, 81(10): 1364-1388.

BIERENS JJLM, 2006. Handbook on drowning: prevention, rescue, treatment[M]. London: Springer Science & Business Media.

BRENNER R A, SALUJA G, SMITH, G S, 2003. Swimming lessons, swimming ability, and the risk of drowning[J]. Injury control and safety promotion, 10(4): 211-215.

BRENNER R A, TANEJA G S, HAYNIE D L, et al., 2009. Association between swimming lessons and drowning in childhood: a case-control study[J]. Archives of pediatrics&adolescent medicine, 163(3): 203-210.

BURISH T G, CAREY M P, WALLSTON K A, et al., 1984. Health locus of control and chronic disease: An external orientation may be advantageous[J]. Journal of social and clinical psychology, 2(4): 326-332.

DENARDO J, 1985. Power in numbers: The political strategy of protest and rebellion[M]. Princeton: Princeton University Press.

DRYSDALE S B, COULSON T, CRONIN N, et al., 2010. The impact of the National Patient Safety Agency intravenous fluid alert on iatrogenic hyponatraemia in children[J]. European journal of pediatrics, 169(7): 813-817.

FERGUS S, ZIMMERMAN M A, CALDWELL C H, 2007. Growth trajectories of sexual risk behavior in adolescence and young adulthood[J]. American journal of public health, 97(6): 1096-1101.

FRANKLIN R C, PEARN J H, 2011. Drowning for love: The aquatic victim-instead-of-rescuer syndrome: drowning fatalities involving those attempting to rescue a child[J]. Journal of paediatrics and child health, 47(1-2): 44-47.

FRANKLIN R C, SCARR J P, PEARN J H, 2010. Reducing drowning deaths: The continued challenge of immersion fatalities in Australia[J]. Med J Aust, 192(3): 123-126.

GARSSEN M J, HOOGENBOEZEM J, BIERENS J J, 2008. Reduction of the drowning risk for young children, but increased risk for children of recently immigrated non-westerners[J]. Nederlands tijdschrift voor geneeskunde, 152(21): 1216-1220.

GRESHAM L S, ZIRKLE D L, TOLCHIN S, et al., 2001 Partnering for injury prevention: evaluation of a curriculum-based intervention program among elementary school children[J]. J Pediatr Nurs, 16(2): 79-87.

GULLIVER, P, BEGG D, 2005. Usual water-related behaviour and 'near-drowning' incidents in young adults[J]. Aust N Z J public health, 29(3): 238-243.

HASSON F, KEENEY S, Mckenna H, 2000. Research guidelines for the Delphi survey technique[J]. J Adv Nurs, 32(4): 1008-1015.

HENSHAW E J, FREEDMAN-DOAN C R, 2009. Conceptualizing mental health care utilization using the health belief model[J]. Clinical psychology: Science and practice, 16(4): 420-439.

HERBERT P K, 1986. Political opportunity structures and political protest: Anti-nuclear movements in four democracies[J]. British journal of political science, 16(1): 57-85.

HOLSTI O R, 1969. Content analysis for the social sciences and humanities[M]. Reading, Mass: Addison-Wesley Publishing Company.

IRWIN C C, IRWINRL, RYAN T D, et al., 2009. Urban minority youth swimming (in)ability in the United States and associated demographic characteristics: toward a drowning prevention plan[J]. Injury prevention, 15(4): 234-239.

JAFARPOUR S, RAHIMI-MOVAGHAR V, 2014. Determinants of risky driving behavior: A narrative review[J]. Medical journal of the Islamic Republic of Iran(28): 142.

JAKUB Z, MARIE, G, 2015. Psychiatric disorders are associated with increased risk for developing hyponatraemia in children[J]. Journal of pediatric endocrinology and metabolism, 28(9-10): 1195-1196.

JOHN S N, GODSWILL I, OSEMWEGIE O, et al., 2019. Design of a drowning rescue alert system.[J]. International journal of mechanical engineering and technology, 10(1): 1987-1995.

KEMP A, SIBERT J R, 1992. Drowning and near drowning in children in the United Kingdom: Lessons for prevention[J]. BMJ, 304(6835): 1143-1146.

LAOSEE O, KHIEWYOO J, SOMRONGTHONG R, 2014. Drowning risk perceptions among rural guardians of Thailand: A community-based household survey[J]. Journal of child health care, 18(2): 168-177.

LECLERC T A, 2007. A comparison of American Red Cross-and YMCA-preferred approach methods used to rescue near-drowning victims[J]. International journal of aquatic research and education, 1(1): 4.

LILLER K D, KENT E B, ARCARI C, et al., 1993. Risk factors for drowning and near-drowning among children in Hillsborough County, Florida[J]. Public Health Rep, 108(3): 346-353.

MORAN K. (2006). Re-thinking drowning risk: The role of water safety knowledge, attitudes and behaviours in the aquatic recreation of New Zealand youth [M]. Saarbrücken: VDM Verlag Dr. Muller.

MADDUX J E, ROGERS R W, 1983. Protection motivation and self-efficacy: A revised theory of fear appeals and attitude change[J]. Journal of experimental social psychology, 19(5): 469-479.

MCCARTHY J D, ZALD M N, 1973. The trend of social movements in America: Professionalization and resource mobilization[M]. Morristown: General Learning Press.

MCCLURE R J, DAVIS E, YORKSTON E, et al., 2010. Special issues in injury prevention research: Developing the science of program implementation[J]. Injury, 41(S1): S16-S19.

MCCOOL J P, MORAN K, AMERATUNGA S, et al., 2008. New Zealand beachgoers' swimming behaviours, swimming abilities, and perception of drowning risk[J]. International journal of aquatic research and education, 2(1): 7-15.

MCCOOL J, AMERATUNGA S, MORAN K, et al., 2009. Taking a risk perception approach to improving beach swimming safety[J]. Behavioral medicine, 16(4): 360-366.

MECROW T S, 2015. Does teaching children to swim increase exposure to water or risk-taking when in the water? Emerging evidence from Bangladesh[J]. Traffic injury prevention, 21(3): 185-188.

MORAN K, STANLEY T, 2006. Toddler drowning prevention: teaching parents about water safety in conjunction with their child's in-water lessons[J]. Int J Inj Contr Saf Promot, 13(4): 254-256.

MORAN K, STANLEY T, 2013. Readiness to rescue: bystander perceptions of their capacity to respond in a drowning Emergency[J]. International journal of aquatic research and education, 7(4):290.

MORAN K, WEBBER J, 2013. Surfing injuries requiring first aid in New Zealand, 2007-2012[J]. International journal of aquatic research and education, 7(3): 3.

MORAR K, JONATHON W, TERESA S, 2016. The 4Rs of Aquatic Rescue: educating the public about safety and risks of bystander rescue[J]. International journal of injury control and safety promotion(9): 1-10.

MORGAN D, OZANNE-SMITH J, TRIGGS T, 2009. Direct observation measurement of drowning risk exposure for surf beach bathers[J]. J Sci Med Sport, 12(4): 457-462.

MORGENSTERN H, BINGHAM T, REZA A, 2000. Effects of pool-fencing ordinances and other factors on childhood drowning in Los Angeles County, 1990-1995[J]. Am J Public Health, 90(4): 595-601.

MORRONGIELLO B A, SANDOMIERSKI M, SPENCE J R, 2014. Changes over swim lessons in parents' perceptions of children's supervision needs in drowning risk situations: "His swimming has improved so now he can keep himself safe"[J]. Health psychol, 33(7): 608-615.

NIXON J W, PEARN J H, PETRIE G M, 1979. Childproof safety barriers an ergonomic study to reduce child trauma due to environmental hazards[J]. Aust Paediatr J, 15(4), 260-262.

NYÁRI T A, MCNALLY R, 2019. Seasonal variation in childhood mortality[J]. Journal of maternal-fetal and neonatal medicine, 33(24): 4055-4061.

OLSON M, 2009. The logic of collective action: public goods and the theory of groups, second printing with a new preface and appendix[M]. Cambridge: Harvard University Press.

ORTIZ O A, 2019. Creativity, experience, and reflection: One magic formula to develop preventive water competences[J]. International journal of aquatic research and education, 12(2): 1.

PETRASS L A, BLITVICH J D, 2018. A lack of aquatic rescue competency: A drowning risk factor for young adults involved in aquatic emergencies[J]. J Community Health, 43(4): 688-693.

PITT W R, BALANDA K P, 1991. Childhood drowning and near-drowning in Brisbane: The contribution of domestic pools[J]. Med J Aust, 154(10): 661-665.

POSNER J C, HAWKINS L A, GARCIA-ESPANA F, et al., 2004. A randomized, clinical trial of a home safety intervention based in an emergency department setting[J]. Pediatrics, 113(6): 1603-1608.

QUAN L, BENNETT E E, BRANCHE C M, 2008. Interventions to prevent drowning[M]. Boston: Springer.

SANSIRITAWEESOOK G, MUANGSOM N, KANATO M, et al., 2015. Effectiveness of community participation in a surveillance system initiative to prevent drowning in Thailand[J]. Asia Pac J public health, 27(2): 2677-2689.

SCHILLING U M, BORTOLIN M, 2012. Drowning[J]. Minerva anestesiol, 78(1): 69-77.

SCHWEBEL D C, SIMPSON J, LINDSAY S, 2007. Ecology of drowning risk at a public swimming pool[J]. J Safety Res, 38(3): 367-372.

SENER M T, VURAL T, SAHPAZ A, 2018. Physical findings mimicking sexual abuse in a drowning patient who was treated in the intensive care unit: a report on a fatal case[J]. Am J Forensic Med Pathol, 39(4): 351-353.

SHEN J, PANG S, SCHWEBEL D C, 2016. Cognitive and behavioral risk factors for unintentional drowning among rural Chinese children[J]. International journal of behavioral medicine, 23(2): 243-250.

SIMON B D, TIMOTHY C, NATALIE C, et al., 2010. The impact of the National Patient Safety Agency intravenous fluid alert on iatrogenic hyponatraemia in children[J]. European journal of pediatrics, 169(7): 813-817.

SOAR J, PERKINS G D, ABBAS G, et al., 2010. European Resuscitation Council Guidelines for Resuscitation 2010 Section 8. Cardiac arrest in special circumstances: Electrolyte abnormalities, poisoning, drowning, accidental hypothermia, hyperthermia, asthma, anaphylaxis, cardiac surgery, trauma, pregnancy, electrocution[J]. Resuscitation, 81(10): 1400-1433.

STEINBERG L, ALBERT D, CAUFFMAN E, et al., 2008. Age differences in sensation seeking and impulsivity as indexed by behavior and self-report: evidence for a dual systems model[J]. Developmental psychology, 44(6): 1764-1778.

TEACHING WATER SAFETY, 2015. Royal Life Saving Society UK[EB/OL]. (2015-11-30) [2022-09-11]. http://www.rlss.org.uk/water-safety/teaching-water-safety/.

TUINSTRA J, GROOTHOFF J W, VAN DEN H, 1998. Socio-economic differences in health risk behavior in adolescence: Do they exist?[J] Social science & medicine, 47(1): 67-74.

U.S.CONSUMER PRODUCT SAFETY COMMISSION, 2010. Pool and spa safety publications [EB/OL]. (2010-12-01)[2022-09-11]. http://www.cpsc.gov/cpscpub/pubs/5067.html.

UNICEF, PHO, WHO, 2012. World report on child injury prevention[EB/OL]. (2012-10-18) [2022-09-11]. http://apps.who.int/iris/bitstream/10665/43851/1/9789241563574_eng.pdf.

VAN OOSTRUM I E, GOOSEN E S, 2008. [Reduction of the drowning risk for young children, but increased risk for children of recently immigrated non-Westerners][J]. Ned tijdschr geneeskd, 152(34): 1896.

VENEMA A M, GROOTHOFF J W, BIERENS J, 2010. The role of bystanders during rescue and resuscitation of drowning victims[J]. Resuscitation, 81(4): 434-439.

WHO, 2008. World report on child injury prevention[EB/OL].(2008-10-03)[2022-09-12]. https://www.who.int/publications/i/item/9789241563574.

WHO, 2014. Global report on drowning: Preventing a leading killer[EB/OL]. (2014-11-17) [2022-09-12]. https://www.who.int/publications/i/item/global-report-on-drowning-preventing-a-leading-killer.

WHO, 2017. Preventing drowning: An implementation guide[EB/OL].(2017-05-01)[2022-09-12]. https://www.who.int/publications/i/item/9789241511933.

WILLIAMSON D A, WHITE M A, YORK-CROWE E, et al., 2004. Cognitive-behavioral theories of eating disorders[J]. Behavior modification, 28(6):711-738.

XU R B, WEN B, SONG Y, et al., 2018. The change in mortality and major causes of death among chinese adolescents from 1990 to 2016[J]. Zhonghua yu fang yi xue za zhi, 52(8): 802-808.

YOUNG M A, 1989. Research notes and communications sources of competitive data for the management strategist[J]. Strategic management journal, 10(3): 285-293.

附　录

附录一　学生水上安全教育现状调查表

课题组拟对学生水上安全教育现状进行调查，了解学生水上安全教育的整体情况，目的在于应对学生游泳运动伤害事故的发生。本问卷不记名，问卷的结果保密，请在你感觉合适的选项前的□中画"√"或在"＿＿＿"上作答。非常感谢你的支持与帮助！

湖北民族大学、西南大学、华中师范大学
"水上安全教育"国家社科基金课题组

一、基本信息

1. 性别：　　　　□男　　　　□女
2. 年龄：＿＿＿＿岁（已满）
3. 现居住地：　□城市　　　　□农村
4. 年级：＿＿＿＿年级
5. 你所在学校是否有游泳池？
   □有　　　　□没有
6. 学校发放过水上安全教育读本吗？
   □从未如此　□很少如此　□不确定　　□有时如此　□总是如此
7. 学校里面有关于水上安全教育的宣传吗？
   □从未如此　□很少如此　□不确定　　□有时如此　□总是如此
8. 学校禁止学生在非开放性的区域游泳吗？
   □从未如此　□很少如此　□不确定　　□有时如此　□总是如此
9. 你和你身边的人是否发生过溺水（可多选）？
   □是　　　　□否
10. 你获得水上安全知识的途径有哪些（可多选）？
    □学校教育　□父母　　　□同学　　　□校外讲座　□广播、电视
    □报刊、书籍　□网络　　□游泳教练　□其他＿＿＿＿＿＿（可填写）

11．你认为避免水域安全事故的最好方法是（可多选）：
□不下水　　□学会游泳　　□掌握基本的水上安全知识　　□学会自救技能
□提高水上安全意识　　　　□在大人的陪同下游泳　　　　□带救生器材游泳

12．你希望开设水上安全教育课程吗？
□希望　　　□无所谓　　　□不希望

13．你参加过以下哪些水域活动（可多选）？
□游泳　　□钓鱼　　□划船　　□冲浪　　□潜水　　□其他_____（可填写）

14．你一般在一天中的哪些时间段去游泳或嬉水（可多选）？
□上午　　□中午　　□下午　　□晚上

15．你一般在星期几去游泳或嬉水（可多选）？
□周一　　□周二　　□周三　　□周四　　□周五　　□周六　　□周日

16．你常去游泳的地方是（可多选）：
□游泳池　　□海边　　□小河　　□池塘　　□湖里
□其他_____（可填写）

17．你认为你的游泳技能达到了什么水平？
□完全不会游泳　　　□掌握了个别游泳技能　　　□游泳技能达到考核水平

二、水上安全态度量表

指导语：请仔细阅读附表 1-1 中的句子，并根据句子的内容与你的实际情况相符合的程度，在相应的空白位置上打"√"。

附表 1-1　水上安全态度量表

序号	风险态度	完全不赞同	不太赞同	有点赞同	比较赞同	完全赞同
1	下水游泳前，不用考虑水域是否存在安全隐患					
2	擅长游泳的人就一定不会溺水					
3	在江河中游泳不会有危险					
4	同伴溺水，最好的办法是赶紧跳下水去救助					
5	在游泳池的浅水区就一定不会溺水					
6	和会游泳的同学去游泳，没有大人在也没关系					
7	只要穿了救生衣去游泳就一定很安全					
8	只要不下水，即使在水边玩水也没有危险					
9	在冰上行走是一件很安全的事情					
10	穿着衣服游泳也很安全					

三、游泳高危行为量表

指导语：请仔细阅读附表 1-2 中的句子，并根据句子的内容与你的实际情况相符合的程度，在相应的空白位置上打"√"。

附表 1-2 游泳高危行为量表

序号	游泳高危行为	从未如此	很少如此	有时如此	时常如此	总是如此
1	在没有大人的陪同下游泳					
2	在没有设置安全保障的野外水域游泳					
3	在天气情况极差时下水游泳					
4	在不知深浅的水域跳水					
5	私自去水边玩耍					
6	在游泳时和同伴打闹					
7	在存在卫生隐患的水域游泳					
8	在水草较多的水域中游泳					
9	游泳时间很长了，已疲倦还不想上岸					
10	生病时仍去游泳					

四、水上安全知识量表

指导语：请仔细阅读附表 1-3 中的句子，并根据句子的内容与你的实际情况相符合的程度，在相应的空白位置上打"√"。

附表 1-3 水上安全知识量表

序号	水上安全知识	非常熟悉	熟悉	不确定	不熟悉	非常不熟悉
1	你知道水上安全知识的内容吗					
2	你知道救助溺水者的常用方法吗					
3	你了解水中自救的方法吗					
4	你知道心肺复苏的方法吗					
5	你了解常见的水上安全标识吗					
6	你知道发现他人落水时的正确做法吗					
7	你知道如何正确使用救生衣、救生圈吗					
8	你知道溺水时采取哪种求救方法最有效吗					
9	你知道游泳疲劳时采取什么休息姿势最安全吗					

五、水上安全技能量表

指导语：请仔细阅读附表 1-4 中的句子，并根据句子的内容与你的实际情况相符合的程度，在相应的空白位置上打"√"。

附表 1-4　水上安全技能量表

序号	水上安全技能	非常熟悉	熟悉	不确定	不熟悉	非常不熟悉
1	你会水中换气技术吗					
2	你会潜泳技能吗（身体不露出水面，连续游 10 米）					
3	你会游泳吗（不限泳姿，连续游 25 米）					
4	你会水中漂浮技术吗					
5	你会水中踩水技术吗					
6	你会在水中使用韵律呼吸的技能吗					
7	你会水中脱衣吗					
8	你掌握穿着普通服装时安全游泳的技术吗					
9	你会借物漂浮技术吗					
10	你会岸上救生技术吗					

附录二　学生水上安全分层教育教学大纲

一、教学目标与手段

（1）通过游泳课程的学习，使学生掌握水上安全的基本安全知识、技术和技能，提高运动能力，形成良好的体育健身意识，培养学生对游泳运动的兴趣，为终身体育发展奠定基础。

（2）学习自我体能、天气状况、水域环境的判断方法及标准，了解和掌握游泳忌讳、水域活动安全要点、水上安全标识的相关知识。

（3）分步骤学会水中运动的呼吸方法，掌握漂浮和打腿的基本技能，了解和掌握蛙泳、自由泳、仰泳等技术特点。

（4）学会水中受伤自救法，包括水中抽筋自解、踩水呼救、制作简易浮具等，逐步了解和掌握抛投救助技能、岸上呼救、寻找浮具、岸上救援步骤、岸上救生器材选择、水中意外自救的注意事项、意外事故救援处理流程、溺水者状态识别等现场赴救技能。

（5）通过游泳学习和锻炼，提高学生有氧代谢能力，改善心肺功能，提高学生的身体健康水平，促进身心全面发展，进一步增强体质，达到《学生体质健康标准》要求。

二、教法特点

1. 教学内容组织安排

（1）掌握水上安全知识是学习游泳的基础，通过讲解不断加深学生对水上安全知识的了解；使其熟悉水性；通过游戏性的练习帮助学生尽快克服怕水心理，帮助学生培养学习的兴趣。

（2）游泳的换气教学要贯穿游泳教学的整个过程，包括：原地深呼吸练习；与手臂的配合练习；与扶板蹬腿的配合练习；与完整蛙泳动作的配合练习。

（3）在蛙泳的技术教学中，要善于将简单的力学原理与蛙泳技术教学相结合，使学生从理性的角度去理解技术原理，并在实践中更好、更快地掌握蛙泳技术。

（4）加强学生溺水自救和救溺能力，丰富其知识方法，潜移默化地达到教学目的。

2. 教学方法

（1）讲解与示范相结合的方法。
（2）分解与完整相结合的方法。
（3）重复练习与安排合理的运动量相结合的方法等。

3. 教学中运用的手段

（1）加强学生的思想教育工作，发挥其主观能动性，使其克服困难，努力完成游泳课的学习任务。

（2）重视游泳基础理论，基本技术的传授和基本技能的培养；使学生掌握游泳场地、设备、安全、卫生、水上救护等有关知识；使学生掌握蛙泳、仰泳及自由泳等游泳技能，了解游泳教学的特点；使学生具有组织教学的能力，做到会讲、会教、会示范。

（3）根据学生的不同水平、不同特点，区别对待，因人施教。加强组织纪律教育、培养学生遵守纪律的自觉性，采取积极有效的措施，以保证教学的顺利进行。

三、教学内容

第一章

教学要求：

（1）了解水上安全分层教育课程的内容。

（2）熟悉国内外水上安全的发展状况。

（3）掌握水上安全分层教育课程的意义。

主要内容：

1．讲授内容

（1）"水上安全分层教学"课程的意义。

（2）"水上安全分层教学"课程的内容。

2．自学内容

（1）绪论。

（2）国内外水上安全发展状况。

第二章

教学要求：

（1）掌握泳前防溺知识，培养学生的判断能力。

（2）掌握俯卧漂浮基本泳姿技能。

（3）掌握水中漂浮自救技能。

主要内容：

1．理论部分

学习泳前自我体能、天气状况、水域环境的判断方法及标准。

2．实践部分

（1）学习俯卧漂浮。

（2）学习水中漂浮（韵律呼吸、水母漂）。

第三章

教学要求：

（1）牢记游泳忌讳。

（2）掌握水中交替打腿的游泳技能。

（3）学习水中漂浮，掌握仰漂、十字漂浮的自救技能。

主要内容：

1．理论部分

游泳忌讳。

2．实践部分

（1）交替打腿。

（2）仰漂、十字漂浮。

第四章

教学要求：

（1）了解并熟记水域活动的安全要点。

（2）掌握踩水呼救、水中抽筋的自救技能。

主要内容：

1．理论部分

水域活动安全要点。

2．实践部分

（1）踩水呼救。

（2）水中抽筋自解。

第五章

教学要求：

（1）学会识别水上安全标识，谨记各种标志和水上安全旗帜的含义。

（2）掌握俯卧游进游泳技能。

（3）学习制作简易浮具。

主要内容：

1．理论部分

水上安全标识。

2．实践部分

（1）俯卧游进。

（2）制作简易浮具。

第一至五章为初级。

第六章

教学要求：

（1）了解岸上间接救援知识。

（2）掌握蛙泳完整泳姿技能。

（3）掌握借助辅助物（软性辅助物）救助技能。

主要内容：

1．理论部分

（1）岸上救援步骤。

（2）岸上救生器材选择。

（3）岸上呼救。

（4）寻找浮具。

2．实践部分

（1）蛙泳腿部蹬水动作。

（2）蛙泳手臂划水动作。

（3）配合韵律呼吸的完整蛙泳动作。

（4）岸上借助软性辅助物救助。

第七章

教学要求：

（1）牢记水中意外自救的注意事项。

（2）掌握自由泳的完整配合动作。

（3）掌握借助辅助物（硬性辅助物）救助技能。

主要内容：

1．理论部分

水中意外自救的注意事项，如应脱掉鞋子和重衣服，同时在水中大声呼救。

2．实践部分

（1）自由泳腿部分解动作。

（2）自由泳手臂划水动作。

（3）配合韵律呼吸的完整自由泳技术。

（4）岸上借助硬性辅助物救助。

第八章

教学要求：

（1）学习并牢记水中意外受伤、水草缠身的自救办法。

（2）掌握侧泳的完整配合技术动作。

（3）掌握抛投救助技能。

主要内容：

1．理论部分

（1）水中受伤自救知识。

（2）摆脱水草缠身方法。

2．实践部分

（1）侧泳腿部剪式蹬水动作。

（2）侧泳手臂划水动作。

（3）侧泳完整配合动作。

（4）抛投救助技能。

第九章

教学要求：

（1）了解水中身陷漩涡、冷水求生意外自救知识。

（2）掌握踩水实用游泳技能。

主要内容：

1．理论部分

（1）水中身陷漩涡自救。

（2）冷水中求生技巧。

2．实践部分

踩水。

第六至九章为中级。

第十章

教学要求：

（1）学习水中直接救援的知识；

（2）掌握规范的仰泳游泳技能；

（3）初步掌握现场赴救技能。

主要内容：

1．理论部分

（1）溺水者状态识别。

（2）意外事故救援处理流程。

（3）涉水救援。

（4）溺水急救常识。

2．实践部分

（1）学习仰泳的完整配合动作。

（2）学习现场赴救救生技能。

第十一章

教学要求：

（1）了解溺水施救步骤，学习溺水急救技术。

（2）使用规范、正确的泳姿进行速度游。

（3）掌握水中解脱救助技能。

主要内容：

1．理论部分

（1）溺水施救步骤。

（2）溺水急救技术。

2．实践部分

（1）速度游。

（2）4种泳姿任意混合游进。

（3）学习水中解脱救生技能。

第十二章

教学要求：

（1）牢记溺水救护的应急要点。

（2）能够完美地做出4种泳姿的完整配合动作并达到规定游程。

（3）掌握心肺复苏技能。

主要内容：

1．理论部分

溺水救护的应急要点。

2．实践部分

（1）4种泳姿任意混合游进。

（2）操作演练心肺复苏技能。

第十至十二章为高级。

四、主要参考资料

（1）舟山市红十字会水上安全教练员培训手册，舟山红十字会编印，2013年版。

（2）国家体育总局职业技能鉴定指导中心组编的《游泳》，高等教育出版社，2010年版。

（3）谢伦立，刘振卿主编的《游泳课堂》，人民体育出版社，2011年版。

（4）（美）大卫·托马斯著，林琳译的《教你学游泳》，哈尔滨：黑龙江科学技术出版社，2007年版。

（5）悠游网.http://www.xmuswim.com/tv.html.

（6）《游泳》课程网站，福建师范大学。

五、学生水上安全分层考核细则及其评分标准

初级、中级、高级学生水上安全技能考核评分表（由"水上安全教育"国家社会科学基金课题组编制）如附表2-1至附表2-3所示（其中：总成绩=游泳技能总分×权重+救生技能总分×权重）。

附表 2-1 初级学生水上安全技能考评分表

学生基本信息

学校	姓名	性别	年龄	年级	总成绩	

游泳技能考核评分表（权重 55%）

	内容	分值	考核要点	扣分标准	得分	总分	备注
游泳技能	借助浮具原地交替打腿	22分	(1)身体呈流线型，与水平行。(2)两腿分别向相反方向一上一下运动。(3)脸浸入水中，水中呼气，抬头吸气	(1)身体没有与水平面平行扣8分。(2)打腿节奏不鲜明扣7分。(3)呼吸没有按照要求扣7分			
	俯卧漂浮加交替打腿（男女均5米）	19分	(1)身体呈流线型，手臂在头前方完全伸展。(2)呼吸自然，脸浸入水中，抬头吸气	(1)身体没有与水平面平行扣5分。(2)手臂没有呈火箭式向头前完全伸展扣4分。(3)打腿漂浮期间停留或身体姿势发生变形扣5分。(4)呼吸方法错误扣5分。(5)中途停留1次扣10分，停留2次扣完			必考水中操作
	仰卧漂浮加交替打腿（男女均5米）	32分	(1)身体呈流线型，两臂位于身体两侧，双手在髋部做有效推进。(2)膝盖和脚部不能露出水面。(3)呼吸顺畅	(1)身体没有与水平面平行扣7分。(2)手臂没有位于身体两侧扣5分。(3)膝盖或脚高出水面扣10分。(4)打腿漂浮期间停留或身体姿势发生变形扣5分。(5)呼吸不顺畅扣5分。(6)中途停留1次扣10分，停留2次扣完			
	俯卧游进（男25米，女20米）	27分	(1)脸浸入水中半在水下呼气。(2)保持接近水平的身体姿势。(3)双腿向相反方向一上一下交替打腿。(4)手臂按照圆形轨迹向头前伸展，推水时需经过肚脐	(1)身体姿势没有保持水平扣7分。(2)没有在水中呼气扣5分。(3)打腿节奏不鲜明扣8分。(4)手臂动作错误扣7分。(5)中途停留1次扣10分，停留2次扣完			

续表

学生基本信息

学校	姓名	性别	年龄	年级	总成绩

救生技能考核评分表（权重45%）

水中漂浮自救技能考核评分表

内容	分值	考核要点	扣分标准	得分	总分	备注
水中漂浮自救技能 水母漂（男1分钟，女30秒）	20分	(1) 深吸气之后，脸向下埋在水中，双足与双手向下自然伸直，与水面略呈垂直。 (2) 换气时，双手放开再抬头吸气。 (3) 身体放松，加大身体与水面接触的面积。 (4) 自然呼吸，有节奏地进行换气。	(1) 脚和手没有自然放松扣5分。 (2) 呼吸方式错误扣5分。 (3) 换气节奏不鲜明扣10分。 (4) 漂浮期间中断1次扣10分，中断2次扣完。			任选其一
十字漂（男1分钟，女30秒）		(1) 全身放松，双臂平展，俯卧漂浮在水中。 (2) 换气时，双臂前移，向下划压，双腿夹拢，身体上浮时，借机吐气并立即吸气。	(1) 身体姿势没有呈十字扣5分。 (2) 呼吸方式错误或换气节奏不鲜明扣10分。 (3) 双腿没有前后分立扣5分。 (4) 漂浮期间中断1次扣10分，中断2次扣完。			水中操作
仰漂（男1分钟，女30秒）	21分	(1) 身体放松，吸饱气闷在胸腔内。 (2) 仰头挺腰，双手后伸自然呈大字型上。或者双手向两边呈大字型，掌心向上。 (3) 换气时，快吐快吸，瞬间换气。	(1) 大字型扣6分。 (2) 整个后脑勺没浸入水中（包括两耳）扣5分。 (3) 双手没有伸展，呼吸有伸展扣5分。 (4) 两臂没有伸展扣5分。 (5) 漂浮期间中断1次扣10分，中断2次扣完。			水中操作

续表

学生基本信息

学校	姓名	性别	年龄	年级	总成绩

救生技能考核评分表（权重45%）

初级抽筋自解考核评分表

内容		分值	考核要点	扣分标准	得分	总分	备注
初级抽筋自解	足趾	21分	(1) 用手握住足趾，并向抽筋部位的反方向用力拉。 (2) 用拇指压住屈趾肌的肌腹，并用力揉捏。 (3) 以水母漂浮姿势自救和按摩，直至复原	(1) 没握住抽筋足趾扣5分。 (2) 没向相反方向用力拉扣5分。 (3) 没有揉捏扣5分。 (4) 没有以水母漂浮姿势自救按摩扣6分			任选其一
	手指		(1) 先用力握拳，然后迅速用力张开。 (2) 用另一手向后压抽筋手指。 (3) 重复此动作，直至复原	(1) 没握拳并迅速张开扣5分。 (2) 没向相反方向用力按压抽筋手指扣10分。 (3) 没有重复扣6分			
	手掌		(1) 两掌相合，手指交叉，用力伸张。 (2) 重复此动作，直至复原	(1) 没有反转掌心扣10分。 (2) 没有重复动作扣11分			水中操作
	上臂		(1) 握拳并尽量屈肘，使前臂贴紧上臂。 (2) 用力伸直，并按摩抽筋部位。 (3) 如此重复动作，直至复原	(1) 没屈肘紧贴上臂扣5分。 (2) 没按摩抽筋部位扣10分。 (3) 没有重复动作扣6分			

续表

学校	姓名	性别	年龄	年级	总成绩

学生基本信息

救生技能考核评分表（权重45%）

初级抽筋自解考核评分表

内容	分值		考核要点	扣分标准	得分	总分	备注
初级抽筋自解	21分	小腿	(1) 用手握住抽筋腿的脚趾，用力向上拉，使抽筋腿伸直，然后用力揉捏其肌腹。 (2) 用另一腿踩水，另一手划水，帮助身体上浮。 (3) 如此反复动作，直至复原为止。 (4) 上岸后用中、食指尖指承山穴或委中穴反复按摩	(1) 另一腿和手没有踩水和划水姿势帮助身体漂浮伸直扣6分。 (2) 没将抽筋腿伸直扣5分。 (3) 没有重复动作扣5分。 (4) 上岸后没有反复按摩扣5分			
		大腿 股四头肌抽筋	(1) 先做水母漂姿势。 (2) 然后屈膝抱住足背向臀部方向按压，让足跟及足底尽量靠近臀部，使抽筋的肌肉变软。 (3) 再轻轻地按摩，使僵硬的部位变软，如此重复按摩，直至复原	(1) 做错漂浮姿势扣5分。 (2) 没抱住足背向臀部按压扣10分。 (3) 没有重复按摩抽筋部位扣6分			任选其一
		股二头肌抽筋	(1) 先做仰漂姿势。 (2) 然后一手抓住踝关节，另一手压住膝关节，并在抽筋部位用力揉按。 (3) 再反复按摩僵硬的部位，如此重复动作，直至复原	(1) 做错漂浮姿势扣5分。 (2) 两手抓握或按压部位错误扣6分。 (3) 没有重复按摩抽筋部位扣10分			
		腹部	(1) 先仰卧水里。 (2) 把双腿向腹壁弯收，再行伸直，复几次。 (3) 上岸后可掐揉中脘穴，配合掐足三里穴	(1) 做错漂浮姿势扣5分。 (2) 双腿没向腹部弯收再伸直扣6分。 (3) 没有重复动作扣10分			水中操作

续表

学生基本信息

学校	姓名	性别	年龄	年级	总成绩

救生技能考评分表（权重45%）

初级浮具制作考核评分表

内容		考核要点	分值	扣分标准	得分	总分	备注
初级浮具制作	衣服	(1)借助踩水漂浮姿势先使身体漂浮。(2)将两个袖口打结。(3)将第一个扣子反扣在颈后，使衣服形成浮囊。(4)两手均衡抓握浮具，将上身轻轻压在浮具上以辅助漂浮。	17分	(1)没有采用踩水姿势或站在水底扣5分。(2)扣子打结动作错误扣3分。(3)气囊没有形成扣5分。(4)没有正确使用气囊扣4分。			任选其一
	裤子	(1)先脱掉鞋，将长裤脱下，将裤角端用力打上结。(2)将裤腰撑开放置于头部后方，快速将裤腰从头部向前移动，使裤管充满气，形成两个气袋后将裤上结。(3)将头部置于两气袋之间以辅助漂浮。		(1)没有采用踩水姿势或站在水底扣5分。(2)裤子打结动作错误或裤气体不足扣3分。(3)气囊没有形成扣5分。(4)没有正确使用气囊扣4分。			水中操作

考评员签字：　　　　　　　　　　　　　　日期：　　年　　月　　日

附表2-2 中级学生水上安全技能考核评分表

学生基本信息

学校		姓名		性别		年龄		年级		总成绩	

游泳技能考核评分表（权重50%）

内容	分值	考核要点	扣分标准	得分	总分	备注
游泳技能 — 蛙泳（男25米，女20米）	34分	（1）腿部需清晰做到收、翻、蹬、夹4个基本动作。 （2）手臂需清要清楚地做到划手、伸手3个关键动作。 （3）手臂和腿部动作及呼吸要按照1:1比例分配进行	（1）腿部收、翻、蹬、夹4个关键动作做错或少一个扣4分。 （2）划手、收夹肘及伸手3个动作少做一个或做错一个扣4分。 （3）配合比例不协调扣6分。 （4）停留1次扣15分，停留2次扣完			
自由泳（男25米，女20米）	21分	（1）身体呈流线型，手臂在头前方完全伸展。 （2）两腿向相反方向做上下连续性运动。 （3）呼吸自然，水里呼气，抬头吸气	（1）身体没有呈水平位置扣3分。 （2）手臂入水、抓水、划水、推水、出水、空中移臂等动作做错或少做一个扣2分。 （3）吸气时没有向上抬头鞭状打腿或呼吸不顺畅扣3分。 （4）没有节奏地做呼吸或腿部合拢扣3分。 （5）中途停留1次扣10分，停留2次扣完			
侧泳（男25米，女20米）	11分	（1）身体与头呈水平直线，做侧行姿势。 （2）一腿勾向胸前伸展，另一腿绷脚向后伸（呈剪刀状姿势）。 （3）同侧手身体收拢，双手在胸前并，合并后双手同时划开	（1）身体和头部没有呈水平直线扣3分。 （2）两脚没有做勾胸或胸前伸扣3分。 （3）两腿没有呈剪刀状动作混乱扣2分。 （4）手臂没有在胸前合拢扣2分。 （5）中途停留1次扣5分，停留2次扣完			必考水中操作
踩水呼救（男30秒，女20秒）	34分	（1）双手以定向（顺逆时针均可）画圈划水，使身体保持平衡。 （2）双臂肘关节露出水面，呼吸自然。 （3）双腿呈剪刀状，一前一后，剪动到两脚交叉处停止，停止片刻后继续前后剪动。 （4）呼叫大声且保持连续	（1）手脚动作混乱扣5分。 （2）手臂肘关节没有露出水面扣6分。 （3）水面或头露出高出水面扣15分。 （4）声音不洪亮且不连续扣8分。 （5）中途停留1次扣15分，停留2次扣完			

续表

学生基本信息

学校	姓名	性别	年龄	年级	总成绩

救生技能考核评分表（权重50%）

岸上辅助物救助技能考核评分表

内容	分值	考核要点	扣分标准	得分	总分	备注
岸上辅助物救助技能 — 扔掷辅助物（带绳救生圈）	31分	（1）大声呼救，同时紧握绳子的一头，可将其系在岸上或在绳头系个结后用脚踩住。 （2）用钟摆的方式将辅助物朝上部45度角扔掷给溺水者。 （3）若没有扔到理想位置，迅速拉绳子再次扔掷，不要再绕绳子浪费时间。 （4）扔掷后为保持平稳须降低重心或趴在地上，慢慢向回拉。 （5）在用手去拉溺水者前，让其抓住岸边。若无法抓住，再伸手去拉救。	（1）没有大声呼救扣5分。 （2）将绳子一端固定好扣5分。 （3）扔掷方向或方法不对扣3分。 （4）没有扔身体重心降低或趴在地上扣8分。 （5）没有扔掷到理想位置1次扣5分。 （6）没有将溺水者救上岸扣5分。			必考水中操作
伸够辅助物（杆子、树枝、衣服等）	31分	（1）一边大声呼救，一边寻找结实、有浮力且能够移动的辅助物体（如杆子、木板、树枝、皮带、衣服等）。 （2）伸够前，身体应与岸边呈45度角，两腿伸展分开保持平稳。 （3）在延伸够出辅助物后，单膝跪在地上，尽可能与岸边保持一定距离。 （4）在用手去拉溺水者前，让其抓住岸边。若无法抓住，再伸手去拉救。	（1）没有大声呼救扣5分。 （2）寻找辅助物不合适扣5分。 （3）救助时身体没有与岸边呈45度角且两腿伸展或身体俯卧在岸上稳住重心扣8分。 （4）与岸边距离太近扣5分。 （5）身体重心失去平衡没有及时放手或调整扣3分。 （6）没有将溺水者救上岸扣5分。			

续表

学生基本信息

学校		姓名		性别		年龄		年级		总成绩	

救生技能考核评分表（权重 50%）

手援救助技能考核评分表

内容		考核要点	分值	扣分标准	得分	总分	备注
手援救助技能	个人手援	(1) 保持镇定，大声呼救。 (2) 观察周围环境是否安全。 (3) 在用手拉溺水者之前，救溺者须将身体俯卧在岸上稳住重心，将身体与连接岸上固定物。 (4) 若快要被溺水者拉入水中，应立即放手，待身体重心稳定后再进行施救。	38分	(1) 没有大声呼救扣5分。 (2) 没有观察周围水域环境扣5分。 (3) 救助前身体没有俯卧在岸上稳住重心扣10分。 (4) 没有将身体与岸上固定物牢连接扣5分。 (5) 身体重心失去平衡没有及时放手或调整扣5分。 (6) 没有将溺水者救上岸扣5分。			以个人手援考核为主
	团体手链	(1) 保持镇定，大声呼救。 (2) 观察水深需在胸部以下且离岸不远。 (3) 手拉手人链不要超过5人。 (4) 互扣手腕。 (5) 人与人两两面对面相互交错。		(1) 没有大声呼救扣10分。 (2) 没有观察水深或溺水者离岸边距离扣5分。 (3) 手掌互握扣13分。 (4) 救助人员面向同一方向扣5分。 (5) 没有将溺水者救上岸扣5分。			

考评员签字： 日期： 年 月 日

附表 2-3 高级学生水上安全技能考核评分表

学校		姓名		性别		年龄		年级		总成绩	

学生基本信息

游泳技能考核评分表（权重 45%）

内容		分值	考核要点（提示）	扣分标准	得分	总分	备注
游泳技能	25 米速度游	39 分	(1) 蹬壁出发。 (2) 以自由泳游完全程。 (3) 男≤20 秒，女 22 秒	(1) 没有使用自由泳姿游扣 20 分。 (2) 中途停留 1 次扣 19 分，停留 2 次扣完 (3) 没有在规定时间内游完全程扣完			
	仰泳（男 25 米，女 20 米）	32 分	(1) 入水：手臂自然放松，保持直臂，不能弯曲，小手指先入水，拇指向上，掌心向后撑方。 (2) 抱水：掌心向下，肘关节和手腕，上臂内旋，同时伸展肩部，弯曲手肘和手腕，配合身体的摆动。 (3) 划水：前臂内旋，掌心由内、下，后逐渐转内为、前，肘关节和大臂慢慢向身体靠近，用力向脚的方向推水。 (4) 出水：借助手掌压水的反弹力，手臂自然放松，迅速提肩，肩部出水之后，由肩部带动上臂，再前臂，最后手，依次出水。 (5) 空中移臂：臂部自然放松，伸直，手迅速从大眼外侧提至肩部前面，并且垂直于水平面。 (6) 腿部动作要"屈膝上踢"，直腿下压"。 (7) 打水时，膝关节、小腿和脚不能露出水面	(1) 前 6 点，每个动作没有做到位扣 4 分。 (2) 打水时，膝关节，小腿和脚露出水面扣 8 分。 (3) 停留 1 次扣 15 分，停留 2 次扣完			必考水中操作
	100 米混合泳	29 分	(1) 全程至少使用两种泳姿。 (2) 每一个泳姿的动作要领正确且配合协调，呼吸顺畅。 (3) 每一个泳姿游完 20 米	(1) 没有达到泳姿数量扣 10 分。 (2) 动作要领出现明显错误且配合不协调扣 4 分。 (3) 没有游完全程扣 10 分。 (4) 单个泳姿没有游够 20 米扣 5 分。 (5) 途中停留 1 次扣 15 分，停留 2 次扣完			

续表

学校	姓名	性别	年龄	年级	总成绩

学生基本信息

救生技能考核评分表（权重55%）

现场赴救技能考核评分表

内容			考核要点	分值	扣分标准	得分	总分	备注
现场赴救技能	入水	蛙腿式	(1) 入水时，两臂向下抱水，两腿向下做蛙蹬夹腿，同时两脚做剪水动作。(2) 头部始终保持在水面上。(3) 眼睛始终不离水目标	5分	(1) 双臂或两腿没有分开扣2分。(2) 水没过头部扣5分。(3) 眼睛离开溺水者扣2分			
		跨步式	(1) 入水时，两手向前下方抱压水，同时两腿向下做剪水动作。(2) 头部始终保持在水面上。(3) 眼睛始终不离水目标		(1) 双臂或两腿没有分开扣2分。(2) 水没过头部扣5分。(3) 眼睛离开溺水者扣2分			
	接近	正面接近	(1) 入水后，游至溺水者3米左右急停，下潜至溺水者髋部以下，转身180°。(2) 单手或双手托腋下控制住溺水者	11分	(1) 3米左右未急停下潜扣3分。(2) 没有在髋部以下将溺水者转体180°扣5分。(3) 未能有效控制住溺水者扣3分			必考 水中操作
		背面接近	(1) 救生员游至距溺水者1~2米处急停。(2) 单手、双手托腋或夹胸控制住溺水者		(1) 距离太远或急停扣4分。(2) 未能有效控制住溺水者扣3分			
		侧面接近	(1) 游至溺水者3米左右处，转为溺水者近侧游进，抓住溺水者近侧手腕。(2) 单手、双手托腋或夹胸控制住溺水者		(1) 3米左右未侧向游进扣3分。(2) 未抓住溺水者近侧扣5分。(3) 未能有效控制溺水者手腕扣3分			

续表

学校		姓名		性别		年龄		年级		总成绩	

学生基本信息

救生技能考核评分表（权重55%）

现场赴救技能考核评分表

内容		分值	考核要点	扣分标准	得分	总分	备注
现场赴救技能	拖带 夹胸	11分	(1) 反蛙泳腿或侧泳腿技术拖带。 (2) 溺水者口鼻必须露出水面。 (3) 使溺水者保持身体水平位置。 (4) 夹胸不能压迫溺水者的颈动脉	(1) 拖带技术运用不合理扣4分。 (2) 拖带中溺水者口鼻没入水中，第1次扣5分，二次扣完。 (3) 拖带时脱手扣11分。 (4) 拖带方向错误扣3分。 (5) 溺水者下肢下沉扣4分。 (6) 拖带时压迫溺水者的颈动脉扣5分			必考水中操作
	拖带 双手托腋		(1) 救生员手托住溺水者的双腋，采用反蛙泳或仰泳拖带。 (2) 溺水者口鼻必须露出水面。 (3) 使溺水者保持身体水平位置				
	上岸 深水无阶梯单人上岸	5分	(1) 用单手抓住溺水者的另一只手，压在池岸边上，按住不动。 (2) 将溺水者重叠的双手背，用蛙泳腿蹬夹上岸。 (3) 交叉手紧握溺水者手腕处，将溺水者转体180°背对岸边，垂直上提。 (4) 上岸后脱出一手移至溺水者颈背部，另一手将溺水者双腿原地旋转90°	(1) 上岸时脱手扣5分。 (2) 没有用两手交叉的方法将溺水者原地转体180°扣5分。 (3) 原地旋转溺水者双腿时未对头部进行保护扣2分			

续表

学生基本信息

学校	姓名	性别	年龄	年级	总成绩

救生技能考核评分表（权重55%）

解脱技能考核评分表

内容	考核要点	分值	扣分标准	得分	总分	备注
解脱技能	头发被抓：(1) 两种方法：压腕扳手、扳指推肘。(2) 解脱后，有效控制住溺水者	31分	(1) 解脱时用力过度或动作不足扣6分。(2) 解脱过程动作不连贯扣6分。(3) 解脱动作的手法错误扣13分。(4) 解脱后未对溺水者有效控制扣6分。			必考 岸上操作
	手被抓：(1) 单手被抓：转腕、推击。(2) 单手（臂）被抓：推击加转腕。(3) 双手（臂）被抓：转腕、推击。(4) 单手双手抓：推击、转腕。(5) 解脱后，有效控制住溺水者					
	颈部被抱：(1) 颈部被抱持：正面被抱持时，扳指；背面被抱持时，压腕上推双肘，推单肘。(2) 解脱后，有效控制住溺水者					
	腰部被抱：(1) 正面抱持：夹鼻推额、弓身抽手。(2) 背面抱持：扳指躬身抽手，屈肘扩张。(3) 解脱后，有效控制住溺水者					

续表

救生技能考核评分表——心肺复苏技能考核评分表

学校		姓名		性别		年龄		年级		总成绩	

学生基本信息

现场急救—心肺复苏技能考核评分表（权重55%）

内容		分值	考核要点	扣分标准	得分	总分	备注
现场急救：心肺复苏技能	检查意识，高声求救	5分	轻拍溺水者肩膀并呼喊，看有无反应，同时高声呼救：快拨打"120"	（1）没有轻拍溺者双肩扣2分。（2）没有呼叫扣3分			顺序错误扣完分值
	清除口腔口异物	2分	用食指和中指清除溺者口中异物	没有清理溺者口中异物扣2分			
	打开呼吸道	5分	仰头举颏法：一手掌根压在溺水者前额，另一手食指及中指放在下颌骨的颌骨体上，向上抬起下颌	（1）头部后仰不到位扣2分。（2）打开呼吸道手法不正确扣3分			
检查	判断呼吸	3分	耳朵靠近溺水者口鼻：（1）看胸部有无起伏。（2）听呼吸道有无气流通过的声音。（3）感觉呼吸道有无气体排出	每漏做一个动作扣1分			岸上操作

续表

学生基本信息

| 学校 | | 姓名 | | 性别 | | 年龄 | | 年级 | | 总成绩 | |

救生技能考核评分表（权重55%）

现场急救——心肺复苏技能考核评分表

内容		分值	考核要点	扣分标准	得分	总分	备注
现场急救：心肺复苏技能	口对口人工吹气	6分	实施条件：如溺水者没有呼吸，先给予两口气。 (1) 两指捏住鼻子。 (2) 吹气量以明显看到胸部起伏为准	(1) 吹不进气或漏气扣2分。 (2) 没捏鼻子或两次吹起中间没放开鼻子扣4分			顺序错误扣完分值
	检查脉搏	4分	食指、中指在甲状软骨下摸到气管后，向外滑动，在气管与颈部肌肉之间的凹沟内即可以触及颈动脉	检查脉搏位置错误扣4分			
	胸外心脏按压 定位按压	12分	(1) 部位：一手中指沿溺水者的胸廓下部助缘向上滑动，摸到肋弓和剑突交点处为胸骨下切迹，食指向中指并拢，该中心掌部位即是胸骨下1/2段中点。 (2) 手法：一手掌根部置于胸骨下1/2段中点，一手掌根不触及胸壁和肋骨，另一手掌根部与该手掌根部重叠，五指相互交叉	(1) 定位不正确扣5分。 (2) 按压次数错误扣4分。 (3) 明显按压动作错误扣3分			岸上操作

考评员签字：   日期：   年   月   日

附录三 学生水上安全分层教育进度表、教案（举例）

学生水上安全分层教育初级、中级进度表如表 4-23 和表 4-24 所示。

下面是按照学生水上安全分层教育进度表撰写的课程教案，如附表 3-1～附表 3-4 所示。

附表 3-1 学生水上安全分层次教学初级教案（一）

___级班___组第___次课 人数___ 任课教师___ 见习学生___ ___年___月___日

课题名称		学生水上安全分层次初级教学专题一		
教学目标		（1）使学生了解游泳课程的目标与具体要求、安全卫生基本要求、课堂教学常规。 （2）通过学习游泳前自我体能、天气状况、水域环境的判断方法及标准，提高学生的判断能力。 （3）通过水中基本活动的练习，使学生初步熟悉水环境，克服怕水心理。 （4）使学生初步掌握水中行走、呼吸和漂浮基本技能，为后续学习打下良好的基础		
教学重点及难点		重点： （1）课程目标、课程常规、安全卫生要求。 （2）克服对水的恐惧。 （3）学习自我体能、天气状况、水域环境的判断方法及标准	难点： （1）学习水中吸气和换气。 （2）俯卧漂浮姿势的掌握	
教学资源	场地		教学方法	讲解法、示范法、分组法
	教具	浮力棒、玩具、海报	时间	90 分钟
部分	时间	教学内容	组织教法与要求	学习情况
准备部分	20 分钟	一、集合整队，检查人数 1. 介绍课程目标 2. 介绍安全卫生要求 3. 介绍课堂常规等 二、宣布课程的内容与要求 1. 安全知识 自我体能、天气状况、水域环境的判断方法及标准 2. 游泳技能 水中行走、俯卧漂浮 3. 救生技能 韵律呼吸 三、准备活动 1. 头部绕环 2. 肩膀绕环	组织： ××××××× ××××××× ✗ （1）课程目标：熟练掌握水上安全知识、游泳技能和救生技能，确保今后个人水上安全和具有理智的施救能力 （2）具体要求：本课程分为初、中、高三个等级，每名学生必须掌握每一阶段的指标后才能顺利进入下一级，具体指标要求见基本指标表。 （3）考核内容：水上安全知识、水上安全常识占 30%，游泳技能占 30%，救生技能占 40%。	

续表

部分	时间	教学内容	组织教法与要求	学习情况
准备部分	20分钟	3. 手臂绕环 4. 向上伸展 5. 向下伸展 6. 前弯转体 7. 腰部运动 8. 高压腿 9. 低压腿 10. 膝盖绕环 11. 手脚关节绕环 12. 开合跳（带操要求：按学号轮流带操；大关节、大肌群活动开；动作设计有创新；写好带操教案。因游泳池空间有限，地滑，以原地徒手练习为主）	（4）教学安排：根据学校游泳教学规定的学时（32或36），将理论和实践结合。 要求：①脱鞋入场，衣物带进场内；②不戴首饰，不带贵重物品；③不随意开玩笑、打闹和搞恶作剧；④禁止吐痰入槽；⑤未经学习不得随意跳水；⑥按规定泳道、方向和形式练习，不得横冲直撞；⑦中途起水离场应经教师批准；⑧下水后全程应佩戴泳帽，不得摘除。 要求：①提前到场，更换服装，到集合地点集中；②集合点名，宣布课的内容与要求；③准备活动与辅助练习；④冲洗身体；⑤下水练习；⑥起水，检查人数，课后小结；⑦见习生随堂听课，帮助准备有关器材，当好"助教"	
基本部分	65分钟	一、学习自我体能、天气状况、水域环境的判断方法及标准 （1）教师利用海报讲解如何进行判断，以及判断的标准和依据。 （2）典型案例分析，强调游泳前判断的重要性，以及盲目下水的危害。 （3）设置学生与学生、教师间的问答环节，检验学生的掌握程度	组织： ××××××× ××××××× ××××××× ▼ 要求：教师对学生的回答与提问环节给予及时的反馈，激发学生学习兴趣，并对学生的错误回答予以纠正	
		二、水中呼吸 （1）水中闭气：深吸气后闭气下蹲（水下要求睁眼）。 （2）水中慢呼气：深吸气后闭气下蹲，慢呼至尽再起立。 （3）连续呼吸：水上吸，水下呼，连续进行	组织： ××× ×　　▼ × 要求： （1）每个人靠近水壁，双手抓住池壁，将头按照要求依次进行有节律的呼吸。 （2）练习时，换气的时间间隔可逐渐减短	

续表

部分	时间	教学内容	组织教法与要求	学习情况
基本部分	65分钟	三、蹲下拾物 教师先示范，然后将学生两两组合，每人至少完成3次	组织： （图示） 要求：不要将头朝下去拾水下的物体，防止头部撞到池底受伤	
		四、俯卧漂浮 （1）教师讲解俯卧漂浮的动作要领及技巧。 （2）示范漂浮的动作。 （3）将学生两两分组做模仿练习	组织： （图示） 要求：一名学生做练习，另一名学生保护。刚开始可借用漂浮教具	
结束部分	5分钟	（1）集合，检查人数。 （2）小结本课情况，安排好下节课带操学生。 （3）宣读下节课的内容，让学生提前预习相关水上安全知识。 （4）备好下节课教案和海报	组织： （图示） 要求：两两组合的学生在课下要相互指出对方动作易出现的错误和相关的注意事项，以利于更好地规范动作要领	
课后小结				

附表3-2　学生水上安全分层次教学初级教案（二）

___级班___组第___次课　人数_____　任课教师_____　见习学生_____年___月___日

课题名称	学生水上安全分层次初级教学专题二			
教学目标	（1）巩固对自我体能、天气状况、水域环境的判断方法及标准的掌握，设置情景练习，使学生牢记泳前防溺水知识。 （2）使学生增强呼吸、俯卧漂浮基本技能，提高水中活动的基本能力。 （3）引导学生学习仰卧漂浮基本技能，为后续的游泳技能的学习做铺垫			
教学重点及难点	重点： （1）巩固泳前判断知识。 （2）掌握俯卧漂浮、仰卧漂浮基本泳姿		难点： （1）呼吸的节奏把控。 （2）仰卧漂浮姿势的掌握	
教学资源	场地		教学方法	讲解法、示范法、分组法
	教具	浮力棒、浮板、海报、漂浮服或救生衣	时间	90分钟

续表

部分	时间	教学内容	组织教法与要求	学习情况
准备与理论部分	25分钟	一、集合整队，检查人数 二、宣布课的内容 1．安全知识 巩固自我体能、天气状况、水域环境的判断方法及标准 2．游泳技能 俯卧漂浮、仰卧漂浮 3．救生技能 韵律呼吸 三、准备活动 1．头部绕环 2．肩膀绕环 3．手臂绕环 4．向上伸展 5．向下伸展 6．前弯转体 7．腰部运动 8．高压腿 9．低压腿 10．膝盖绕环 11．手脚关节绕环 12．开合跳	组织： ××××××× ××××××× ▼ 要求： （1）先由教师讲解，整体学习；然后学生分组练习相互识别。使学生能快速说出标志的含义。 （2）每名学生认真聆听本节课的课程内容，熟悉并完成其中的重难点，认真做热身操。 （3）注意教师和同伴的指导，多体会动作要领，努力提高动作质量	
基本与实践部分	60分钟	一、巩固自我体能、天气状况、水域环境的判断方法及标准 （1）教师设置不同情景，以海报或者图片的形式，让学生识别哪些情景中的人物、环境或天气不适宜游泳，并说明理由。 （2）学生两人一组，互相设置题目，让对方辨别对错。教师最后进行抽查，检验掌握程度。	组织： ××××××× ××××××× ▼ 要求： （1）教师在学生答题过程中，对其进行引导，重点讲解一些学生没有发现的错误情景。 （2）随机提问上节课所讲授的知识点，了解学生的掌握情况	
		二、加强呼吸 （1）水中闭气。 （2）水中慢呼气。 （3）水面原地快吸快呼。 （4）水中连贯呼吸：快吸，稍闭，慢呼，猛吐。 （5）间歇性连续呼吸	组织： ┌───── 　　××× 　× 　×　▼ 要求：每个人靠近水壁，双手抓住池壁；做到五"不"（不停顿、不憋气、不抹脸、不甩头、不含水），男生10次，女生5次	

续表

部分	时间	教学内容	组织教法与要求	学习情况
基本与实践部分	60分钟	三、俯卧漂浮，然后恢复到站立，持续3秒 四、初步学习仰卧漂浮 （1）教师讲解仰卧漂浮的动作要领及技巧。 （2）示范漂浮的动作。 （3）学生两两分组做模仿练习	组织： 要求：从开始到结束的动作要规范，尽量延长漂浮时间 组织： 要求：一名学生做练习，另一名学生保护。刚开始可借用漂浮教具	
结束部分	5分钟	（1）集合，检查人数。 （2）小结本课情况（主要从学生的表现、态度、动作易出现的错误等方面进行评价）。 （3）宣读下节课的内容，提前预习相关水上安全知识。 （4）安排下一节课带操人员，备好教案和海报	组织： 要求：两两组合的学生在课下相互指出对方动作易出现的错误和相关的注意事项，以利于更好地规范动作要领	
课后小结				

附表3-3　学生水上安全分层次教学中级教案（一）

___级班___组第__次课　人数____　任课教师___　见习学生____　___年___月___日

课题名称	学生水上安全分层次中级教学专题一
教学目标	（1）使学生了解游泳课程的目标与具体要求、安全卫生基本要求、课堂教学常规。 （2）通过引导学生学习岸上间接救援知识，使学生牢记优先选择岸上间接救援方式，切勿盲目下水，提高学生救援的警惕性。 （3）引导学生学习蛙泳技术，使其掌握蛙泳腿部蹬水技术。 （4）引导学生初步学习岸上借助软性辅助物的救助技能，培养学生间接救助能力

续表

课题名称		学生水上安全分层次中级教学专题一		
教学重点及难点		重点： （1）课程目标、课程常规、安全卫生要求。 （2）牢记岸上救援知识，切勿贸然下水施救。 （3）岸上借助软性辅助物救助技能		难点： （1）在蛙泳腿部蹬水的同时要蹬夹腿。 （2）收腿时要翻脚
教学资源	场地		教学方法	讲解法、示范法、分组法
	教具	浮力棒、海报	时间	90分钟
部分	时间	教学内容	组织教法与要求	学习情况
准备部分	20分钟	一、集合整队，检查人数 1．介绍课程目标 2．介绍安全卫生要求 3．介绍课堂常规等 二、宣布课程的内容与要求 1．安全知识 间接救援安全知识 2．游泳技能 学习蛙泳的腿部技术 3．救生技能 岸上借助软性辅助物救助技能 三、准备活动 1．头部绕环 2．肩膀绕环 3．手臂绕环 4．向上伸展 5．向下伸展 6．前弯转体 7．腰部运动 8．高压腿 9．低压腿 10．膝盖绕环 11．手脚关节绕环 12．开合跳（带操要求：按学号轮流带操；大关节、大肌群活动开；动作设计有创新；写好带操教案。因游泳池空间有限，地滑，以原地徒手练习为主）	组织：　　××××××× 　　　　　××××××× 　　　　　　　▶◀ （1）课程目标：熟练掌握水上安全知识、游泳技能和救生技能，确保今后个人水上安全和理智的施救能力。 （2）具体要求：本课程分为初中高三个等级，每名学生只有掌握每一阶段的指标后才能顺利进入下一级，具体指标要求见基本指标表。 （3）考核内容：水上安全知识占30%，游泳技能占30%，救生技能占40%。 （4）教学安排：根据学校游泳教学规定的学时（32或36），将理论和实践结合。 要求：①脱鞋入场，衣物带进场内；②不戴首饰，不带贵重物品；③不随意开玩笑、打闹和搞恶作剧；④禁止吐痰入槽；⑤未经学习不得随意跳水；⑥按规定泳道、方向和形式练习，不得横冲直撞；⑦中途起水离场应经教师批准。 要求：①提前到场，更换服装，到集合地点集中；②集合点名，宣布课的内容与要求；③准备活动与辅助练习；④冲洗身体；⑤下水练习；⑥起水，检查人数，课后小结；⑦见习生随堂听课，帮助准备有关器材，当好"助教"	

续表

部分	时间	教学内容	组织教法与要求	学习情况
基本部分	65分钟	一、岸上救援知识 （1）教师利用海报讲解岸上救援要点。 （2）典型案例分析，强调岸上救援的重要性及盲目下水的危害。 （3）设置学生与学生、学生与教师间的问答环节，检验学生的掌握程度	组织： ××××××× ××××××× ⧗ 要求： （1）教师先对学生说明岸上救援的重要意义，设置典型案例分析环节，说明盲目下水的危害性，并强调优先选择岸上救援。 （2）教师对学生的回答与提问给予及时的反馈，激发学生学习兴趣，并对学生的错误回答予以纠正	
		二、蛙泳腿部技术 1.教师讲解动作要点并示范 （1）收腿：大腿带动小腿边收边分，小腿尽量靠近臀部、大腿与躯干约120°，膝内侧与髋关节同宽。 （2）翻脚：收腿靠近臀部时，两膝内压，小腿外移，勾两脚并外翻。 （3）蹬夹腿：大腿发力，依次伸髋、伸膝伸踝。 （4）滑行：身体借蹬夹力量向前滑行。 简称：收、翻、蹬、夹。 2.趴在池边做岸上练习	组织： ×××××××××××× ⧗ 要求： （1）先整体练习，再两两分组；先陆地练习，再水中练习。 （2）收腿要放松，力量小、速度慢 （3）翻脚在收腿结束前开始，在蹬水开始时完成。 （4）蹬夹水方向是稍向外向后，向内边蹬边夹，速度快，勾脚蹬夹	
		3.俯卧池边做水中练习	组织： ××× × × ⧗ × 要求：每个人靠近泳池壁，双手抓住池壁或由同伴托腹，成水平姿势，两腿伸直，做蛙泳腿部蹬水	

续表

部分	时间	教学内容	组织教法与要求	学习情况
基本部分	65分钟	三、岸上借助软性辅助物救助技能 (1) 教师介绍岸上软性辅助物的器材，教会学生识别软性辅助物。软性辅助物包括：救生圈、塑料瓶、绳索、毛巾、袋子、皮带、衣服等。 (2) 要求学生说出场地内现有物品中5个不同的软性辅助物。 (3) 教师先在岸上讲解并示范利用软性辅助物的救助动作，然后学生进行模仿。	组织： ××××××× ××××××× ▲ 要求： (1) 先由教师讲解与示范，整体学习；然后学生分组练习，相互识别。 (2) 教师提问，要求学生积极回答，教师对学生的答案给予反馈，对正确答案予以鼓励，对错误答案给予指导和纠正。以此培养学生的学习兴趣	
结束部分	5分钟	(1) 集合，检查人数。 (2) 小结本课情况，安排好下节课带操学生。 (3) 宣读下节课的内容，让学生提前预习相关水上安全知识。 (4) 备好下节课教案和海报	组织： ××××××× ××××××× ▲ 要求：两两组合的学生在课下要相互鼓励并积极讨论，解决对方的疑难点、指出对方动作错误之处，以利于更好地规范动作要领	
课后小结				

附表3-4 学生水上安全分层次教学中级教案（二）

___级班___组第__次课　人数____　任课教师___　见习学生____　___年___月___日

课题名称	学生水上安全分层次中级教学专题二	
教学目标	(1) 引导学生学习安全知识，并使其能够识别岸上救生器材。 (2) 使学生改进蛙泳收腿、翻脚、蹬夹技术，提高动作实效；初步学习蛙泳臂及臂与呼吸配合技术，初步建立蛙泳划水与呼吸的动作概念。 (3) 巩固岸上借助软性辅助物救助技能，创设情景，加强学生灵活运用技能的能力	
教学重点及难点	重点： (1) 识别岸上救援器材。 (2) 改进蛙泳腿部蹬水动作	难点： (1) 蛙泳臂及臂与呼吸配合技术。 (2) 岸上借助软性辅助物救助

续表

教学资源	场地			教学方法	讲解法、示范法、分组法	
	教具	浮力棒、图片		时间	90 分钟	
部分	时间	教学内容		组织教法与要求		学习情况
准备部分	20 分钟	一、集合整队，检查人数 二、宣布课的内容与要求 1. 安全知识 识别岸上救援器材 2. 游泳技能 改进蛙泳收腿、翻脚、蹬夹技术，学习蛙泳臂部技术及臂与呼吸配合技术 3. 救生技能 岸上借助软性辅助物救助 三、准备活动 1. 头部绕环 2. 肩膀绕环 3. 手臂绕环 4. 向上伸展 5. 向下伸展 6. 前弯转体 7. 腰部运动 8. 高压腿 9. 低压腿 10. 膝盖绕环 11. 手脚关节绕环 12. 开合跳		组织： ××××××× ××××××× ▲ 要求： （1）学生先认真阅读一遍，然后教师逐一讲解，最后相互提问。 （2）每名学生认真聆听本节课的课程内容，熟悉并完成其中的重难点，认真做热身操。 （3）注意教师和同伴的指导，多体会动作要领，努力提高动作质量。 （4）学习游泳技能和救生技能要循序渐进，不可操之过急。 （5）教师要告知学生：课程内容较多，时间有限，望大家认真学习、高效完成任务		
基本部分	65 分钟	一、识别岸上救援器材 （1）教师利用图片介绍岸上救援器材。 （2）设置学生与学生、学生与教师间的问答环节，检验学生的掌握程度。 （3）游戏环节：将学生分成 4 人或 5 人一组，让他们列举出岸上可以被用于救援的器材，列举正确的器材数量最多组获胜		组织： ××××××× ××××××× ▲ 要求： （1）学生先认真阅读一遍，然后教师逐一讲解。 （2）设置学生与学生、教师间的问答环节，检验学生的掌握程度，并在学生回答与提问过程中给予及时的反馈，激发学生学习兴趣，并对学生的错误回答予以纠正。 （3）利用游戏，激发学生学习安全知识的趣味性，教师在游戏过程中进行引导与点评，鼓励学生不以输赢为目标，而以获取知识为最终目标		

续表

部分	时间	教学内容	组织教法与要求	学习情况
基本部分	65分钟	二、改进蛙泳收腿、翻脚、蹬夹技术 （1）教师讲解示范，并说出易出现的错误。 （2）练习方式：①抓边俯卧练习；②徒手蹬腿；③扶打水板蹬腿。 （3）常见错误：①翻脚不够，不勾脚；②大腿收得过多，造成臀部上提；③蹬完腿后再并拢，动作无力；④收腿太快。 （4）口诀：边收边分慢收腿，向外翻脚对准水，弧形向后蹬夹水，并拢伸直漂一会	组织： 要求： （1）进行陆上与水中交替练习。 （2）个别蹬腿效果不好的学生多做陆上的模仿练习。 （3）分组练习：一组学生练习，另一组学生岸上观察，学会判断正误动作	
		三、蛙泳臂部技术及臂与呼吸配合技术 （1）示范蛙泳臂与呼吸配合技术并讲解要领，学生陆上观察。 动作要领：向外、向下、向内、向前，呈桃心形；屈臂高肘，逐渐加速；前伸似钻洞；并拢稍停。外划时抬头吸气，前伸时低头闭气，滑行中呼气。 （2）陆上原地模仿蛙泳手臂的划水动作。 （3）陆上原地模仿蛙泳手臂与呼吸的配合动作。外划时抬头，前伸时低头。 （4）水中原地站立，做蛙泳的划臂动作。强调：高肘，连贯，小幅度，前伸后稍停。集体按口令练习。 （5）水中连贯呼吸。 （6）水中原地蛙泳划臂，加上呼吸。个人练习，个别纠正	组织： 要求： （1）先进行岸上练习，再下水练习。 （2）重点体会划水的方向和动作轨迹，整个滑臂过程要自然连贯，手臂合拢后稍停片刻。 （3）呼吸要从小到大，出水时在充分吸气前应快速将气体呼完，呼和吸不应有停顿。 （4）加大手臂划水的力度，体会划水对身体推进的作用。 （5）在练习手臂划水过程中，腿和脚应是被动行进的，要以滑臂为主。 （6）教师示范讲解助力练习，学生两人一组，助力者重点帮助练习者身体上下浮动，保证对呼吸节奏的把控	

续表

部分	时间	教学内容	组织教法与要求	学习情况
基本部分	65分钟	（7）水中行进做蛙泳划臂与呼吸配合的动作 四、岸上借助软性辅助物救助技能练习 （1）首先教师引导学生一起复习借助软性辅助物救助的器材选择方法。 （2）教师在岸上示范利用软性辅助物的救助动作。 （3）岸上模仿练习。 （4）情景演习 五、蛙泳腿部滑行15米，可借助浮板，练习2次	（7）教师示范讲解夹板练习，学生分组练习。刚开始要慢，等动作稳定后，再加强动作连贯性 （四）组织 ××××××× ××××××× ⧖ 要求： （1）学生先认真听教师讲解，再两两一组进行分组岸上练习。 （2）教师创设溺水情景，挑选学生做练习，练习完毕后学生和教师分别对错误动作进行纠正。 （3）扮演溺水者的学生要离泳池边稍远一些，且救溺过程中不要让辅助器材弄伤了扮演溺水者的学生 组织： × × ×　　→ × ⧖ 要求： （1）以最快的速度完成指定距离的滑行，但要注意动作规范，腿部的收、翻、蹬、合要连贯有序。 （2）尽可能滑行远一些	
结束部分	5分钟	（1）集合，检查人数。 （2）小结本节课情况，安排好下节课带操学员。 （3）宣读下节课的内容，让学生提前预习相关水上安全知识。 （4）备好下节课教案和海报	组织： ××××××× ××××××× × 要求：两两组合的学生在课下要相互鼓励并积极讨论，解决对方的疑难点、指出对方动作错误之处，以利于更好地规范动作要领	
课后小结				

附录四　学生游泳运动伤害中父母监护能力调查表

全世界每年有372000人溺亡，溺水成为当今中国5~14岁青少年第一大死因。课题组拟对学生游泳运动伤害中的父母监护知识和能力进行调研，目的在于制定提升父母监护能力的对策，普及学生游泳运动中的父母监护知识和技能，减少学生溺水事故的发生。本研究得到国家社科基金"水上安全分层教育对学生游泳运动伤害的干预研究（19XTY005）"项目的支持。问卷不记名，结果会被保密，请在您感觉合适的选项□中画"√"。非常感谢您的支持与帮助！

湖北民族大学、西南大学、华中师范大学
"水上安全教育"国家社科基金课题组

一、基本信息

1. 性别：　　　　□男　　　　□女
2. 您与孩子的关系：
□父母　　　　□爷爷奶奶或外公外婆　　　□其他监护人
3. 您的文化程度：
□初中及以下　　□高中　　　□大学　　　□硕士及以上
4. 现居住地：
□城市　　　　□农村　　　□城乡接合部
5. 父母是否在孩子身边？
□工作生活都在身边　　□父母一方外出务工　　□父母双方外出务工
6. 孩子的年龄：
□0~4岁　□5~9岁　□10~14岁　□15~24岁　□24岁及以上
7. 您的孩子会游泳吗？
□会　　□不会
8. 您的孩子会去什么地方游泳？
□游泳馆　　□户外
9. 您会游泳吗？
□会　　□不会
10. 您是否学习过游泳的相关知识？

☐是　　　☐否

11．您是否具有溺水经历？

☐是　　　☐否

二、父母监护能力调查表

填表说明：请您根据自己的了解对附表 4-1 中的内容进行判断，每项内容按照赞同程度进行评分（1=不熟悉，2=不太熟悉，3=一般熟悉，4=比较熟悉，5=很熟悉），请您对条目做出判断，并在对应的空格打"√"。

附表 4-1　父母监护能力调查表

调查内容	序号	条目	1	2	3	4	5
水上安全标志	1	警告标语					
	2	允许标志					
	3	警告标志					
	4	禁止标志					
	5	水上安全旗帜					
游泳环境判断	1	识别天气状况					
	2	识别危险水域					
	3	识别水质环境					
游泳注意事项	1	游泳安全常识（慎重选择场所，过饥过饱或疲劳时不游，有人溺水时不贸然下水）					
	2	游泳前热身					
游泳安全要点	1	游泳池游泳安全要点					
	2	海滩游泳安全要点					
	3	河川、湖泊、溪流游泳安全要点					
游泳知识	1	游泳装备知识					
	2	坚持"三佩戴"（泳帽、泳镜、泳装）					
	3	简易浮具制作					
游泳禁忌	1	游泳 18 忌					
	2	"四不游"					
游泳自救能力	1	水中意外求生常识					
	2	水中自救步骤					
	3	抽筋自解					
	4	冷水求生					
	5	疲劳过度自救					
	6	冰上自救					

续表

调查内容	序号	条目	1	2	3	4	5
游泳基本技能	1	泳姿技能					
	2	踩水技能					
	3	体能训练					
溺水者状态识别	1	水中求救（水中惊慌失措、疯狂拍打水面）					
	2	溺水者的八大无声迹象（8种常见溺水状态）					
正确救援反应	1	"叫叫伸抛划"（①呼救；②报警；③伸出树枝或竹竿；④抛掷漂浮物或绳子；⑤寻找大型浮具划向溺水者）					
急救能力	1	岸上救生					
	2	人工呼吸					
	3	心肺复苏术					

三、水上救援监护人正确反应量表

填表说明：请您根据自己的了解对附表4-2中的内容进行判断，每项内容按照赞同程度进行评分（1=非常熟悉，2=熟悉，3=不确定，4=不熟悉，5=非常不熟悉），请您对条目做出判断，并在对应的空格打"√"。

附表4-2　水上救援监护人正确反应量表

序号	条目	1	2	3	4	5
1	您能够准确识别孩子处于溺水状态					
2	辨识正处于溺水特征的人群					
3	对溺水者的救援反应					
4	如何为溺水者提供浮具					
5	如何正确地实施救援					
6	直接入水救援时，与溺水者保持一定的距离					
7	心肺复苏技能的掌握					
8	等待医疗救援到来					

附录五　家庭教育提升计划专家调查表

本研究旨在对学生游泳运动伤害中父母监护知识和能力进行调研，目的在于干预学生游泳伤害事故发生。本研究得到国家社科基金"水上安全分层教育对学生游泳运动伤害的干预研究（19XTY005）"项目的支持。问卷不记名，结果会被保密，请在您认为合适的选项□中画"√"或在"_____"上作答。非常感谢您的支持与帮助！

湖北民族大学、西南大学、华中师范大学
"水上安全教育"国家社科基金课题组

第一部分　专家基本情况调查表

基本信息

1. 您的姓名：_____
2. 您的年龄：_____
3. 您的学历：
□本科　　　　　□硕士研究生　　　　□博士研究生
4. 您的技术职称：
□助教（初级教练员）　　　□讲师（中级教练员）
□副教授（高级教练员）　　□教授
5. 您主要从事的工作：
□游泳教练　　　□高校教师　　　□政府管理人员
6. 您主要研究的领域：
□水上安全教育　□游泳教学训练
7. 您是否担任研究生导师？
□是　　　　　　□否

第二部分　填表说明

（1）专家对咨询表中的内容可行性进行判断，每项内容按照赞同程度评分：1=不赞同，2=不太赞同，3=一般赞同，4=比较赞同，5=很赞同。请您对条目做出判断，并在对应的空格打"√"。

（2）增加、删除和修改的内容：①增加——若您认为还有需要添加的条目，则请您在"需要增加的项目"栏内填写；②删除——若您认为该指标需要删除，则请您在"修改意见"栏内注明"删除"；③修改——若您认为该指标描述不准确，

需要修改，则请您在"修改意见"栏内注明"修改"。

注：修改和补充的内容同样需要判断其重要程度，请勿空项或漏项。

第三部分　家庭教育提升计划咨询表

家庭教育提升计划咨询表涉及的表格如附表 5-1～附表 5-3 所示。

附表 5-1　教育内容一级条目

一级条目	赞同程度： 1=不赞同，2=不太赞同，3=一般赞同，4=比较赞同，5=很赞同					修改意见
	5	4	3	2	1	
A 水上安全知识						
B 水上安全技能						
需要增加的条目						

附表 5-2　教育内容二级条目

一级条目	二级条目	赞同程度： 1=不赞同，2=不太赞同，3=一般赞同，4=比较赞同，5=很赞同					修改意见
		5	4	3	2	1	
A 水上安全知识	A1 安全标识						
	A2 游泳环境判断						
	A3 游泳注意事项						
	A4 游泳安全要点						
	A5 游泳装备知识						
	A6 游泳禁忌						
B 水上安全技能	B1 游泳基本技能						
	B2 游泳自救能力						
	B3 溺水者状态识别						
	B4 救援反应						
	B5 急救能力						
需要增加的条目							

附表 5-3 教育内容三级条目

一级条目	二级条目	三级条目	赞同程度：1=不赞同，2=不太赞同，3=一般赞同，4=比较赞同，5=很赞同					修改意见
			5	4	3	2	1	
A 水上安全知识	A1 安全标识	A1-1 警告标语						
		A1-2 允许标志						
		A1-3 警告标志						
		A1-4 禁止标志						
		A1-5 水域安全旗帜						
	A2 游泳环境判断	A2-1 识别天气状况						
		A2-2 识别危险水域						
		A2-3 识别水质环境						
	A3 游泳注意事项	A3-1 游泳安全常识						
		A3-2 游泳前热身						
	A4 游泳安全要点	A4-1 游泳池游泳安全要点						
		A4-2 海滩游泳安全要点						
		A4-3 河川、湖泊、溪流游泳安全要点						
	A5 游泳知识	A5-1 游泳装备知识						
		A5-2 坚持"三佩戴"						
		A5-3 简易浮具制作						
	A6 游泳禁忌	A6-1 游泳 18 忌						
		A6-2 "四不游"						
B 水上安全技能	B1 游泳基本技能	B1-1 泳姿技能						
		B1-2 踩水技能						
		B1-3 体能训练						
	B2 游泳自救能力	B2-1 水中意外求生常识						
		B2-2 水中自救步骤						
		B2-3 抽筋自解						
		B2-4 冷水求生						
		B2-5 水草缠身自救						
		B2-6 身陷漩涡自救						
		B2-7 疲劳过度自救						
		B2-8 冰上自救						

续表

一级条目	二级条目	三级条目	赞同程度：1=不赞同，2=不太赞同，3=一般赞同，4=比较赞同，5=很赞同					修改意见
			5	4	3	2	1	
B 水上安全技能	B3 溺水者状态识别	B3-1 水中求救						
		B3-2 溺水者的八大无声迹象						
	B4 救援反应	B4-1 大声呼救引起周围人注意						
		B4-2 第一时间打电话报警						
		B4-3 伸出可救援的树枝或竹竿给溺水者						
		B4-4 找到漂浮物或绳子抛掷给溺水者						
		B4-5 寻找大型浮具划向溺水者救援						
		B4-6 在安全的情况下直接涉水						
	B5 急救能力	B5-1 岸上救生						
		B5-2 控水方法						
		B5-3 人工呼吸						
		B5-4 心肺复苏术						
需要增加的条目								

附录六 家庭教育提升计划干预方案一览表

家庭教育提升计划干预方案一览表（由"水上安全教育"国家社科基金课题组编制）如附表 6-1 所示。

附表 6-1 家庭教育提升计划干预方案一览表

次数	活动目标	活动主要内容	活动时间
第一次	建立信任关系	1. 主持人进行活动介绍 2. 观看溺水视频并展开讨论，以便拉近距离 3. 分组、制定活动流程和规则 4. 解答成员疑问	

续表

次数	活动目标	活动主要内容	活动时间
第二次	安全标识	1. 警告标语 2. 允许标志 3. 警告标志 4. 禁止标志 5. 水域安全旗帜	
第三次	游泳环境判断	1. 识别安全状况 2. 识别安全水域 3. 识别水质环境	
第四次	游泳注意事项	1. 游泳安全常识 2. 游泳前热身	
第五次	游泳安全要点	1. 游泳池游泳安全要点 2. 海滩游泳安全要点 3. 河川、湖泊、溪流游泳安全要点	
第六次	游泳知识	1. 游泳装备知识 2. 坚持"三佩戴" 3. 简易浮具制作	
第七次	自救技能学习	1. 游泳18忌 2. "四不游"	
第八次	游泳基本技能	1. 泳姿技能 2. 踩水技能 3. 体能训练	
第九次	游泳自救能力	1. 水中意外求生常识 2. 水中自救步骤 3. 抽筋自解 4. 冷水求生 5. 水草缠身自救 6. 身陷漩涡自救 7. 疲劳过度自救 8. 冰上自救	
第十次	溺水者状态识别	1. 水中求救 2. 溺水者八大无声迹象	
第十一次	救援反应	1. 大声呼救引起周围人注意 2. 第一时间打电话报警 3. 伸出可救援的树枝或竹竿给溺水者 4. 找到漂浮物或绳子抛掷给溺水者 5. 寻找大型浮具划向溺水者救援 6. 涉水救援	
第十二次	急救能力	1. 岸上救生 2. 控水方法 3. 人工呼吸 4. 心肺复苏术	

附录七　家庭教育提升计划教育方案讲义

家庭教育提升计划教育方案讲义（由"水上安全教育"国家社科基金课题组编制）如附表 7-1 所示。

附表 7-1　家庭教育提升计划教育方案讲义

A 建立 信任 关系	A1 第 一次 建立信 任关系	主持人 进行活 动介绍	（1）罗列近年来学生溺水数据及其溺水伤害后果。 （2）细数教育部、各省教育厅各项通知，说明学生溺水事件已成为典型的社会问题，预防和减少溺水事故是全社会的责任，是值得我们关注和亟待解决的社会问题。 （3）为了减少悲剧的发生，水上安全教育势在必行，阐述本次活动的意义
		观看溺 水视频 并展开 讨论以 便拉近 距离	活动前在网络上搜集近几年发生的溺水事故视频，在第一次活动中给家长观看视频以便产生共情，让家长清晰地认识到水上安全教育的重要性，并在视频观看结束后发起一系列讨论："平时对孩子监管如何？小孩会独自下水吗？""会带小孩去专业泳池游泳吗？""孩子在溺水时能否及时察觉到？""知道如何进行溺水救援吗？""孩子如果不幸溺水，知道该如何抢救吗？"通过交流来拉近与家长的距离，以便开展下次工作
		分组、制 定活动 流程和 规则	课题组为配合学生水上安全分层教育模式的教学训练，招募被试采用自愿原则，在参与初级实验被试（实验 A 班、对照 A 班）和参与中级实验被试（实验 B 班、对照 B 班）的 120 名学生中，每个家庭自愿推荐一名实际监护人参与家庭教育提升计划（对被试和社会统称家庭教育提升计划只是水上安全分层教育中游泳教学的一部分），入选被试 120 名（实际监护人）。整个活动分为两部分：一是水上安全知识普及，二是水上安全技能实操，两项内容进行 12 次活动。为激发被试积极性，每次活动后会进行回顾，设置问题抢答并积分，在 12 次活动后为累计得分最高的监护人颁发奖品
		解答成 员疑问	与成员协商，可共同修改游戏具体规则，并解答成员疑问
B 水上 安全 知识	B2 第 二次 安全 标识	警告 标语	1. 危险水域　严禁游泳——长沙园林管理中心宣 2. 这里溺水年年有　劝您莫走不归路——洛阳村民宣 3. 危险水域　禁止下水——官兵宣 4. 珍惜生命　远离危险——颍东区水利局（宣） 5. 水深危险　请勿靠近——可口可乐（宣） 6. 水深危险　严禁下水——街道办事处（宣） 7. 冰未冻实　不要靠近 8. 水源重地　禁止驶入 9. 警告——库区水深　禁止游泳玩耍 10. 禁止游泳　禁止垂钓　违者后果自负

续表

B 水上安全知识	B2 第二次安全标识	警告标语	11．珍爱生命　预防溺水 12．为了您的生命安全　请不要下水游泳——碧阳镇人民政府（宣） 13．库区水深　禁止学生下水游泳　流水无情　生命珍贵——龙泉市安仁中学（宣） 14．水深危险　禁止嬉戏——中国人寿保险（宣） 15．危险水域　请勿下水、嬉戏、游泳——福州民警（宣） 16．危险水域　禁止学生下水游泳——大湖中心小学（宣） 17．河道水深　地形复杂　切勿下水　注意安全——丽水市南明湖及生态河川管理处（宣） 18．水深危险　严禁游泳——东庄镇党委、政府（宣） 19．没有家长陪同　请勿私自下水游泳——浦江县金融小学（宣） 20．宝塔湾水流紊乱　危险至极　不宜在此处进行水上活动——专家（宣）
		允许标志	游泳　水肺潜水　冲浪　滑水　钓鱼　划船　跳水
		警告标志	当心薄冰层　当心船台　当心拖曳滑水　当心冲浪者　当心深水 当心浅水　当心水下物体　当心水下坡度陡降　当心岸边未设防护　当心崖边不牢固 当心崖壁落石　当心鲨鱼　当心排污口　当心海啸　当心强水流 当心船舶　当心沙地帆车　当心潮水　当心流沙或泥沼　当心冲浪风筝 当心牵引伞　当心强风　当心巨浪或强破碎浪　当心岸边陡坡　当心鳄鱼

续表

B 水上安全知识	B2 第二次安全标识	禁止标志		禁止跑动　禁止游泳　禁止使用呼吸管潜泳　禁止潜水　禁止跳水 禁止帆船驶入　禁止人力船驶入　禁止机动船驶入　禁止摩托艇驶入　禁止拖曳滑水 禁止冲浪　禁止穿着户外用鞋　禁止跳落入水　禁止推人入水　禁止垂钓 禁止在红黄条形旗间冲浪　禁止冲浪风筝活动　禁止牵引伞活动　禁止沙地帆车驶入
		水域安全旗帜		游泳务必在水域开放时间内，在救生员看护范围内，在两面红黄旗帜中间进行。 水域在开放时，悬挂于泳区范围两侧边界各一侧
				水域处于关闭状态，存在危险，请勿下水。 因各种气象因素、突发状况或其他管理因素必须关闭泳区
				为了应对游泳者出现抽筋、身体部位受伤、体温过低、体力透支等症状，为游客提供水上活动的开放水域均要悬挂急救站标志
	B3 第三次游泳环境判断	识别天气状况		面积过大的水域有影响小范围区域气候的作用，提前调查水域的特殊天气状况，避免在雷雨、大风、雾、霾、风沙和浮尘天气下水。离地面很高的露天游泳场馆或天池（山顶的湖）等水域，容易发生雷击。气温过高易导致体能丧失及中暑等情况的发生，一般气温在35°以下适宜进行水域活动

续表

B 水上安全知识	B3 第三次游泳环境判断	识别危险水域	停、看、问 波浪——将人带入深水区 坡陡光滑——易滑落 暗流——将人卷至岩石或障碍物区域 漩涡——将人吸入水底 水面浮物——避免相撞和感染细菌 水下障碍物——会使人受伤 冷水——长时间接触冷水会抽筋 突降陡坡——易滑入深水区 雷雨山洪——迅速离水躲避 水坝——可能突然开展放水 港口、航道、码头——会产生漩涡 水草、渔网——易被缠住导致溺水
		识别水质环境	来往船只较多、受到污染和血吸虫等病流行地区的水域不宜游泳
	B4 第四次游泳注意事项	游泳安全常识	(1) 要慎重选择游泳场所。到江河湖海游泳前必须了解水情，水中暗流、漩涡、淤泥、乱石和水草较多的水域不宜作为游泳的场所。来往船只较多、受到污染和血吸虫等病流行地区的水域也不宜作为游泳的场所。 (2) 饱食或者饥饿时，或者剧烈运动和繁重劳动以后不要游泳。 (3) 水下情况不明时，不要跳水。 (4) 发现有人溺水，不要贸然下水营救，应大声呼唤成年人前来相助
		游泳前热身	下水前要做准备活动：①可以跑跑步、做做操，活动开身体；②还应用少量冷水冲洗躯干和四肢，这样可以使身体尽快适应水温，避免出现头晕、心慌、抽筋现象
	B5 第五次游泳安全要点	游泳池游泳安全要点	(1) 池边不可奔跑或追逐，以免滑倒受伤。 (2) 池边不可任意推人下水，以免撞到他人或撞到池边受伤。 (3) 池边严禁跳水，常有人因水浅而造成颈椎受伤。 (4) 戏水时，不可将他人压入水中不放，以免因呛水而窒息。 (5) 水中活动时，已感有寒意，或将有抽筋现象，应登岸休息。 (6) 游泳前进时，应睁开眼睛，与前者保持安全距离以免被踢到而受伤。 (7) 若发现有人溺水，即刻发出"有人溺水"呼救或打119向消防队请求支援，如果自己没有学过水上救生，则不可贸然下水施救。 (8) 有滑水道的浴场，起点要有安全人员管制，以免撞到前者头部，终点也要有安全人员清理航道，以保安全。 (9) 若在水中发现自己体力不支，无法游回池边，应立即举手求救，或大声喊叫"救命"等待救援

续表

B 水上安全知识	B5 第五次游泳安全要点	海滩游泳安全要点	（1）应在设有救生人员值勤的海域游泳，并听从指导及勿超越警戒线。 （2）海边戏水时，不要用充气式浮具（如游泳圈、浮床等）来助泳，万一泄气会无所依靠，容易造成溺水。 （3）海中游泳，因为是动水，有海流、有波浪，与游泳池不同，需要加倍的耐力及体力才能达到同等距离，所以不可高估自己的游泳能力，以免造成不幸。 （4）严禁单独游泳，以免发生意外。 （5）在海中，若皮肤受伤出血，应立即上岸。 （6）在遇有人溺水时，应大声呼救或打110请求协助，若未学过水上救生，不可贸然下水施救，以免造成溺水事件。 （7）海边救生员均身穿上黄下红服装。如果看到海边白色的小屋和旁边的黄、红两色旗杆，就可确定那是救生站，救生员正在值班。假如旗杆收了，就表明救生员不当值。同时，救生站还有警示标志，如果插上了全红旗帜，就是告诫大家海风大，不适合下海游泳
		河川、湖泊、溪流游泳安全要点	（1）溪流水域深浅不一，水温差别甚大，在坡度大的地区有急流及漩流，应特别注意安全。 （2）水底多为滑溜卵石，在水中行走应注意，以免滑倒。 （3）不要在水质不清或受污染的溪流中游泳。 （4）在水库下游做水上活动要特别注意水库泄洪资讯及时间，以免被困在沙洲或被水冲走。 （5）遇到大雷雨或地震发生时，应立即离水上岸，往安全处逃避。 （6）若看到上游山区乌云密布或听到上游传来隆隆声响越来越大或看到溪水变色、水面忽然上升等山洪暴发前兆，应立即离水前往高处。 （7）深潭、野塘、水埠等处水质多不佳，深度不明，水底杂物多而属泥沼地，若在该地区玩水，容易因受伤或陷入泥沼无法自拔而丧命。 （8）若遇水暴涨，被困岩石上或在沙洲中，应保持冷静，等待救援，或寻找一些可助浮且耐冲击的东西，万一被水冲走，可将物品置于身体下方，以免身体直接被撞伤。 （9）若不幸被溪水冲走，则身体应呈仰姿，保持脚在前、头在后，以免头被撞伤；看到前方水面有高浪，即表示水底有巨石，应设法避开，以免撞伤，如遇转弯处，应游向内弯缓流处，则可顺势上岸
	B6 第六次游泳装备知识	游泳装备知识	（1）一般进入游泳池应该有的基本装备，男生应穿着合适的泳裤，女生应穿着泳衣。 （2）出于卫生考量，泳者必须戴泳帽才可下水。 （3）戴泳镜则可避免眼睛进水，保护眼睛。 （4）依个人情况戴耳塞，避免耳朵进水。 （5）若要浮潜则需使用面镜、呼吸管、蛙鞋（三宝），要在专人指导下使用。

续表

B 水上 安全 知识	B6 第 六次 游泳装 备知识	游泳装 备知识	(6) 若要作水肺潜水，必须经过潜水训练并取得执照，应两人以上同行，并在潜水区域竖起潜水旗帜，以策安全。常见救生设备如附图 7-1～附图 7-12 所示 附图 7-1 救生罐　　附图 7-2 救生管　　附图 7-3 救生圈 附图 7-4 救生杆　　附图 7-5 救生绳　　附图 7-6 救生衣 附图 7-7 救生球　　附图 7-8 提携式持板　附图 7-9 抱夹式持板 附图 7-10 防潮垫　附图 7-11 空塑料桶　附图 7-12 塑料盒子
		坚持"三 佩戴"	(1) 游泳时应带上救生器材，包括橡胶吹气救生圈（救生圈分为两个独立充气部分，一个损坏，另一个仍可使用），也可以带上有网兜的篮球、泡沫等漂浮物。 (2) 建议戴鲜明色的泳帽，方便岸上的救生员发现。 (3) 合理着装，不可穿牛仔裤入水

续表

B 水上 安全 知识	B6 第 六次 游泳装 备知识	简易浮 具制作	浮具可分现成和自制两种，现成的浮具有很多，如救生圈、救生袋、救生枕、木块（板）、浮力棒、球类、面盆、水手袋、塑料手提箱、钓鱼台用冰桶等。 自制的浮具通常由身上的衣物制成。 （1）上衣漂浮法：将第一个扣子扣紧，吸气吹在第二个扣子里，如此，背部可浮起一个大气泡。另外可先将衣服脱下，扎紧衣袖，再将胸部扣子反扣，抓着衣角，扑向水面上，如此胸前可浮起一个大气泡。 （2）裤子漂浮法：首先将长裤脱下，将裤角端用力打上结；其次将裤腰撑开放置于自救者头部后方，快速将裤腰从头部后方向前移动，使得裤管充满气，形成两个气袋；再次将裤腰打上结；最后自救者将头部置于两气袋之间以辅助漂浮
	B7 第 七次 游泳 禁忌	游泳 18 忌	①忌饭前饭后游泳；②忌剧烈运动后游泳；③忌月经期游泳；④忌在不熟悉的水域游泳；⑤忌长时间曝晒游泳；⑥忌不做准备活动即游泳；⑦忌游泳后马上进食；⑧忌游时过久；⑨忌有癫痫史者游泳；⑩忌高血压患者游泳；⑪忌心脏病患者游泳；⑫忌患中耳炎者游泳；⑬忌患急性眼结膜炎者游泳；⑭忌某些皮肤病患者游泳；⑮忌酒后游泳；⑯忌忽视泳后卫生；⑰忌水下情况不明时跳水；⑱忌到受过污染和血吸虫等病流行的水域游泳
		"四不游"	（1）不要单独去游泳，要和大人结伴同行。 （2）不要到不熟悉的水域游泳，要先了解水下环境。 （3）不要到了水边就马上下水，应先做准备活动，适应水温，这样不容易抽筋。 （4）不要在水中用鼻子呼吸，容易呛水，应水上用口吸气，水下用口和鼻吐气
C 水上 安全 技能	C1 第 八次 游泳基 本技能	泳姿 技能	水母漂	教师讲述水母漂并示范动作，具体如下：深吸气之后，脸向下埋在水中，双足与双手向下自然伸直，与水面略成垂直。想吸气时，双手放开，双足站立于池底，再抬头吸气。练习水母漂时，身体应尽量放松，使身体表面与水之接触面加大，以增加浮力。头在水中时，应自然缓慢吐气，不可故意憋气，以节省体力，在水中维持较长时间（附图 7-13） 

附图 7-13 水母漂

续表

C 水上安全技能	C1 第八次游泳基本技能	泳姿技能	十字漂	十字漂是指吸气后身体俯于水中，双臂平展，全身放松，双腿前后分立，漂浮在水中，身体像十字架形（附图7-14）；换气时，双臂前移，向下划压，双腿夹拢，使身体上浮，借机吐气，并立即吸气 附图7-14 十字漂
			仰漂	方式一： （1）身体放松，吸饱气闷在胸腔内，仰头挺腰，双手后伸，自然浮在水面上。 （2）换气时，快吐快吸，瞬间换气（附图7-15）。 方式二： 深吸一口气后头往后仰，双手向两边呈大字形，掌心向上，使身体漂浮于水面，并利用面部出水瞬间换气 附图7-15 仰漂
		踩水技能		（1）手部动作：双手以摇橹方式划水，帮助平衡和增加浮力。 （2）换气：以自然呼吸方式换气。 （3）腿部动作：剪刀式、搅蛋式（摇橹式）、小蛙式。 剪刀式分为两种：①全剪，是指双腿呈剪刀状，一脚前、一脚后重复交叉夹水（方式一），如附图7-16所示；双腿呈剪刀状，一脚前、一脚后，双脚剪到两脚交会处停止瞬间，再开始继续向前后分开，重复动作（方式二）；②半剪，是指双腿呈剪刀状，一脚前伸、一脚自然下垂，前脚夹到后脚时停止，再恢复到原来的位置，重复动作 附图7-16 剪刀式——全剪

续表

C 水上 安全 技能	C1 第八次 游泳基本技能	踩水技能	搅蛋式是指身体前倾约45°，大腿保持与水面平行，双膝与肩同宽，如坐马桶状，以增加浮力（附图7-17）；双腿交替向左右侧踏，双膝分别适时弯曲做上提、下踩动作（方式一）；左脚顺时针，右脚逆时针，双脚交替以搅蛋方式划圆划水（方式二）。 附图7-17 搅蛋式踩水 小蛙式是指身体前倾约45°，大腿保持与水面平行，双膝与肩同宽，如坐马桶状，以增加浮力；双脚重复以蛙式同时向下向内压掌（附图7-18） 附图7-18 小蛙式踩水
		体能训练	学习水上安全技能容易，但若想牢固地掌握该技能，则还需要不断地练习和巩固。此时只有加强对某一技能的体能训练，充分发展运动素质，提高耐力，才有利于掌握复杂、先进的技术，以适应大负荷训练。因此，在学习游泳过程中，增加技能练习的数量和提高技能练习的强度对促进体能的提高起着重要作用
	C2 第九次 游泳自救能力	水中意外求生常识	一般在水中发生的意外事件，通常有两个原因。①惊恐慌张：人们身处险境时，因紧张而导致肌肉收缩、身体僵硬，以致活动力降低。②体力耗竭：不断挣扎容易将体力耗尽，减少生存的机会。发生溺水事件时，必须镇定冷静，了解自己所处环境，并利用本身浮力或身边物品来自救求生。水中自救之基本原则为"保持体力，以最少体力在水中维持最长时间"，为达此要求必须降低呼吸频率，放松肌肉并减慢动作。常见的水中自救法为踩水、水母漂、仰漂、韵律呼吸等
		水中自救步骤	（1）仰浮以减少体力消耗，可缓慢地踩水助浮。 （2）抓紧浮助物，如能躺在其上更佳。 （3）有规律地呼吸。 （4）大声呼救。 （5）挥手求助。 （6）保暖，避免脱去身上衣物

续表

C 水上安全技能	C2 第九次游泳自救能力	抽筋自解	若发生水中抽筋，则应该做到以下几点：①千万不要惊慌，一定要保持镇静，停止游动，先吸一口气，仰面浮于水面，并根据不同部位采取不同方法进行自救；②若因水温过低而产生疲劳，导致小腿抽筋，则可使身体呈仰卧姿势，用手握住抽筋腿的脚趾，用力向上拉，使抽筋腿伸直，并用另一条腿踩水、另一只手划水，帮助身体上浮，这样连续多次即可恢复正常，上岸后用中、食指尖掐承山穴或委中穴，进行按摩；③要是大腿抽筋的话，可同样采用拉长抽筋肌肉的办法解决；④两手抽筋时，应迅速握紧拳头，再用力伸直，反复多次，直至复原，如单手抽筋，除做上述动作外，可按摩合谷穴、内关穴、外关穴；⑤上腹部肌肉抽筋，可掐中脘穴（在脐上四寸），配合掐足三里穴，还可仰卧于水里，把双腿向腹壁弯收，再行伸直，重复几次；⑥抽过筋后，改用别种游泳姿势游回岸边。如果不得不仍用同一种游泳姿势时，就要提防再次抽筋
		冷水求生	如果你乘坐的船只不幸翻船，那么减少寒冷、增加生存机会的明智做法：①保持冷静，三思而后行；②不要离开船只，跨坐在船上；③将头部伸出水面，并做出 HELP 姿势；④尽可能保持静止状态；⑤吹响个人漂浮设备上的哨子，呼救
		水草缠身自救	如果不幸遇到水草或渔网缠绕，一定要保持冷静，千万不要挣扎。在这种情况下只有保持冷静，才有机会解脱。缠绕发现得越早越容易解脱。被缠绕后，首先应放松身体，观察缠绕情况，寻找解脱的方法，如果解脱不了，可大声呼救（水草和缠绕的绳尖会随着身体的放松而向外向上扩散，只要仔细寻找根源就会解脱）
		身陷漩涡自救	（1）有漩涡的地方，一般水面常有垃圾、树叶等杂物在漩涡处打转，只要注意就可早发现，应尽量避免接近。 （2）如果已经接近，切勿踩水，应立刻平卧于水面，沿着漩涡边，用爬泳快速地游过。因为漩涡边缘处吸引力较弱，不容易卷入面积较大的物体，所以身体必须平卧于水面，切不可直立踩水或潜入水中
		疲劳过度自救	（1）觉得寒冷或疲劳，应马上游回岸边。如果离岸甚远，或过度疲乏而不能立即回岸，就仰浮在水上以保留力气。 （2）举起一只手，放松身体，让对方拯救。不要紧抱着拯救者不放。 （3）如果没有人来，就继续浮在水上，等到体力恢复后再游回岸边
		冰上自救	如果你意外落入冰水中，应遵循以下自救步骤：①跌入冰中后，不要试图爬出，因为在你落水的位置冰面可能很薄；②快速调整到腹部朝下的漂浮姿势，你的冬季衣服可能帮助你漂浮和增加生存时间，这时候你需要放松并屈膝；③向前够破碎的冰面，但是不要向下推它，用蛙泳或其他的方法将自己推到冰上；④一旦你的大部分身体靠近冰面，不要站立，从破碎区域爬或滚动，张开手臂和双腿尽量将身体重量分散在冰面上；⑤转移到暖和的地方并换上热暖衣服，喝些热水。如有必要，则打电话呼叫紧急医疗服务

续表

C 水上安全技能	C3 第十次溺水者状态识别	水中求救	水中惊慌失措、疯狂拍打水面
		溺水者八大溺水表现	（1）溺水者不会呼救，他们必须先能呼吸，然后才能说话。 （2）溺水者无法挥手呼救。 （3）溺水者在水中是直立的。 （4）眼神呆滞，无法专注或闭上眼睛。 （5）头在水中，嘴巴在水面。 （6）可能头后仰，嘴巴张开，小孩的头可能前倾。 （7）有时溺水很重要的迹象是没有任何挣扎，很平静。 （8）小孩在戏水时会发出很多声音，当孩子安静无声时，就该去看看是怎么回事。 人体在溺水状态下，肌肉会变得很僵硬，加上口鼻中大量涌入水导致无法呼吸，使大脑处于半昏迷状态，无法呼救，更无法理智地拍打水面求救；人体密度和水密度差不多，溺水处于安静状态下的人往往在水中处于悬浮状态，看上去好似站在水中，因此就会出现溺水者安静地站在水面、嘴巴张开、眼神涣散等状态
	C4 第十一次救援反应	叫	（1）大声呼救引起周围人注意。 （2）第一时间报警寻求救援
		伸	（1）一边大声呼救，一边寻找长、结实、有浮力且能够移动的辅助物体（如杆子、木板、树枝、皮带、衣服等）。 （2）伸够前，身体应与岸边呈45°角，两腿伸展分开保持平稳。 （3）在延伸递出辅助物后，单膝跪在地上，尽可能与岸边保持一定距离。 （4）在用手拉溺水者前，让其抓住岸边。若无法抓住，才伸手拉救
		抛	（1）大声呼救，同时紧握绳子的一头，可将其系在岸上或在绳头系个结后用脚踩住。 （2）用钟摆的方式将辅助物朝上部45°角扔掷给溺水者。 （3）若没有扔到理想位置，则不要再绕绳子浪费时间，迅速拉绳子再次扔掷。 （4）扔掷后为保持平稳，须蹲低膝盖或趴在地上，慢慢向回拉。 （5）在用手拉溺水者前，让其抓住岸边。若无法抓住，才伸手拉救
		划	寻找大型浮具划向溺水者救援
		涉水救援	（1）等待救助：如果溺水者在水中体力较强，乱抓乱挠，则救生者可在溺水者不远处，面向溺水者，抬一脚在水平面下，对着溺水者，等待并对溺水者进行劝说（以防溺水者进行抓抱），待溺水者体力减弱时再进行施救。

续表

C 水上安全技能	C4 第十一次救援反应	涉水救援	(2) 溺水者抓住救生者一手腕的解脱方法：如救生者一手被溺水者在上方两手同时抓住，被抓之手应紧握拳，另一手由下穿过溺水者两臂之间，紧握被抓之手向下抽动，迫使溺水者拇指松开，然后进行救助。例如，救生者一手在下方被溺水者抓住，同样解脱，区别在于救生者一手由上方穿过溺水者两手之间，紧握被抓之手向上抽动。 (3) 救生者被溺水者从后方抱住颈部解脱方法：救生者一手按住溺水者手背，另一手顶住溺水者同一侧手的肘部，身体下沉，并用力向上推其肘部，按住溺水者手背处用力下压，即可解脱。同时握溺水者手腕，顺势转动溺水者，使其背对自己，并进行拖运。 (4) 救生者被溺水者从前或后抱住腰部的解脱方法：①溺水者由于求生心理，往往会死死抱住救生者的腰部，并使脸部紧贴救生者的腹部，造成了解脱困难。此时，救生者应利用人体头部姿势反射的原理，只要以一手托住溺水者的下颌，另一手扶住其贴近自己另一侧头部，两手稍用力转动溺水者头部，即可使其松手并离开救生者，达到解脱的目的，救生者应从溺水者背后重新接近，实行拖运；②救生者被抱住后，用手触摸溺水者手指，找其食指或无名指，并抓住它用力向外分开，再将溺水者双手分别向上向下伸展，然后松开向下伸展之手，并立即退至其后，待溺水者冷静后再进行拖运。 (5) 救生者被溺水者抓住头发的解脱方法：如救生者头发被抓住，则救生者应用与溺水者同侧之手(体位交叉之手)按住溺水者之手，寻找溺水者之手的小拇指，身体下沉，同时用手向上掀其手，另一手用力推其肘部，使溺水者转动身体，背对自己进行拖运。 (6) 紧急情况时的做法：救生者在溺水者后颈部上猛力一劈，把溺水者劈晕后，再拖他上岸
	C5 第十二次急救能力	岸上救生	岸上救生是在大学生水域生存课程教授的所有救援方式中最为提倡的一种救人方式，也是救生者优先选择的一种方式。根据辅助物体的特点，将其分为坚硬辅助物和软性辅助物。坚硬辅助物包括长杆、木板、树枝、长凳、雨伞、划桨等。软性辅助物包括救生圈、塑料瓶、绳索、毛巾、袋子、皮带、衣服等。绝大多数溺水发生在距离岸边几步之处，溺水者也常常是无意落水的，具有不会水和泳技较差的特点。任何人看到这种溺水事故发生，只要具备基本水上救援知识和技能就能救人，岸上救援是最安全也是最有效解救他人的办法，而且不危及救生者的生命，救生者也不需要下水

			续表
C 水上安全技能	C5 第十二次急救能力	控水方法	当把溺水者救到岸上后，若还有呼吸，救生者应该一腿跪地，另一腿屈膝，将溺水者腹部横放在救护者屈膝的大腿上，然后使其头部下垂，从后压其背部，将胃及肺内水倒出，要慢慢来，不要猛力地敲他的背，也可利用地面上的自然坡，将溺水者的头置于下坡处，来进行控水
		人工呼吸	（1）检查及畅通呼吸道：取出口内异物，清除分泌物。用一手推前额使头部尽量后仰，同时另一手将下颌向上方抬起。注意：不要压到喉部及颌下软组织。 （2）一看二听三感觉（维持呼吸道打开的姿势，将耳部放在溺水者口鼻处）。一看：溺水者胸部有无起伏；二听：有无呼吸声音；三感觉：用脸颊接近溺水者口鼻，感觉有无呼出气流。如果无呼吸，应立即给予人工呼吸两次，保持压额抬颌手法，用压住额头的手以拇指、食指捏住溺水者鼻孔，张口罩紧患者口唇吹气，同时用眼角注视患者的胸廓，胸廓膨起为有效。待胸廓下降，吹第二口气
		心肺复苏	（1）心肺复苏术是心跳、呼吸骤停和意识丧失等意外情况发生时，给予迅速而有效的人工呼吸与心脏按压使呼吸循环重建并积极保护大脑，最终使大脑智力完全恢复的技术。简单地说，心肺复苏术就是通过胸外按压、口对口吹气使猝死的病人恢复心跳、呼吸的技术。 （2）胸外心脏按压：心脏按压部位——胸骨下半部，胸部正中央，两乳头连线中点。双肩前倾在患者胸部正上方，腰挺直，以臀部为轴，用整个上半身的重量垂直下压，双手掌根重叠，手指互扣翘起，以掌根按压，手臂要挺直，肘关节不能弯曲。一般来说，心脏按压与人工呼吸比例为 30∶2

附录八 "政府-社会"应急救援能力影响因素访谈提纲

一、访谈前部分

1. 自我介绍。
2. 简要说明访谈的目的和程序。
3. 提出录音申请；强调维护利益，严格保密。

二、正式访谈部分

受访人员基本情况一览表如附表 8-1 所示。

附表 8-1　受访人员基本情况一览表

受访编号	姓名	性别	年龄	职业	所在单位

1．各位都是一线救援人员吗？

2．大家参与或遇到的学生溺水事故类型都有哪些？

3．大家配备的专业仪器都有哪些？

4．这些仪器大致是用来做什么的？

5．您的意思是会游泳的人不一定会救援，对吗？

6．在您参与或遇到的救援溺水事故中，有没有印象比较深刻的时候？如果有，是哪些时候呢？

7．因为家属一般比较敏感，家属比较在意这些事项，您可以用具体的救援时间举例吗？

8．您的意思是，有些仪器在一些地方有用，在别的地方的作用会特别小，对吗？

9．地形地势比较复杂的情况，救援起来会比较困难吧？您遇到过哪些困难？

10．你们除了拥有简单的设备，还有其他哪些装备？大约什么时候配备的？

11．你们的水域救援服可以下到多少米？就是那种潜水类的……

12．你们从接警到出警，再到最后赶到，一般来说反应大概有多长时间，就是从打电话报警到你们能够出警一般大概要多长时间？

13．因为你们面临的各种出警救援的情况比较多，所以你们在装备车上是否有可能把水域相关的东西全部装载？这些会影响出警效率吗？

14．你们一般从接警到出警，是有专门的调度中心，还是什么？

15．如果给你们做水域救援的培训，学哪些东西可能对你们来说更实用一些？

16．现在恩施消防是支队还是中队？

17．你们每个中队大概有多少人？

18．对于蓝天救援队或者其他救援力量，你觉得可以跟他们形成什么样的合作以更好地服务于地方？

19．恩施这边也有蓝天救援队吧？

20．蓝天救援队收费吗？

21．你们有没有他们（蓝天救援队）的联系方式，或者负责人的联系方式？

22．您觉得学校对于学生应该怎么做才好，就是对你们来说压力更小一点？

23．学校对于学生游泳方面的培训或者游泳方面的教育有没有可以做得更好一点的地方？

24．淹死的是不是会游泳的人呢？你们对这句话的理解是怎样的？

25．你们认为"淹死的都是会游泳的人"这句话对不对？

26．在你们的心目中，学生的家庭监护人应该扮演一个什么样的角色？

27．父母是第一监护人，父母出去了，留守儿童其实是很危险的，他们是很容易遇到溺水事故的，对吧？

28．你们有没有这样的建议，两个部门或者三个部门之间有一种协同联动，这种配合能够做一做吗？

29．对于教育这一块，你们认为还应该加强什么？

30．您觉得在救援的过程中，如果发生这样的事情，有没有可能会赶到现场，救到活人？

31．您认为政府救援体系除了人员培训和高精尖装备配备，还需要从哪些方面进行加强？

32．其实各个地方根据自身地域特色临场发挥，就是在人员的训练上面应该有针对性，对吧？

附录九　应用实践证明材料

应用实践证明材料如附图 9-1 所示。

万 宁 市 教 育 局

**关于《学生水上安全分层教育模式》
教学应用效果的说明**

  2017 年 9 月，海南省人民政府办公厅印发了《海南省普及中小学生游泳教育实施方案》，把普及中小学生游泳教育作为我省一项重大民生工程，我市高度重视，精心组织、扎实推进。在普及推广游泳安全知识和应急救护技能中，我市借鉴了由湖北民族大学、华中师范大学、西南大学、海南经贸职业技术学院联合组成的国家社科基金《水上安全分层教育对学生游泳运动伤害的干预研究》（课题号：19XTY005）关于学生水上安全教育的项目成果。

  该项目团队针对学生防溺水安全教育开发了教学教案、大纲、标准、进度和讲义，并在我市进行了教学验证和推广。其中，该项目团队研发的《学生水上安全分层教育模式》更是融入多所学校的游泳教育培训，教学效果明显，得到师生、家长的一致认可。在教学内容上，该教学模式既体现了"学""防"结合，涵盖了防溺安全知识和安全技能，同时也注重学生学情差异，内容详实、取舍得当；在教学方法上，该教学模式理论联系实际，情景教学合理，可操作性强，便于推广；在学生学习效果上，学生学习情绪饱满，学习积极性高，有效提升了学生游泳技能、安全意识和应急救护能力。同时，项目组配套开发的《学生游泳运动伤害中父母家庭监护教育方案》，在兼顾普及学生游泳教育的同时，对父母家庭水上安全监护知识和技能也进行了普及，效果良好，有效契合了"家校共育"理念。

  专此说明，期待推广。

2021 年 10 月 15 日

附图 9-1　应用实践证明材料